21世纪高等院校数学规划教材

概率论与数理统计

项立群　汪晓云　张伟　梁勇　梅春晖　编著

内 容 简 介

本书根据高等院校非数学专业概率论与数理统计课程的教学大纲及工学和经济学数学考研大纲编写而成,内容包括:概率论的基本概念、一维和多维随机变量及其分布、随机变量的数字特征、数理统计的基本概念、参数估计、假设检验、方差分析及回归分析初步、数学软件与数学实验等.内容循序渐进,知识由浅入深,图文并茂,例题全面,习题分节设置,方便教学.

本书可作为普通高等院校理、工、经、管(不含数学类)各专业概率论与数理统计课程的教材或参考书,也可供有关技术人员自学或参考.

图书在版编目(CIP)数据

概率论与数理统计/项立群等编著.—北京:北京大学出版社,2011.1
ISBN 978-7-301-18351-9

Ⅰ.①概… Ⅱ.①项… Ⅲ.①概率论-高等学校-教材②数理统计-高等学校-教材
Ⅳ.①O21

中国版本图书馆CIP数据核字(2010)第260373号

书　　名:概率论与数理统计
著作责任者:项立群　汪晓云　张伟　梁勇　梅春晖　编著
责 任 编 辑:潘丽娜
标 准 书 号:ISBN 978-7-301-18351-9/O·0838
出 版 发 行:北京大学出版社
地　　址:北京市海淀区成府路205号　100871
网　　址:http://www.pup.cn
新 浪 微 博:@北京大学出版社
电 子 信 箱:zpup@pup.cn
电　　话:邮购部62752015　发行部62750672　编辑部62752021
出版部62754962
印 刷 者:三河市博文印刷有限公司
经 销 者:新华书店
787mm×960mm　16开本　13.5印张　286千字
2011年1月第1版　2021年1月第13次印刷
定　　价:36.00元

前　言

概率论与数理统计是一门从数量方面研究随机现象客观规律性的学科，伴随着社会的发展、科学技术的进步以及研究的深入，它在科学研究、工程技术、国民经济等领域起着越来越重要的作用，是高等学校非数学专业学生的必修课，也是工学和经济学硕士研究生入学考试数学科目的考试内容.

本书是按照21世纪新形势下高等学校数学教材改革的精神，根据教育部“高等院校工科数学教学大纲”的要求，基于编者多年的教学实践专为普通高等院校本科学生而编写的.

本书分三部分：概率论部分(第1章至第5章)作为基础理论知识，是全书的起点和重点；数理统计部分(第6章至第9章)介绍了常用的统计推断的基本方法：参数估计，假设检验，方差分析与回归分析初步；数学软件与数学实验部分主要介绍在概率论和数理统计中如何结合数学软件进行应用的相关方法.

本书体现了编者多年的教学经验和实践成果，注意到了时代的特点. 本着丰富背景、加强基础、强化应用、整体优化的原则，力争做到科学性、系统性和可行性相统一，传授数学知识和培养数学素养相统一，先进性和适用性相统一.

为方便教学，本书吸取了国内外同类教材的优点，内容通俗易懂，编排遵循教学规律. 书中配置了大量例题，分节设立了数量较多、题型丰富的习题，且配有少量易读、易做的英文题目. 书后给出了习题参考答案或提示，以供读者参考. 本书可作为普通高等院校非数学类理、工、经管等科各专业“概率论与数理统计”课程教材或教学参考书，也可供有关技术人员自学或参考.

本书由项立群，汪晓云，张伟，梁勇，梅春晖等编写，并请相关教师审阅，由项立群统稿. 本书的编写得到许多领导与同事的关心和鼓励，更得到北京大学出版社及潘丽娜编辑的热情支持，编者在此表示衷心的感谢. 由于编者水平有限，书中难免有不妥甚至错误之处，恳请读者批评指正，以便我们进一步修改、完善.

编　者

2010年8月

目　录

第 1 章 随机事件及其概率

概率论与数理统计是一门从数量方面研究随机现象客观规律性并将成果应用于实际的学科，是数学的一个分支. 本章是概率论的基础，主要介绍概率论的基本概念、基本公式、随机事件的独立性以及概率的计算问题.

§1.1 随机试验与概率定义

一、随机现象

现实世界中发生的千变万化，概括起来无非是两类现象：一类是在一定条件下必然出现(或恒不出现)的现象，称为**确定性现象**. 例如，日出东方，水在标准大气压下加热到 100°C 时必定沸腾，三角形的三个内角和为 180°，等等. 我们还可以从物理学、化学等其他学科中举出许多这样的实例. 而另外的一类情况则比较复杂，它是指在一定条件下，可能发生也可能不发生的现象，具有不确定性(或称为**偶然性**或**随机性**). 例如，抛掷一枚硬币，结果可能出现正面向上，也可能出现反面向上，其结果呈现不确定性(图 1.1). 我们称这类现象为**随机现象**. 在我们所生活的世界中充满了这种随机现象，从抛硬币、掷骰子、玩扑克等简单的游戏，到粒子运动、气候变化、流星坠落等自然现象，再到考试成功与否、生男生女、股票价格升降(图 1.2)等社会现象.

从亚里士多德(Aristoteles，公元前 384—前 322，古希腊)开始，哲学家们就已经认识到随机性在生活中的作用，然而他们把随机性看做是破坏生活规律、超越人们理解能力的东西，避之唯恐不及，因而没有去研究随机性.

人们最早对随机性的研究始于博弈，后来慢慢有人研究其他方面的随机性，如帕斯卡(Pascal，法国)、惠更斯(Huygens，荷兰)、伯努利(Bernoulli，法国)、切比雪夫(Chebyshev，俄国)、柯尔莫哥洛夫(Kolmogorov，俄国)等都对随机性进行过研究，但将随机性数量化来尝试回答随机现象的问题，是直到20世纪初才开始的，随之而来的这场革命改变了人们的思维方法，也提供了探索自然奥秘的工具，概率论与数理统计应运而生.

图 1.1

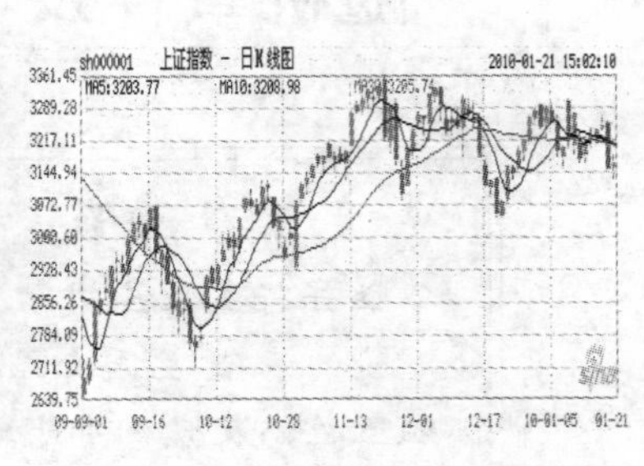

图 1.2

人们发现，研究了大量的同类随机现象后，通常总揭露出一种完全确定的规律，也就是大量随机现象所特有的一种规律性.

例如，抛掷一枚硬币，如果硬币是均匀的，当抛掷次数少时，正面朝上或反面朝上没有明显的规律性，随着抛掷次数增大就会发现，出现正面朝上的次数占总次数的50%左右. 又如，在射击中，当射击次数不大时，靶上命中点的分布是完全没有规则的，杂乱无章的，没有什么显著的规律性；当射击次数增加时，分布就开始呈现一些规律，射击次数越多，规律性越清楚. 也就是说，个别随机现象可能无规律性，但是大量性质相同的随机现象总存在着统计规律性.

必须指出，随机现象与确定性现象之间，必然性与偶然性之间，并没有不可逾越的鸿沟. 事实上，宇宙中没有哪一种实际的现象不带有某种程度的随机因素，因而在处理任何确定性现象时也不可避免地有随机误差产生. 只是在许多实际问题中，为了处理问题的方便，在所求的精确度的范围内，忽略掉了那些造成随机误差的次要因素，而只考虑起主要和基本作用的那些因素，然后利用数学工具建立数学模型，把它解出来，找出在这组基本条件下现象所具有的主要规律. 例如，过去在船舶设计时，就是根据流体力学的原理列出微分方程，求出船舶在航行中所受的阻力以及它的航行规律. 在某些精确度要求较高的问题中，就必须将一些随机的次要因素也考虑在内，因而还必须应用概率论与数理统计的知识.

一方面，概率论与数理统计的理论与研究方法可以提供良好的数学模型，因而应用范围广泛，几乎遍及所有科学技术领域、工农业生产和国民经济的各个部门，如适航性、可靠工程性、气象、水文、地震预报、自动控制、通信工程、管理工程、金融工程等等.

另一方面，概率论与数理统计的理论与研究方法正在向各基础学科、工科数学、经济数学、金融数学等渗透，产生了许多边缘性的应用学科，如信息论、计量经济学等.

正如一位著名作家所表述的：概率论与数理统计学改变了我们关于自然、心智和社会的看法，这些改变是意义深远而且范围广阔的，既改变着权利的结构，也改变着知识的结构，这些改变使现代科学形成.

二、随机试验

为了方便和确切地研究随机现象,我们把对随机现象进行的一次观测或一次实验统称为它的一次试验,并且用大写英文字母 E 等表示之.以下是试验的几个例子.

例 1 E_1:掷一颗骰子,记录其出现的点数.

E_2:掷一颗骰子,记录其出现的点数为偶数.

E_3:在某批产品中任取一件,检查其是否合格.

E_4:记录某客运车站一天售票的营业额(最小单位为角).

以上试验具有如下几个共同点:

(1) 在相同条件下可重复进行;

(2) 试验前,全部可能的结果是明确的,而且不止一个;

(3) 事先无法确定试验后哪个结果会出现.

我们称具有上述三个特点的试验为**随机试验**(random experiment),简称**试验**.通过研究随机试验,我们可以比较深入地研究随机现象.

随机试验 E 的所有可能的结果的集合称为 E 的**样本空间**(sample space),简记为 S.样本空间中的元素,即 E 的每个结果称为**样本点**(sample points),记为 e,则 $S=S(e)$.

例 1 中每个试验的样本空间分别为 $S_1=\{1,2,3,4,5,6\}$,$S_2=\{2,4,6\}$,$S_3=\{$合格,不合格$\}$,$S_4=\{e|e\geqslant 0,10e\in \mathbf{N}\}$.样本空间中的样本点取决于试验的目的.也就是说,由于试验的目的不同,样本空间的样本点也就不同.如例 1 中的试验 E_1 和 E_2,同是掷骰子,由于观察的目的不同,样本空间 S_1 和 S_2 也就不同.

但是,无论怎样构造样本空间,作为样本空间中的样本点,一定具备两条基本属性:

(1) **互斥性**:无论哪两个样本点都不会在同一次试验中出现;

(2) **完备性**:每次试验中一定会出现某一个样本点.

三、随机事件

在进行随机试验时,人们常关心的是满足某种条件的样本点的集合.例如,若规定某一客运站的售票营业额少于 300 元为亏损,则人们最为关心的是不小于 300 元的样本点的集合 A.显然,A 是随机试验 E 的样本空间 S 的一个子集,即 $A=\{e|e\geqslant 300,10e\in \mathbf{N}\}$.

我们称试验 E 的样本空间 S 的子集为 E 的**随机事件**,简称为**事件**(event).事件是概率论中的最基本的概念,一般用大写英文字母 $A,B,\cdots$表示事件.

因此,某个事件 A 发生当且仅当这个子集中的至少某一个样本点发生.如上例中,若某天的营业额为 500 元,则事件 A 发生.特别地,由一个样本点组成的单点集称为**基本事件**(basic event).例如,试验 E_1 中有 6 个基本事件:$\{1\}$,$\{2\}$,$\{3\}$,$\{4\}$,$\{5\}$,$\{6\}$.

特别地,样本空间 S 当然也是 S 的子集,它包含所有的样本点,在每次试验中它总发生,称为**必然事件**(certain event). 在每次试验中都不发生,称为**不可能事件**(impossible event),空集$\varnothing$也是样本空间S的一个子集,它不包含任何样本点.

严格地说,必然事件S与不可能事件$\varnothing$都不是随机事件,因为作为试验的结果,它们都是确定的,并不具有随机性,但是为了今后讨论问题方便,我们也将它们当作随机事件来处理.

四、事件间的关系与运算

由于随机事件是样本空间的一个子集,而且样本空间中可以定义不止一个事件,那么分析它们之间的关系不但有助于我们深刻的认识事件的本质,而且还可以简化一些复杂事件的讨论. 既然事件是一个集合,我们就可以借助集合论中集合之间的关系及运算来研究事件间的关系与运算.

设试验E的样本空间为S,而$A,B,C,A_i(i=1,2,\cdots,n)$为$E$的事件.

1. 若事件A发生必然导致事件B发生,则称事件B**包含**事件A,记做$B\supset A$. 若$B\supset A$且$A\supset B$,则称事件A与事件B**相等**,记做$A=B$. 易知,若$A=B,B=C$,则$A=C$.

2. 事件$A\cup B=\{e|e\in A$或$e\in B\}$称为事件A与B的**和**(或**并**)**事件**.

当事件A,B中至少有一个发生时,事件$A\cup B$发生. 类似地,当n个事件$A_1,A_2,\cdots,A_n$中至少有一个发生时,称和事件$A_1\cup A_2\cup\cdots\cup A_n=\bigcup\limits_{i=1}^{n}A_i$发生.

对任一事件A,有$A\cup S=S,A\cup\varnothing=A$.

3. 事件$A\cap B=AB=\{e|e\in A$且$e\in B\}$称为事件A与B的**积**(或**交**)**事件**.

当事件A,B都发生时,事件$A\cap B$或AB发生. 类似地,当n个事件$A_1,A_2,\cdots,A_n$都发生时,称积(或交)事件$A_1\cap A_2\cap\cdots\cap A_n=\bigcap\limits_{i=1}^{n}A_i$或$A_1A_2\cdots A_n$发生.

对任一事件A,有$A\cap S=A,A\cap\varnothing=\varnothing$.

4. 事件$A-B=\{e|e\in A$且$e\notin B\}$称为事件A与B的**差事件**.

当事件A发生而事件B不发生时,称差事件$A-B$发生.

5. 对于事件A,B,若$AB=\varnothing$,则称事件A与B是**互不相容事件**,或**互斥事件**. n个事件$A_1,A_2,\cdots,A_n$被称为互不相容的,是指其中任意两个事件都是互不相容的,即

$$A_i\cap A_j=\varnothing\quad(i\neq j,i,j=1,2,\cdots,n).$$

6. 对事件A,B,若$A\cup B=S$,且$A\cap B=\varnothing$,就是说,无论试验的结果如何,事件A与B中必有且仅有一个发生,则称事件A与B为**对立事件**,也称为**互补事件**. A的对立事件记为$\overline{A}$,即$\overline{A}=B=S-A$.

注 对立事件A与$\overline{A}$必为互不相容(互斥)事件,但互不相容事件不一定是对立事件.

下面用**文氏图**(即表示事件之间的关系或运算的图形,如图1.3所示)来直观的表示一

些事件的关系与运算.其中矩形部分为样本空间 S,圆形部分分别表示事件 A,B.

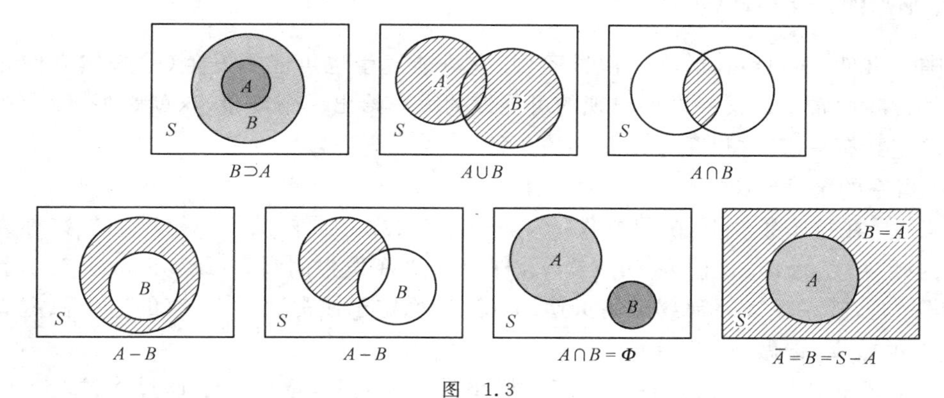

图 1.3

容易验证以下事件的运算规律:

交换律:$A\cup B=B\cup A$, $A\cap B=B\cap A$;

结合律:$A\cup(B\cup C)=(A\cup B)\cup C$, $A\cap(B\cap C)=(A\cap B)\cap C$;

分配律:$A\cup(B\cap C)=(A\cup B)\cap(A\cup C)$, $A\cap(B\cup C)=(A\cap B)\cup(A\cap C)$;

德·摩根(De·Morgan)**律**:$\overline{A\cup B}=\overline{A}\cap\overline{B}$,$\overline{A\cap B}=\overline{A}\cup\overline{B}$;

对差事件运算:$A-B=A\overline{B}=A-AB$.

例 2 掷一颗骰子.设事件 A_1 为"掷出是奇数点",A_2 为"掷出是偶数点",A_3 为"掷出是小于 4 的偶数点",则有 $A_1\cup A_2=\{1,2,3,4,5,6\}$,$A_1\cap A_2=\varnothing$,$A_2\cap A_3=\{2\}$,$A_2-A_3=A_2\cap\overline{A_3}=\{4,6\}$,$\overline{A_1\cup A_3}=\overline{A_1}\cap\overline{A_3}=A_2\cap\overline{A_3}=\{4,6\}$.

例 3 图 1.4 所示的电路中,以 A 表示"信号灯亮"这一事件,以 B,C,D 分别表示"电路接点Ⅰ,Ⅱ,Ⅲ闭合"事件.

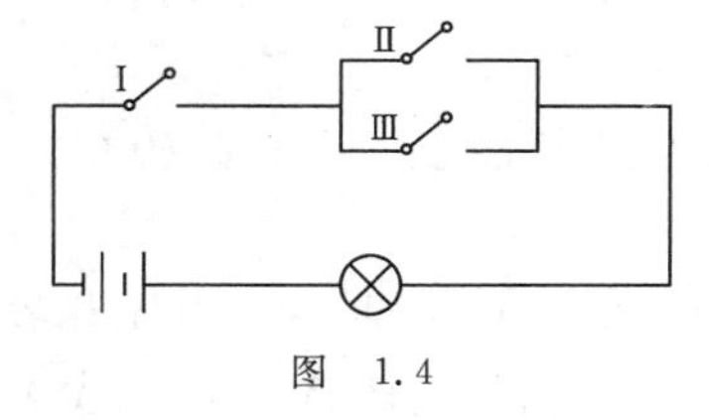

图 1.4

易知 $BC\subset A$,$BD\subset A$,$BC\cup BD=A$,而 $\overline{B}A=\varnothing$,即事件 $\overline{B}$ 与事件 A 互不相容.

例 4 化简下列事件:(1) $AB\cup A\overline{B}$;(2) $A\overline{B}\cup\overline{A}B\cup\overline{A}\overline{B}$.

解 (1) $AB\cup A\overline{B}=A\cap(B\cup\overline{B})=AS=A$;

(2)
$$\begin{aligned}A\overline{B}\cup\overline{A}B\cup\overline{A}\overline{B}&=A\overline{B}\cup\overline{A}B\cup\overline{A}\overline{B}\cup\overline{A}\overline{B}=(A\overline{B}\cup\overline{A}\overline{B})\cup(\overline{A}B\cup\overline{A}\overline{B})\\&=(A\cup\overline{A})\overline{B}\cup(B\cup\overline{B})\overline{A}=S\overline{B}\cup S\overline{A}=\overline{B}\cup\overline{A}=\overline{AB}.\end{aligned}$$

五、概率的定义与性质

由随机事件的特性可知，在一次试验中，它可能发生也可能不发生(除必然事件和不可能事件外). 我们希望对某一事件出现的可能性的大小给出一个度量，这就是概率. 历史上关于概率的定义有许多，这里只介绍其中的两种.

(1) 概率的统计定义

定义 1 在相同条件下，随机事件 A 在进行 n 次独立重复试验中出现的次数称为事件 A 发生的**频数**，记为 n_A. 比值 $n_A/n=f_n(A)$ 称为事件 A 发生的**频率**(frequency). 当试验次数 n 逐渐增加时，频率在某一常数 p 附近摆动并逐渐稳定于该常数，将频率的这个稳定值 p 称为事件 A 的**概率**，记做 $P(A)=p$.

尽管上述定义非常直观地解释了事件概率的含义，但是人们无法通过将试验无限地重复下去来得到事件的概率，于是就有了概率的古典定义、几何定义和主观定义等，但各有局限性，直到 1933 年俄国数学家柯尔莫哥洛夫提出概率的公理化定义，并得到举世公认.

(2) 概率的公理化定义

定义 2 设 E 为随机试验，S 为其样本空间. 对于 E 的每一个事件 A 赋予一个实数，记为 $P(A)$，称为事件 A 的**概率**，这里 $P(A)$ 应满足以下三个条件：

(1) **非负性**：对于每个事件 A，有 $P(A)\geqslant 0$；

(2) **规范性(正则性)**：对必然事件 S，有 $P(S)=1$；

(3) **可列可加性**：若 $A_1,A_2,\cdots$ 是两两互不相容的事件，即 $A_iA_j=\varnothing, i\neq j, i,j=1,2,\cdots$，则

$$P(A_1\cup A_2\cup\cdots)=P(A_1)+P(A_2)+\cdots.$$

注 $P(A)$ 可以看做是 A 的函数，与 A 的频率不同.

由概率的公理化定义可以证明概率的一些重要性质.

性质 1 $P(\varnothing)=0$.

证 因为 $\varnothing=\varnothing\cup\varnothing\cup\cdots$，由概率的可列可加性 $P(\varnothing)=P(\varnothing)+P(\varnothing)+\cdots$ 及非负性 $P(\varnothing)\geqslant 0$，证得 $P(\varnothing)=0$.

性质 2(有限可加性) 若 $A_1,A_2,\cdots,A_n$ 是两两互不相容的事件，则

$$P(A_1\cup A_2\cup\cdots\cup A_n)=P(A_1)+P(A_2)+\cdots+P(A_n).$$

证 令 $A_i=\varnothing, i=n+1,n+2,\cdots$，由概率的可列可加性及非负性即得.

性质 3 若事件 A,B 满足 $A\subset B$，则有

$$P(B-A)=P(B)-P(A),\quad P(B)\geqslant P(A).$$

证 由条件有 $B=A\cup(B-A)$，且 $A\cap(B-A)=\varnothing$，由性质 2 知 $P(B)=P(A)+P(B-A)$，故有 $P(B-A)=P(B)-P(A)$，又 $P(B-A)\geqslant 0$，故 $P(B)\geqslant P(A)$.

性质 4 对任意事件 A，$P(\overline{A})=1-P(A)$，其中 $\overline{A}$ 为 A 的对立事件.

证 由于 $A\cup\overline{A}=S$ 且 $A\overline{A}=\varnothing$，故 $P(A)+P(\overline{A})=1$，从而 $P(\overline{A})=1-P(A)$.

性质5(加法公式) 对任意事件 A,B，有 $P(A\cup B)=P(A)+P(B)-P(AB)$.

证 由 $A\cup B=A\cup(B-AB)$，又 $A\cap(B-AB)=\varnothing$，且 $AB\subset B$，于是有

$$P(A\cup B)=P(A)+P(B-AB)=P(A)+P(B)-P(AB).$$

特别地，当 A,B 互不相容时，$P(A\cup B)=P(A)+P(B)$.

性质5可以推广到多个事件的情形. 比如，对任意三个随机事件 A_1,A_2,A_3，有如下加法公式：

$$P(A_1\cup A_2\cup A_3)=P(A_1)+P(A_2)+P(A_3)-P(A_1A_2)-P(A_2A_3)-P(A_3A_1)+P(A_1A_2A_3).$$

例5 设 A,B 为两事件，且 $P(B)=0.3$，$P(A\cup B)=0.6$，求 $P(A\overline{B})$.

解 $P(A\overline{B})=P(A-AB)=P(A)-P(AB)$，而 $P(A\cup B)=P(A)+P(B)-P(AB)$，则 $P(A)-P(AB)=P(A\cup B)-P(B)$，从而 $P(A\overline{B})=P(A\cup B)-P(B)=0.6-0.3=0.3$.

例6 (1) 设有两事件 A,B 满足 $P(A)=P(B)=0.5$，证明 $P(AB)=P(\overline{A}\overline{B})$；

(2) 证明对任意两事件 A,B 有 $P(A)+P(B)-1\leqslant P(AB)\leqslant P(A\cup B)$.

证 (1) $P(\overline{A}\overline{B})=P(\overline{A\cup B})=1-P(A\cup B)=1-[P(A)+P(B)-P(AB)]$

$=1-[0.5+0.5-P(AB)]=P(AB)$；

(2) 因为 $AB\subset A\cup B$，所以 $P(AB)\leqslant P(A\cup B)$，又 $1\geqslant P(A\cup B)=P(A)+P(B)-P(AB)$，于是 $P(AB)\geqslant P(A)+P(B)-1$，从而 $P(A)+P(B)-1\leqslant P(AB)\leqslant P(A\cup B)$.

习　题　1.1

1. 什么是随机现象？试举出三个随机现象的例子.

2. 什么是随机试验？请举出三个随机试验的实例，并写出它们的样本空间.

3. 用事件 A,B,C 的运算关系表示下列事件：

(1) A 发生，B 与 C 不发生；　(2) A,B,C 中至少有一个发生；

(3) A 与 B 都发生而 C 不发生；　(4) A,B,C 都发生；

(5) A,B,C 都不发生；　(6) A,B,C 中至少有两个发生；

(7) A,B,C 中不多于两个发生.

4. 下列结论中哪些成立，哪些不成立？

(1) $A\cup B=A\overline{B}\cup B$；　(2) $\overline{A}B=A\cup B$；　(3) $(AB)(A\overline{B})=\varnothing$；

(4) $\overline{A\cup B\cup C}=\overline{A}\overline{B}\overline{C}$；　(5) 若 $A\subset B$，则 $A=AB$；　(6) 若 $AB=\varnothing$ 且 $C\subset A$，则 $BC=\varnothing$；

(7) 若 $A\subset B$，则 $\overline{B}\subset\overline{A}$；(8) 若 $B\subset A$，则 $A\cup B=A$.

5. 指出下列结论在什么情况下成立：

(1) $AB=B$；　(2) $A\cup B=B$；　(3) $A\cup B\cup C=B$.

6. 互不相容事件(互斥事件)与对立事件有何区别?指出下列各组事件的关系:

(1) {10个产品全是合格产品}与{10个产品中至少有一个废品};

(2) {10个产品全是合格产品}与{10个产品中有一个废品}.

7. 证明下列关于事件的等式:

(1) $A\cup B=A\cup(B\overline{A})$; (2) $(A-B)\cup(B-A)=\overline{(AB)\cup(\overline{A}\overline{B})}$;

(3) $B-A=(\overline{AB})-(\overline{A}\overline{B})$.

8. $P(\overline{A}B\cup A\overline{B})=$______.

9. 设当事件 A,B 同时发生时,事件 C 发生,则( )成立.

(A) $P(C)\leqslant P(A)+P(B)-1$ (B) $P(C)\geqslant P(A)+P(B)-1$

(C) $P(C)=P(AB)$ (D) $P(C)=P(A\cup B)$

10. 设 A,B 为两个事件,且 $P(A)=0.5,P(B)=0.6$.

(1) 在什么条件下,$P(AB)$取得最大值?并求出最大值;

(2) 在什么条件下,$P(AB)$取得最小值?并求出最小值.

11. 设 A,B,C 为三个事件,且 $P(A)=P(B)=P(C)=\frac{1}{4},P(AB)=P(BC)=0,P(AC)=\frac{1}{8}$,求 A,B,C 至少有一个发生的概率.

12. 设 A,B 为两个事件,$P(A)=0.7,P(A-B)=0.3$,求 $P(\overline{AB})$.

13. Give out the sample spaces of the following random experiments:

(1) Record the sum of all numbers for a roll of three dice.

(2) Record the sum of the products until there are 5 products which meet the standard.

14. Suppose A,B are two events, and $P(A)=\frac{1}{4},P(B)=\frac{1}{2},P(AB)=\frac{1}{9}$, then evaluate $P(A\overline{B})$.

§1.2 古典概型与几何概型

一、古典概型

我们首先讨论一类最简单的随机现象,这类随机现象具有下面两个特性:

(1) 样本空间含有的元素(样本点)的个数只有有限个,即 $S=\{e_1,e_2,\cdots,e_n\}$;

(2) 每个样本点出现的可能性相同,即基本事件$\{e_i\}(i=1,2,\cdots,n)$发生的概率全部都相等,也即有

$$P(e_1)=P(e_2)=\cdots=P(e_n).$$

把这类随机现象的数学模型称为**古典概型**（或**等可能概型**），它在概率论发展的初期曾是主要的研究对象．许多最初的结果也是由它得出的，它在概率论中占有相当重要的地位，即使是现在，在产品质量抽样检查等实际问题中都有重要作用．下面讨论古典概型中事件概率的计算公式．

由概率的公理化定义知，$1=P(S)=P\{e_1,e_2,\cdots,e_n\}=P\left(\bigcup\limits_{i=1}^{n}\{e_i\}\right)=\sum\limits_{i=1}^{n}P\{e_i\}=nP\{e_i\}$，故 $P\{e_i\}=\dfrac{1}{n}(i=1,2,\cdots,n)$，即任意基本事件$\{e_i\}$发生的概率均为$\dfrac{1}{n}$．若事件 A 包含 k 个基本事件，即 $A=\{e_{i_1},e_{i_2},\cdots,e_{i_k}\}$，则

$$P(A)=P\{e_{i_1},e_{i_2},\cdots,e_{i_k}\}=P\left(\bigcup_{j=1}^{k}\{e_{i_j}\}\right)=\sum_{j=1}^{k}P\{e_{i_j}\}=\frac{k}{n}.$$

所以，在古典概型中事件 A 发生的概率为

$$P(A)=\frac{k}{n}=\frac{A\text{ 中的样本点数}}{S\text{ 中的样本点数}}.$$

例 1 将一枚硬币抛两次，观察其正面、反面出现的情况．记事件 A_1 为“恰有一次出现反面”．事件 A_2 为“至少有一次出现反面”．求 $P(A_1)$，$P(A_2)$．

解 设 H，T 分别表示硬币出现正面和反面，则此样本空间 $S=\{HH,HT,TH,TT\}$，$n=4$．其中，事件 $A_1=\{HT,TH\}$，$k_1=2$；事件 $A_2=\{HT,TH,TT\}$，$k_2=3$．

由对称性，S 中每个基本事件发生的可能性是相同的，因而可利用上面公式来计算事件的概率，则有

$$P(A_1)=\frac{k_1}{n}=\frac{2}{4}=\frac{1}{2},\quad P(A_2)=\frac{k_2}{n}=\frac{3}{4}.$$

对于事件 A_2，其对立事件 $\overline{A}_2=\{HH\}$为“反面一次都未出现”，也可得到

$$P(A_2)=1-P(\overline{A}_2)=1-\frac{1}{4}=\frac{3}{4}.$$

例 2 盒中有 10 只灯泡，有 3 只是次品．从中取两次，每次取 1 只，考虑两种情形：

(1) 第一次取出后不放回，第二次从剩余的灯泡中再取 1 只，这种方式称为**无放回抽样**；

(2) 第一次取出 1 只后检查是否为次品，然后放回盒中，随机地再取 1 只，这种方式称为**有放回抽样**．

试分别就上述两种情形求事件 A“第 1 只为次品，第 2 只为正品”与事件 B“两次均为次品”的概率．

解 这是等可能概型，不妨给产品编号（如图 1.5 所示），设编号为 1，2，3 的产品为次品，其余编号的产品为正品．

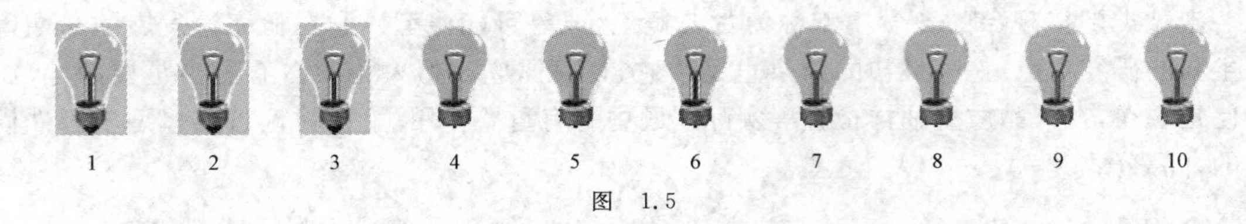

图 1.5

(1) 无放回抽样

由于是分两次取,因此要考虑顺序.样本空间 S 含样本点的总数为从10只灯泡中取两只的排列,故 $n=C_{10}^1C_9^1=90$.对于事件 A,第一次为次品,也就是从3只次品中取1只,有 $C_3^1=3$ 种取法;第二次为正品,也就是从7只正品中取1只,有 $C_7^1=7$ 种取法.由乘法定理 $m_1=C_3^1C_7^1=21$ 种,故有

$$P(A)=\frac{m_1}{n}=\frac{C_3^1C_7^1}{C_{10}^1C_9^1}=\frac{21}{90}=\frac{7}{30}.$$

对于事件 B,两次均为次品即从3只次品中取两只的排列 $m_2=C_3^1C_2^1=6$ 种,于是,有

$$P(B)=\frac{m_2}{n}=\frac{C_3^1C_2^1}{C_{10}^1C_9^1}=\frac{6}{90}=\frac{1}{15}.$$

(2) 有放回抽样

这种情形就是每次都从10只灯泡中取1只,因而样本空间 S 含样本点总数为 $n=10^2=100$.对于事件 A,第1只为次品,有 $C_3^1=3$ 种取法;第2只为正品,有 $C_7^1=7$ 种取法,则

$$P(A)=\frac{C_3^1C_7^1}{10^2}=\frac{21}{100}=0.21.$$

对于事件 B,两次均为次品,而每次都是 $C_3^1=3$ 种取法.于是

$$P(B)=\frac{C_3^1C_3^1}{10^2}=\frac{9}{100}=0.09.$$

若将“产品中的次品、正品”推广为一般的含义,如“白球、黑球”等,上述建立数学模型的方法同样适用.

例3 设有 n 个球,每个球都等可能地放入 $N(N\geqslant n)$ 个盒子中去(图1.6).试求每个盒子至多有一个球的概率.

解 将 n 个球放入 N 个盒子中,每一种放法是一个基本事件,显然,这是等可能事件.因每个球都可以放入 N 个盒子中的任意一个盒子,故共有 N^n 种不同的放法.而每个盒子至多有一个球,n 个球中第一个选中的球有 N 种放法,第二个选中的球有 $N-1$ 种放法,……最后选中的球有 $N-(n-1)$ 种放法,则共有 $N(N-1)\cdots(N-(n-1))$ 种不同的放法,因此所求概率为

$$p=\frac{N(N-1)\cdots(N-(n-1))}{N^n}=\frac{P_N^n}{N^n}.$$

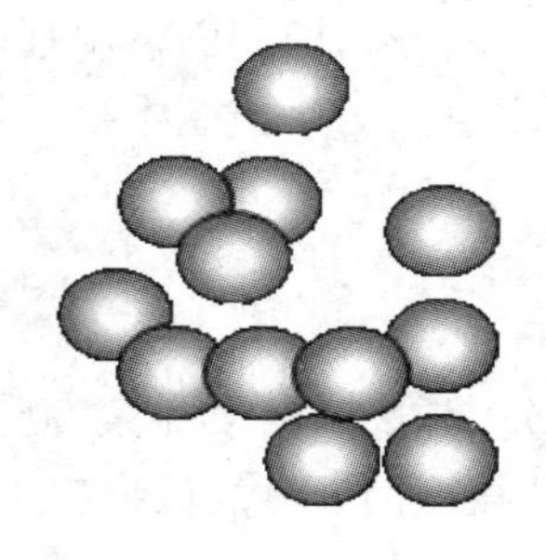

图 1.6

本题换一种提法为：试求任何 n 个盒子中各有一个球的概率.

此时的解题思路应为 n 个盒子可以有 $C_N^n=\binom{N}{n}$ 种不同的选法，对于每种选定的 n 个盒子各有 1 个球的放法有 $n!$ 种，所以共有 $n!C_N^n$ 种放法. 所求概率为

$$p=\frac{n!C_N^n}{N^n}=\frac{N!}{N^n(N-n)!}.$$

许多实际问题都和本例具有相同的数学模型. 例如，掷骰子问题：掷骰子 6 次，每次出现不同点数的概率为 $6!/6^6=0.01543$. 又如，设每个人的生日在一年 365 天中的任意一天是等可能事件，都等于 1/365，那么随机地取 $n(n\leqslant 365)$ 个人，则他们的生日各不相同的概率为

$$\frac{365\times 364\times\cdots\times(365-n+1)}{365^n}.$$

于是，n 个人中至少有两个人生日相同的概率为

$$p=1-\frac{365\times 364\times\cdots\times(365-n+1)}{365^n}.$$

当 $n=45$ 时，$p\approx 0.914$，这表示在 45 个人的班级里，“至少有两个人生日相同”的概率超过 0.9. 这个结果也许会让大多数人惊奇，因为“一个班级中至少有两个人生日相同”的概率并不像人们直觉中想象的那么小，而是相当大. 这也告诉我们，“直觉”有时并不很可靠，科学地研究随机现象统计规律是非常重要的.

例 4 从 1,2,3, …,100 这一百个整数中任取一个数，求取到的数能被 3 或 4 整除的概率.

解 设 A=\{取到的数能被 3 或 4 整除\}，B=\{取到的数能被 3 整除\}，C=\{取到的数能被 4 整除\}，则 $A=B\cup C$，$P(A)=P(B)+P(C)-P(BC)$，在 1,2,…,100 这一百个整数中能被 3 整除的有 33 个，能被 4 整除的有 25 个，事件 BC 发生相当于能被 3×4 整除，即能被 12 整除，有 8 个. 因此

$$P(A)=P(B)+P(C)-P(BC)=\frac{33}{100}+\frac{25}{100}-\frac{8}{100}=\frac{50}{100}=\frac{1}{2}.$$

注 在计算等可能概型的事件概率时，首先要弄清随机试验是什么，即判断有限性和等可能性是否满足；其次要弄清样本空间是怎样构成的，且构成样本空间的每个基本事件的出现一定要是等可能的.

二、几何概型

上述古典概型的计算，只适用具有等可能性的有限样本空间. 若试验结果无限，则它显然已经不适合. 为了克服有限的局限性，利用几何方法，可将古典概型的计算加以推广.

设试验 E 具有以下特点：

(1) 样本空间 S 是一个几何区域，这个区域的大小是可以度量(如长度、面积、体积等)的，并把对 S 的度量记做 $m(S)$；

(2) 向区域 S 内任意投掷，掷点落在区域内任一个点处都是"等可能的". 或者设掷点落在 S 中的区域 A 内的可能性与 A 的度量成正比，而与 A 的位置、状态及形态无关.

不妨就用 A 表示事件"掷点落在区域 A 内"，那么事件 A 的概率可用如下公式计算：

$$P(A)=\frac{m(A)}{m(S)}.$$

上式称为**几何概率公式**.

几何概率显然也是概率，它满足如下性质：

(1) 对任意事件 A，$P(A)\geqslant 0$；

(2) $P(S)=1$；

(3) 若事件 $A_1,A_2,\cdots,A_n,\cdots$ 两两互不相容，则 $P\left(\bigcup\limits_{n=1}^{\infty}A_n\right)=\sum\limits_{n=1}^{\infty}P(A_n)$.

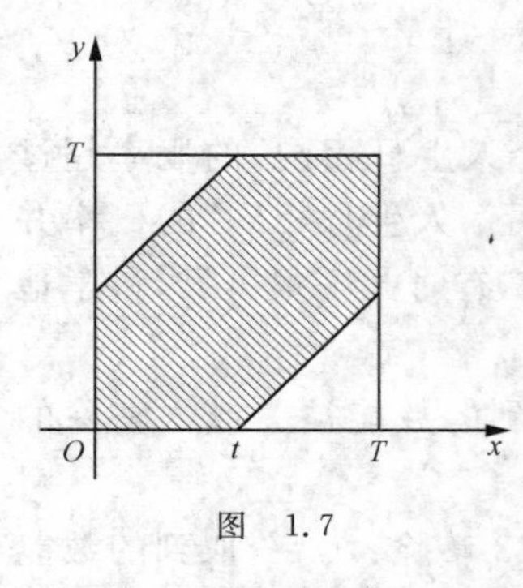

图 1.7

例 5(约会问题) 甲、乙两人相约在 0 到 T 这段时间内，在预定的地点会面. 他们到达的时间是等可能的，先到的人等候另一个人，经过时间 $t(t<T)$ 后离去. 求甲、乙两人能会面的概率.

解 设 x,y 分别表示甲、乙两人到达的时刻，则 $0\leqslant x\leqslant T$，$0\leqslant y\leqslant T$，两人到达时间 (x, y) 与图 1.7 中正方形内的点是一一对应的，能会面的充分必要条件是 $|x-y|\leqslant t$.

由几何概率公式知，所求概率为

$$p=\frac{\text{阴影部分的面积}}{\text{正方形面积}}=\frac{T^2-(T-t)^2}{T^2}=1-\left(1-\frac{t}{T}\right)^2.$$

在约会问题中，一般总希望见到面的概率大一些，这就要求等待的时间长一点. 而轮船停靠、火车进站等场合却相反，希望不遇见的概率大一些，这就要求等待的时间短一点.

例 6 把长为 a 的棒任意折成三段，求它们可以构成三角形的概率.

解 设 $A=\{$三段可构成三角形$\}$，又三段的长分别为 $x,y,a-x-y$，则 $0<x<a$，$0<y<a$，

$0<x+y<a$,不等式构成平面域(如图 1.8 所示). 根据构成三角形的条件: 任意两边之和大于第三边,故 A 发生必须满足:

$$0<a-x-y<x+y;$$
$$0<x<y+(a-x-y);$$
$$0<y<x+(a-x-y).$$

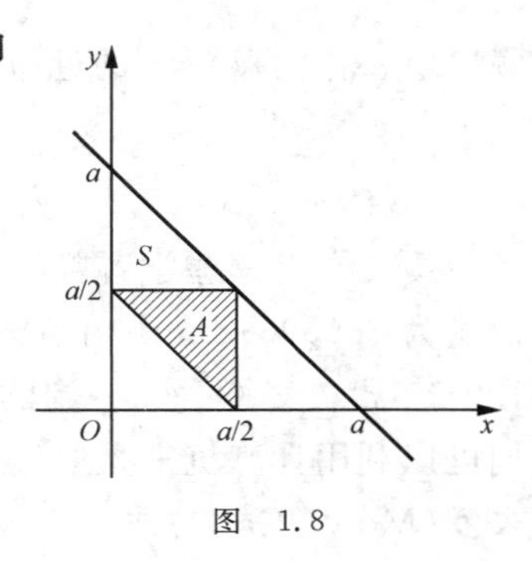

图 1.8

整理得

$$0<x<\frac{a}{2},0<y<\frac{a}{2},\frac{a}{2}<x+y<a.$$

上述不等式确定了 S 的子域 A,所以 A 发生的概率为

$$p=\frac{A\text{ 的面积}}{S\text{ 的面积}}=\frac{1}{4}.$$

例 7(浦丰(Buffon)投针问题) 在平面上有等距离的平行线,平行线间的距离为 $2a(a>0)$,向该平面任意投掷一枚长为 $2l(l<a)$ 的圆柱形的针. 试求此针与任一平行线相交的概率.

解 以 M 表示针的中点,针投在平面上,以 x 表示 M 点到最近平行线的长度,以 θ 表示针与此直线的交角(见图 1.9),易知有 $0\leqslant x\leqslant a,0\leqslant\theta\leqslant\pi$.

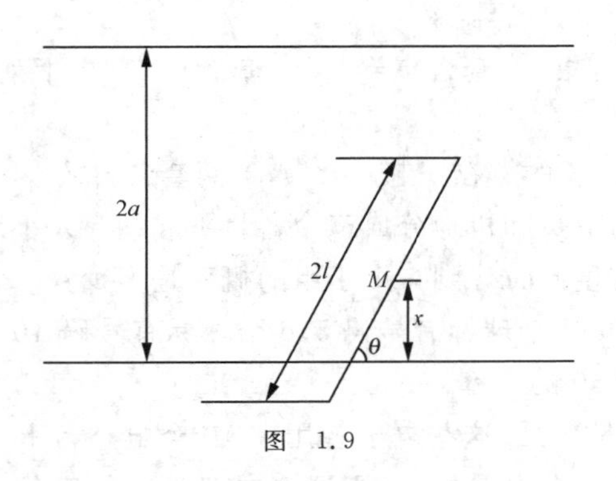

图 1.9

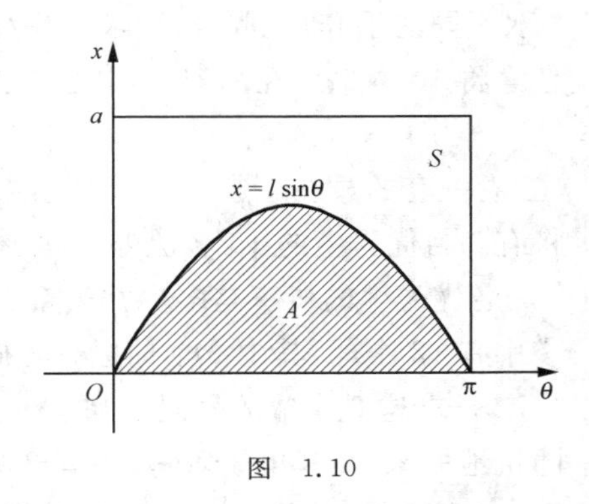

图 1.10

由于上述两个不等式确定出 $O\theta x$ 平面上的一个矩形 S,则针与最近的一条平行线相交的充分必要条件是

$$x\leqslant l\sin\theta.$$

由这个不等式表示的区域 A 是图 1.10 中的阴影部分,则所求概率为

$$p=\frac{A\text{ 的面积}}{S\text{ 的面积}}=\frac{\int_0^{\pi}l\sin\theta\mathrm{d}\theta}{\pi a}=\frac{2l}{\pi a}.$$

如果 l 和 a 已知,则以 π 值代入上式就可以算得此针与任一平行线相交的概率.

反之,也可以利用上式去求 π 的近似值. 如果投针 N 次,其中针与平行线相交 n 次,以

频率值$\frac{n}{N}$作为概率p的近似值,代入上式有

$$\pi \approx \frac{2lN}{an}.$$

历史上有一些学者曾做过这个实验,例如,Wolf在1850年投掷5000次,得到的π的近似值为3.1596;Smith在1855年投掷3204次,得到的π的近似值为3.1554;Lazzerini在1901年投掷3408次,得到的π的近似值为3.141592;等等.随着计算机技术的迅速发展,人们可以利用计算机来大量重复地模拟随机试验,这种方法被称为**随机模拟法**,也被称为**蒙特卡罗**(Monte Carlo)**法**.

习 题 1.2

1. 将一枚硬币抛掷3次,求

(1) 恰有一次出现正面的概率; (2) 至少有一次出现正面的概率.

2. 箱中装有a个白球,b个黑球,作不放回取样,每次取一个,任取$m+n$个.求恰有m个白球,n个黑球的概率($m \leqslant a, n \leqslant b$).

3. 10把钥匙中有3把能打开门.现任取2把,求能打开门的概率.

4. 5双不同的手套,任取4只,求4只都不配对的概率.

5. 任意将10本书放在书架上,其中有两套书,一套含三卷,另一套含四卷.求下列事件的概率:

(1) 三卷一套的放在一起; (2) 四卷一套的放在一起; (3) 两套各自放在一起.

6. 将有3名优秀生的15名课外活动小组成员随机地分成三个科目不同的5人小组.每个小组有一名优秀生的概率是多少? 3名优秀生同时分到一个小组的概率是多少?

7. 袋中有12个球,其中2个球标有号码1;4个球标有号码5;6个球标有号码10.从袋中任取6个球,求这6个球的号码之和至少为50的概率.

8. 随机地取来50只电子管,其中有3只是次品.这些电子管用在10个电路板上,每个电路板用3只电子管.若将3只次品都安装在一个电路板上,则这个电路板就是废品.问发生电路板是废品的概率是多少?

9. 某人午觉醒来,发现表停了,他打开收音机,想听电台每小时一次的整点报时,则他等待时间短于10分钟的概率是多少?

10. 在区间(0,1)中随机地取出两个数,求下列事件的概率:

(1) 两数之和小于6/5; (2) 两数之积小于1/4.

11. 甲、乙两艘轮船驶向一个不能同时停泊两艘轮船的码头,它们在一昼夜内到达的时刻是等可能的.已知甲轮船的停泊时间是一小时,乙轮船的停泊时间是两小时,求它们中任何一艘轮船都不需要等候码头空出的概率.

12. 随机地向半圆 $0<y<\sqrt{2ax-x^2}$（a 为正常数）内掷一点，点落在圆内任何区域的概率与区域的面积成正比，求原点与该点的连线与 x 轴的夹角小于 $\pi/4$ 的概率.

13. 查资料回答：什么是确定概率的主观方法？并请用该方法确定：大学生中戴眼镜的概率是多少？

14. Given that a phone number is made up of 7 digits, while the first digit can not be 0, find the probability that the number 0 appears exactly 3 times.

15. 3 dice are cast, find the probability that the numbers you get after you throw the die add up to 4.

16. Three children are selected at random from a group of five boys and three girls.

(1) What is the probability that all three are boys?

(2) What is the probability at least two girls are selected?

17. There are 3 white balls, 2 red balls in a box. Take out 2 balls from it now. Find the probability that one is white and another is red.

§1.3 条件概率与全概率公式

一、条件概率

在实际问题中，事物是互相联系、互相影响的，随机事件也不例外，常常会遇到这样的问题：在得到某个信息 A 以后（即在已知事件 A 发生的条件下），求事件 B 发生的概率（如图 1.11 所示）. 这时，因为求 B 的概率是在已知 A 发生的条件下，所以称为在事件 A 发生的条件下，事件 B 发生的**条件概率**（conditional probability），记为 $P(B|A)$. 由此引入条件概率的一般定义.

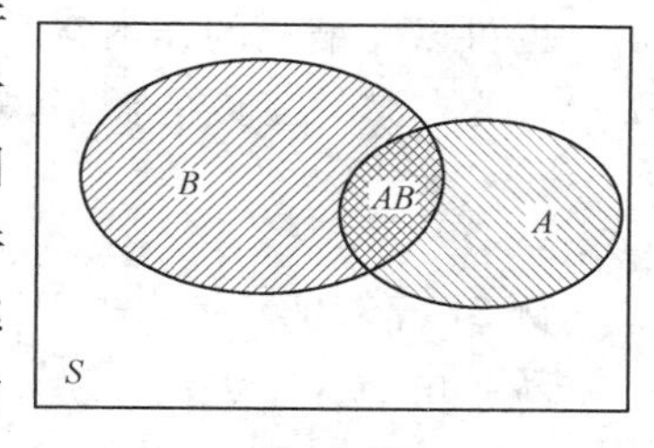

图 1.11

定义 1 设 A,B 是两个事件，且 $P(A)>0$，称

$$P(B \mid A) = \frac{P(AB)}{P(A)}$$

为在事件 A 发生的条件下，事件 B 发生的**条件概率**.

根据定义，条件概率的计算可选择下列两种方法之一：

(1) 在缩小后的样本空间 S_A 中，计算事件 B 发生的概率 $P(B|A)$；

(2) 在原样本空间 S 中，先计算 $P(AB)$，$P(A)$，再按条件概率的公式计算，求得 $P(B|A)$.

另外，可以验证条件概率也满足概率的三个条件，类似也成立如下的条件概率加法公式：

$$P(B_1 \cup B_2 | A) = P(B_1 | A) + P(B_2 | A) - P(B_1 B_2 | A).$$

例 1 设某种动物由出生起活 20 年以上的概率为 80%，活 25 年以上的概率为 40%. 如果现在有一活 20 年的这种动物，求它能活 25 年以上的概率.

解 设事件 A={能活 20 年以上}，事件 B={能活 25 年以上}. 按题意，$P(A)=0.8$，$P(B)=0.4$，由于 $B \subset A$，因此，$P(AB)=P(B)=0.4$. 由条件概率公式，有

$$P(B|A) = \frac{P(AB)}{P(A)} = \frac{0.4}{0.8} = 0.5.$$

例 2 某电子元件厂有职工 180 人，其中男职工 100 人，女职工 80 人，男、女职工中非熟练工人分别有 20 人和 5 人. 现从该厂任选一名职工，则

(1) 该职工为非熟练工人的概率是多少？

(2) 若已知被选出的是女职工，她是非熟练工人的概率又是多少？

解 (1) 设 A 表示事件"任选一名职工为非熟练工人"，则

$$P(A) = \frac{25}{180} = \frac{5}{36}.$$

(2) 附加条件是已知被选出的是女职工. 若记 B 为事件"选出女职工"，则所求概率为"在已知事件 B 发生的条件下，事件 A 发生的概率"，由条件概率公式，有

$$P(A|B) = \frac{P(AB)}{P(B)} = \frac{5/180}{80/180} = \frac{1}{16}.$$

也可以在缩小的样本空间 S_B 中求解. S_B 中只含有 80 人，相当于求在 80 名女职工中任选一人为非熟练工人的概率，故

$$P(A|B) = \frac{5}{80} = \frac{1}{16}.$$

例 3 若 $P(\bar{A})=0.3$，$P(B)=0.4$，$P(A\bar{B})=0.5$. 求 $P(B|A \cup \bar{B})$.

解 由于

$$P(B|A \cup \bar{B}) = \frac{P[B(A \cup \bar{B})]}{P(A \cup \bar{B})} = \frac{P(AB)}{P(A) + P(\bar{B}) - P(A\bar{B})},$$

而

$$\begin{aligned} P(AB) &= P[A(S - \bar{B})] = P(A - A\bar{B}) = P(A) - P(A\bar{B}) \\ &= [1 - P(\bar{A})] - P(A\bar{B}) = 0.7 - 0.5 = 0.2, \end{aligned}$$

所以

$$P(B|A \cup \bar{B}) = \frac{0.2}{0.7 + 0.6 - 0.5} = 0.25.$$

二、乘法公式

由条件概率的定义容易推得如下常用的**概率乘法公式**(multiplication formula)：

$$P(AB)=\begin{cases}P(A)P(B|A), & P(A)>0,\\ P(B)P(A|B), & P(B)>0.\end{cases}$$

利用乘法公式可以计算积事件的概率,并且乘法公式可以推广到 n 个事件的情形:若 $P(A_1A_2,\cdots A_n)\neq 0$,则

$$P(A_1\cdots A_n)=P(A_1)P(A_2|A_1)P(A_3|A_1A_2)\cdots P(A_n|A_1\cdots A_{n-1}).$$

例 4 在一批由 90 件正品,3 件次品组成的产品中,不放回地接连抽取两件产品.求第一件为正品,第二件为次品的概率.

解 设事件 $A=\{$第一件取正品$\}$,事件 $B=\{$第二件取次品$\}$.按题意,$P(A)=\frac{90}{93}$,$P(B|A)=\frac{3}{92}$.由乘法公式,可得

$$P(AB)=P(A)P(B|A)=\frac{90}{93}\times\frac{3}{92}=0.0315.$$

三、全概率公式

为了计算复杂事件的概率,经常把一个复杂事件分解为若干个互不相容的简单事件的和,通过分别计算简单事件的概率,来求得复杂事件的概率.这就是全概率公式的思想,为此先介绍样本空间的划分.

定义 2 设 $A_1,A_2,\cdots,A_n$ 为样本空间 S 的一个事件组,满足:

(1) $A_1,A_2,\cdots,A_n$互不相容,且 $P(A_i)>0(i=1,2,\cdots,n)$;

(2) $A_1\cup A_2\cup\cdots\cup A_n=S$,

则称 $A_1,A_2,\cdots,A_n$ 为样本空间 S 的一个**完备事件组**,也称为样本空间 S 的一个**划分**.

定理 1 设 $A_1,A_2,\cdots,A_n$ 为样本空间 S 的一个完备事件组,则对 S 中的任意一个事件 B 都有

$$P(B)=P(A_1)P(B|A_1)+P(A_2)P(B|A_2)+\cdots+P(A_n)P(B|A_n),$$

这个公式称为**全概率公式**(complete probability formula).

证 因为

$$B=BS=B(A_1\cup A_2\cup\cdots\cup A_n)=BA_1\cup BA_2\cup\cdots\cup BA_n.$$

由假设$(BA_i)(BA_j)=\varnothing,i\neq j,i,j=1,2,\cdots,n$,得到

$$\begin{aligned}P(B)&=P(BA_1)+P(BA_2)+\cdots+P(BA_n)\\&=P(A_1)P(B|A_1)+P(A_2)P(B|A_2)+\cdots+P(A_n)P(B|A_n).\end{aligned}$$

例 5 七人轮流抓阄,抓一张参观票,求被第二人抓到的概率.

解 设 $A_i=\{$第 i 人抓到参观票$\}(i=1,2)$,于是

$$P(A_1)=\frac{1}{7},\quad P(\overline{A}_1)=\frac{6}{7},\quad P(A_2|A_1)=0,\quad P(A_2|\overline{A}_1)=\frac{1}{6}.$$

由全概率公式,有

$$P(A_2)=P(A_1)P(A_2|A_1)+P(\overline{A}_1)P(A_2|\overline{A}_1)=0+\frac{6}{7}\times\frac{1}{6}=\frac{1}{7}.$$

从这道例题我们可以看到,第一个人和第二个人抓到参观票的概率一样.事实上,每个人抓到的概率都一样,这就是人们常用的**“抓阄不分先后原理”**.

例6 一仓库有一批产品,已知其中50%,30%,20%的产品依次是甲、乙、丙厂生产的,且甲、乙、丙厂生产的次品率分别为1/10,1/15,1/20.现从这批产品中任取一件,求取得正品的概率.

解 以A_1,A_2,A_3分别表示事件“取得的这件产品是甲、乙、丙厂生产的”;以B表示事件“取得的产品为正品”,于是

$$P(A_1)=\frac{5}{10},\quad P(A_2)=\frac{3}{10},\quad P(A_3)=\frac{2}{10},\quad P(B\mid A_1)=\frac{9}{10},$$

$$P(B\mid A_2)=\frac{14}{15},\quad P(B|A_3)=\frac{19}{20}.$$

由全概率公式,有

$$\begin{aligned}P(B)&=P(B|A_1)P(A_1)+P(B|A_2)P(A_2)+P(B|A_3)P(A_3)\\&=\frac{9}{10}\cdot\frac{5}{10}+\frac{14}{15}\cdot\frac{3}{10}+\frac{19}{20}\cdot\frac{2}{10}=0.92.\end{aligned}$$

四、贝叶斯公式

定理2 设B是样本空间S的一个事件,$P(B)>0$,且$A_1,A_2,\cdots,A_n$为S的一个完备事件组,则

$$P(A_k|B)=\frac{P(A_kB)}{P(B)}=\frac{P(A_k)P(B|A_k)}{P(A_1)P(B|A_1)+\cdots+P(A_n)P(B|A_n)},\quad k=1,\cdots,n.$$

这个公式称为**贝叶斯公式**(Bayesian formula),也称为**逆概率公式**或**后验公式**.

例7 发报台分别以概率0.6和0.4发出信号“·”和“—”,由于通讯系统受到干扰,当发出信号“·”时,收报台未必收到信号“·”,而是分别以0.8和0.2收到“·”和“—”;同样,当发出信号“—”时,分别以0.9和0.1收到“—”和“·”.如果收报台收到“·”,求它没收错的概率.

解 设$A=\{$发报台发出信号“·”$\}$,$\overline{A}=\{$发报台发出信号“—”$\}$,$B=\{$收报台收到信号“·”$\}$,$\overline{B}=\{$收报台收到信号“—”$\}$.于是,$P(A)=0.6$,$P(\overline{A})=0.4$,$P(B|A)=0.8$,$P(\overline{B}|A)=0.2$,$P(B|\overline{A})=0.1$,$P(\overline{B}|\overline{A})=0.9$.由贝叶斯公式,有

$$\begin{aligned}P(A|B)&=\frac{P(AB)}{P(B)}=\frac{P(A)P(B|A)}{P(A)P(B|A)+P(\overline{A})P(B|\overline{A})}\\&=\frac{0.6\times0.8}{0.6\times0.8+0.4\times0.1}\approx0.9231.\end{aligned}$$

所以,收报台没收错的概率约为0.9231.

例 8 根据以往的记录，某种诊断肝炎的试验有如下效果：对肝炎病人的试验呈阳性的概率为 0.95；非肝炎病人的试验呈阴性的概率为 0.95. 对自然人群进行普查的结果为：有千分之五的人患有肝炎. 现有某人做此试验结果为阳性，问此人确有肝炎的概率为多少？

解 设 $A=\{$某人做此试验结果为阳性$\}$，$B=\{$某人确有肝炎$\}$. 由已知条件有，$P(A|B)=0.95$，$P(\overline{A}|\overline{B})=0.95$，$P(B)=0.005$. 从而

$$P(\overline{B})=1-P(B)=0.995,\quad P(A|\overline{B})=1-P(\overline{A}|\overline{B})=0.05.$$

由贝叶斯公式，有

$$P(B|A)=\frac{P(BA)}{P(A)}=\frac{P(B)P(A|B)}{P(B)P(A|B)+P(\overline{B})P(A|\overline{B})}=0.087.$$

本例的结果表明：虽然 $P(A|B)=0.95$，$P(\overline{A}|\overline{B})=0.95$，这两个概率都很高，但若将此试验用于普查，则有 $P(B|A)=0.087$，即其正确性只有 8.7%. 如果不注意到这一点，将会经常得出错误的诊断. 这也说明，若将 $P(A|B)$ 和 $P(B|A)$ 搞混了会造成不良的后果.

习 题 1.3

1. 一盒子中装有 5 只产品，分别是 3 只正品、2 只次品，从中取产品两次，每次取一只，作不放回抽样. 求在第一次取到正品的条件下，第二次取到的也是正品的概率.

2. 钥匙掉了，掉在宿舍、教室、路上的概率分别为 0.4，0.3，0.2，而掉在上述三处地方被找到的概率分别为 0.8，0.3，0.1. 试求找到钥匙的概率.

3. 一批彩电 100 台，其中 10 台有瑕疵，采用不放回抽样依次抽取 3 次，每次取一台. 求第三次才取到没有瑕疵彩电的概率.

4. 设 A,B 为两个随机事件，已知 $P(A)=\frac{1}{4}$，$P(B|A)=\frac{1}{3}$，$P(A|B)=\frac{1}{2}$，求 $P(A\cup B)$.

5. 设 A,B 为两个随机事件，已知 $P(A)=0.7$，$P(B)=0.5$，$P(A-B)=0.3$. 求 $P(AB)$，$P(B-A)$，$P(\overline{B}|\overline{A})$.

6. 人们为了了解一只股票未来一定时间内的价格变化，往往会去分析影响股票价格的基本因素，比如，利率的变化. 现假设利率即将上升的概率为 60%，利率不变的概率为 40%，而根据以往经验，在利率上升的情况下，某只股票价格上涨的概率为 40%；而在利率不变的情况下，该股票价格上涨的概率为 80%. 求该只股票价格将上涨的概率.

7. 一学生接连参加同一课程的两次考试，第一次及格的概率为 p，若第一次及格且第二次及格的概率也是 p，若第一次不及格而第二次及格的概率为 $\frac{p}{2}$.

(1) 若至少有一次及格则他能够取得某种资格，求他取得该资格的概率；

(2) 若已知他第二次已经及格，求他第一次及格的概率.

8. 某人有 5 把钥匙，其中有 2 把房门钥匙，但忘记了开房门的是哪两把，只好逐次试开. 问此人在 3 次内打开房门的概率是多少？

9. 某次世界女排比赛中，中国队已取得决赛权，要与日本队和美国队的胜者争夺冠军. 根据以往的战绩，中国队胜日本队和美国队的概率分别为0.9与0.4，而日本队胜美国队的概率为0.5. 求中国队取得冠军的概率.

10. 一批产品共有10个正品和2个次品，任意抽取两次，每次抽一个，抽出后不再放回，则第二次抽出的是次品的概率为______.

11. 有两个箱子，第一个箱子装有3个白球，2个红球；第二个箱子装有4个白球，4个红球. 现从第一个箱子中随机地取出一个球放到第二个箱子里，再从第二个箱子中取出一个球，则此球是白球的概率为______. 已知上述从第二个箱子中取出的球是白球，则从第一个箱子中取出的球是白球的概率为______.

12. 某人忘记了电话号码的最后一个数字，因而随意拨号，则拨号不超过三次而接通电话的概率为(　　).

(A) 0.1　　(B) 0.125　　(C) 0.3　　(D) 0.9

13. 设A,B为两个互不相容事件，且$P(A)>0,P(B)>0$，则下列结论中正确的是(　　).

(A) $P(A|B)=P(A)$　　(B) $P(B|A)>0$

(C) $P(AB)=P(A)P(B)$　　(D) $P(A-B)=P(A)$

14. 设某玻璃器皿厂生产酒杯. 第一次酒杯落下打碎的概率是1/2；若第一次未打碎而第二次落下打碎的概率是7/10；若前两次均未打碎，第三次落下打碎的概率是9/10. 试求酒杯落下三次而未被打碎的概率.

15. 某城市男、女性别人数之比为3∶2，其中5%的女性为色盲，10%的男性为色盲. 现随机地选一人，发现是色盲，问此人是男性的概率为多少？

16. One bag contains 4 white balls and 3 black balls, another bag contains 3 white balls and 5 black balls. One ball is drawn from the first bag and placed unseen in the second bag, What is the probability that one ball now drawn from the second bag is black?

17. In a certain assembly plant, three machines, B_1, B_2, and B_3 make 30%, 45%, and 25%, respectively, of the products. It is known from past experience that 2%, 3% and 2% of the products made by each machine, respectively, are defective. Now, suppose that a finished product is randomly selected, What is the probability that it is defective?

§1.4 事件独立与独立试验

一、事件的独立性

设A,B是两个事件，一般而言，$P(A)\neq P(A|B)$，这表示事件B的发生对事件A发生的概率有影响. 而当$P(A)=P(A|B)$时，可以认为事件B的发生与否对事件A的发生无影

响，这时就称两事件 A,B 是独立的. 这时，由条件概率可知，

$$P(AB)=P(B)P(A|B)=P(A)P(B|A)=P(B)P(A)=P(A)P(B).$$

由此，我们引出下面的定义.

定义 1 若两事件 A,B 满足

$$P(AB)=P(A)P(B),$$

则称事件 A,B **相互独立**(mutual independence)，简称 A,B **独立**.

定理 1 若四组事件 A 与 B，$\overline{A}$ 与 B，A 与 $\overline{B}$，$\overline{A}$ 与 $\overline{B}$ 中有一组是相互独立的，则另外三组也是相互独立的.

证 仅证情形：A,B 独立 $\Longrightarrow \overline{A},B$ 独立.

由事件独立的定义及事件的运算法则，可知

$$\begin{aligned}P(\overline{A}B)&=P[(S-A)B]=P(B-AB)\\&=P(B)-P(AB)=P(B)-P(A)P(B)\\&=[1-P(A)]P(B)=P(\overline{A})P(B),\end{aligned}$$

即 $P(\overline{A}B)=P(\overline{A})P(B)$，则 $\overline{A},B$ 独立.

在实际问题中，我们一般不用定义来判断两事件 A,B 是否相互独立，而是从试验的具体条件以及试验的实际意义去判断是否独立. 如果事件相互独立，就可以用定义中的公式来计算积事件的概率了.

例 1 两门高射炮彼此独立的同时射击一架敌机，设甲炮击中敌机的概率为 0.9，乙炮击中敌机的概率为 0.8. 求敌机被击中的概率.

解 设 $A=\{$甲炮击中敌机$\}$，$B=\{$乙炮击中敌机$\}$，那么 $A\cup B=\{$敌机被击中$\}$. 因为 A 与 B 相互独立，所以，有

$$\begin{aligned}P(A\cup B)&=P(A)+P(B)-P(AB)=P(A)+P(B)-P(A)P(B)\\&=0.9+0.8-0.9\times 0.8=0.98.\end{aligned}$$

注 事件的独立性与互斥性是不同的，互斥性表示两个事件不能同时发生，而独立性则表示两个事件在发生概率上彼此不影响.

定义 2 设 A,B,C 是三个事件，如果满足

$$P(AB)=P(A)P(B),\quad P(BC)=P(B)P(C),\quad P(AC)=P(A)P(C),$$

则称这三个事件 A,B,C 是**两两独立**的.

定义 3 设 A,B,C 是三个事件，如果满足

$$P(AB)=P(A)P(B),\quad P(BC)=P(B)P(C),$$
$$P(AC)=P(A)P(C),\quad P(ABC)=P(A)P(B)P(C),$$

则称这三个事件 A,B,C 是**相互独立**的.

注 三个事件相互独立一定是两两独立的，但两两独立未必是相互独立.

一般对 $n(n\geqslant 2)$ 个事件而言，如果其中任意 $k(k=2,3,\cdots,n)$ 个事件的积事件的概率等

于各事件概率之积，即 $P\left(\bigcap_{j=1}^{k} A_{i_j}\right)=P(A_{i_1})\cdots P(A_{i_k})$，$k=2,3,\cdots,n$，$i=1,\cdots,n$，则称这 n 个事件相互独立；如果 n 个事件 $A_1,A_2,\cdots,A_n$ 相互独立，则和事件的概率常用下式计算：

$$P\left(\bigcup_{i=1}^{n} A_i\right)=1-P(\overline{A}_1)P(\overline{A}_2)\cdots P(\overline{A}_n).$$

例2 一产品的生产分4道工序完成，第一、二、三、四道工序生产的次品率分别为2%、3%、5%、3%，各道工序独立完成. 求该产品的次品率.

解 设 $A=$｛该产品是次品｝，$A_i=$｛第 i 道工序生产出次品｝$(i=1,2,3,4)$，则

$$A=A_1\cup A_2\cup A_3\cup A_4,\quad \overline{A}=\overline{A}_1\overline{A}_2\overline{A}_3\overline{A}_4.$$

$$\begin{aligned}P(A)&=1-P(\overline{A})=1-P(\overline{A}_1\overline{A}_2\overline{A}_3\overline{A}_4)=1-P(\overline{A}_1)P(\overline{A}_2)P(\overline{A}_3)P(\overline{A}_4)\\&=1-(1-0.02)(1-0.03)(1-0.05)(1-0.03)=0.124.\end{aligned}$$

例3 甲、乙两人进行乒乓球比赛，每局甲胜的概率为 $p(p\geqslant 1/2)$，各局比赛胜负相互独立. 试问对甲而言，采用三局两胜制有利，还是采用五局三胜制有利.

解 如果采用三局两胜制，对甲而言，他获胜的三种情况是“甲甲”或“乙甲甲”或“甲乙甲”，这是互不相容的三种结果，故甲获胜的概率为

$$p_1=p^2+2p^2(1-p).$$

如果采用五局三胜制，对甲而言，他要获胜至少比赛三局且最后一局他胜，比赛三局只有一种情况即“甲甲甲”；比赛四局有“乙甲甲甲”或“甲乙甲甲”或“甲甲乙甲”；比赛五局有“乙乙甲甲甲”或“乙甲乙甲甲”或“乙甲甲乙甲”或“甲乙乙甲甲”或“甲乙甲乙甲”或“甲甲乙乙甲”，故甲获胜的概率为

$$p_2=p^3+C_3^2p^2(1-p)\cdot p+C_4^2p^2(1-p)^2\cdot p.$$

可以验证，当 $p>1/2$ 时，$p_2>p_1$，即对甲来说五局三胜制更有利；当 $p=1/2$ 时，$p_2=p_1$，即两种赛制一样，甲、乙获胜的概率都为50%.

二、独立试验(伯努利试验)

在实际中经常碰到一类试验，每次试验的结果只有两种，这种概型称为**伯努利**(Bernoulli)**试验**. 例如，检验一件产品的质量看其是合格品还是次品；射击一次的结果或击中或未击中；考试一次是否通过；等等.

有些试验的结果虽然不只有两个，但有时人们在众多的结果中只关心其中的一个，记为 A，而把其余情况都归结为 $\overline{A}$，这样又把此试验变成伯努利试验. 将伯努利试验独立重复地进行 n 次，称为 **n 重伯努利试验**.

设在一次伯努利试验中，事件 A 发生的概率为 $p(0<p<1)$，则在 n 重伯努利试验中，A 发生 k 次的概率为

$$C_n^kp^k(1-p)^{n-k}\quad(k=0,1,2,\cdots,n).$$

例如，一批产品的合格率为 p，检查 10 个产品，不合格产品的个数恰为 2 的概率为 $C_{10}^{2}p^{2}(1-p)^{8}$；连续抛掷一枚均匀硬币 10 次，其中恰有 3 次是正面朝上的概率为

$$C_{10}^{3}\left(\frac{1}{2}\right)^{3}\left(1-\frac{1}{2}\right)^{7}=\frac{15}{128}.$$

例 4 一张试卷上有 10 道四选一的单项选择题，某同学投机取巧，随意选答案. 试问他至少答对 6 道题的概率有多大？

解 这是 10 重伯努利试验，设 B 表示“至少答对 6 道题”，则

$$P(B)=\sum_{k=6}^{10}C_{10}^{k}\left(\frac{1}{4}\right)^{k}\left(1-\frac{1}{4}\right)^{10-k}=0.01973.$$

人们在长期的生产生活实践中总结得出“概率很小的事件在一次试验中，实际上几乎是不发生的”，即**实际推断原理**. 故在本例中，能在 10 道题中猜对 6 道以上几乎是不大可能的.

例 5 设某电路如下图 1.12 所示，A,B,C,D,E,F,G,H 都是电路中的元件，它们下方的数字是它们各自正常工作的概率. 求该电路正常工作的概率.

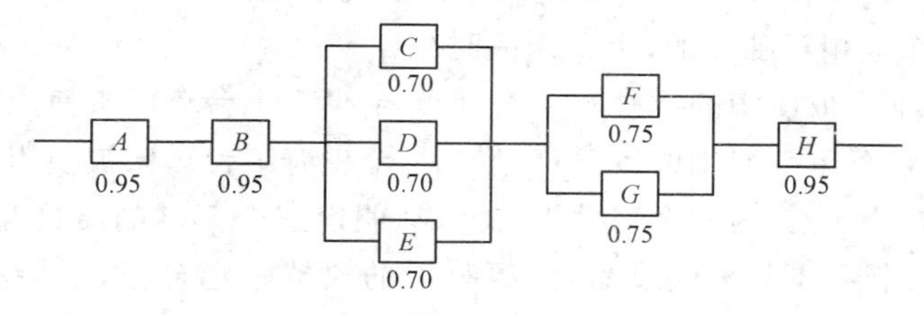

图 1.12

解 设 T 表示事件“电路正常工作”，同时 A,B,C,D,E,F,G,H 表示“相应元件正常工作”. 由电路图 1.10 可知，$T=AB(C\cup D\cup E)(F\cup G)H$，由于各元件独立工作，故有

$$P(T)=P(A)P(B)P(C\cup D\cup E)P(F\cup G)P(H),$$

其中 $P(C\cup D\cup E)=1-P(\bar{C})P(\bar{D})P(\bar{E})=0.973$，$P(F\cup G)=1-P(\bar{F})P(\bar{G})=0.9375$. 于是代入可得电路正常工作的概率为

$$P(T)=0.95\times0.95\times0.973\times0.9375\times0.95\approx0.782.$$

习 题 1.4

1. 设 $P(AB)=0$，则（　　）.

(A) A 和 B 不相容　　(B) A 和 B 独立

(C) $P(A-B)=P(A)$　　(D) $P(A)=0$ 或 $P(B)=0$

2. 设每次试验成功的概率为 $p(0<p<1)$，现进行独立重复试验，则直到第 10 次试验才取得第 4 次成功的概率为（　　）.

(A) $C_{10}^{4}p^{4}(1-p)^{6}$　　(B) $C_{9}^{3}p^{4}(1-p)^{6}$

(C) $C_9^4p^4(1-p)^5$ (D) $C_9^3p^3(1-p)^6$

3. 设 $P(A)=0.4,P(A\cup B)=0.7$,那么

(1) 若 A,B 互不相容,则 $P(B)=$ ______;

(2) 若 A,B 相互独立,则 $P(B)=$ ______.

4. 设事件 A,B,C 两两独立,且 $ABC=\varnothing,P(A)=P(B)=P(C)<1/2,P(A\cup B\cup C)=9/16$,则 $P(A)=$ ______.

5. 甲、乙两人射击,甲击中的概率为0.7,乙击中的概率为0.8,两人同时独立射击.求

(1) 两人都未击中的概率; (2) 两人都击中的概率; (3) 甲击中、乙未击中的概率.

6. 已知 $P(\overline{A})=0.3,P(B)=0.4,P(A\overline{B})=0.5$,试求 $P(B|(A\cup\overline{B}))$,并问此时 A 和 B 是否独立?

7. 设 A 和 B 是两个事件,且 $0<P(A)<1,P(B|A)=P(B|\overline{A})$.问 A 和 B 是否独立?

8. 3人独立地去破译一份密码,他们能单独译出的概率分别为1/5,1/3,1/4.问三人合作能将此密码破译的概率为多少?

9. 某车间共有5台车床,每台车床使用电力是间歇性的,平均起来每小时约有6分钟用电.假设工人的工作是相互独立的,求在同一时刻

(1) 恰有两台车床被使用的概率; (2) 至少有1台车床被使用的概率;

(3) 至多有3台车床被使用的概率; (4) 至少有3台车床被使用的概率.

10. 某种仪器由甲、乙、丙三个部件组装而成,假定三个部件的质量互不影响,且优质品率都是0.8.如果三个部件全是优质品,则组装后的仪器一定合格;如果有两个部件是优质品,则仪器合格率为0.9;如果仅有一个部件是优质品,则仪器合格率为0.5;如果三个部件全都不是优质品,则仪器合格率为0.2.

(1) 求仪器的不合格率;

(2) 已知某台仪器不合格,问它的三个部件中恰有一个不是优质品的概率.

11. Show that if A and B are independent events, then A and $\overline{B}$ are independent events also.

第1章小结

1. 本章介绍了随机事件与样本空间的概念,事件间的关系与运算;给出了概率的统计定义和公理化定义,概率加法定理,条件概率与概率乘法定理;介绍了全概率公式与贝叶斯公式;并研究了事件的独立性问题和伯努利概型.

2. 统计概率是一种随机试验的事件概率,它不一定是古典概型中的事件概率,其特点是以事件出现次数的频率作为概率的近似值.古典概型是一种随机现象的数学模型,它要求所研究的样本空间是有限的,且各样本点的发生或出现是等可能的.计算古典概型的事件概

率必须要知道样本点的总数和事件 A 所含的样本点数. 在所考虑的样本空间中,对任何事件 A 均有 $0 \leqslant P(A) \leqslant 1$. 古典概型的求法是灵活多样的,解题的关键是确定什么是所需的样本点.

3. 事件间的关系和运算与集合论的有关知识有着密切的联系. 如事件的包含关系可以表示为集合的包含关系;事件的和、积相当于集合的并、交;事件的对立相当于集合的互补. 学习时需要加以对照.

4. 为了讨论有关系的事件的概率,必须了解概率的加法定理、条件概率与乘法定理. 在应用概率的加法公式 $P(A \cup B)=P(A)+P(B)-P(AB)$ 时,首先要搞清楚所涉及的事件是否互斥. 而在使用概率的乘法公式 $P(AB)=P(A)P(B|A)=P(B)P(A|B)$ 时,首先要搞清楚谁先发生、谁后发生,其次要注意所涉及的事件是否相互独立,如果独立,则有 $P(AB)=P(A)P(B)$. 了解事件的独立性以及事件的互不相容性对于计算一些事件的概率可起简化作用. 要熟悉伯努利试验.

5. 在全概率公式 $P(B)=\sum\limits_{i=1}^{n} P(A_i)P(B \mid A_i)$ 中,要求 $A_1, A_2, \cdots, A_n$ 是互不相容的完备事件组,这个公式可用来解决比较复杂的概率问题. 贝叶斯公式 $P(A_i|B)=\dfrac{P(A_i)P(B|A_i)}{\sum\limits_{i=1}^{n} P(A_i)P(B|A_i)}$ 是求后验概率的,它与先验概率不同,但彼此又有公式相联系.

第2章 随机变量及其分布

在随机试验中,人们除了对某些特定事件发生的概率感兴趣外,往往还关心某个与随机试验的结果相联系的变量.由于这一变量的取值依赖于随机试验的结果,因而被称为随机变量.与普通的变量不同,对于随机变量,人们无法事先预知其确切取值,但可以研究其取值的统计规律性.本章将介绍两类随机变量并描述随机变量统计规律性的分布.

§2.1 离散型随机变量及其分布

一、随机变量

为了更好地描述、分析、处理与各种随机现象有关的理论和应用问题,我们要引进一种特殊变量——随机变量来表示试验的结果,将随机试验的结果数量化.也就是说,要把试验的样本空间所包含的事件与实数对应起来,这种对应是有客观背景的,可分两种情况:

(1) 在有些随机试验中,试验结果本身就由数量来表示.

例如,在抛掷一颗骰子观察其出现的点数的试验中,试验的结果就可分别由数1,2,3,4,5,6来表示.

(2) 在另一些随机试验中,试验结果看起来与数量无关,但也可以数量化.

例如,在抛掷一枚硬币观察其出现正面或反面的试验中,若规定"出现正面"对应数1,"出现反面"对应数0,则该试验的每一种可能的结果,都有唯一确定的实数与之对应.

上述情况表明,随机试验的结果都可用一个变量来表示,这个变量随着试验结果的不同而变化,因而它是样本点的变量,这个变量就是我们要引入的随机变量.

定义1 设随机试验的样本空间为 $S=\{e\}$,$X=X(e)$是定义在样本空间 S 上的实单值函数,则称 $X=X(e)$为**随机变量**(random variable,简记为 r. v.).

随机变量 X 的取值由样本空间的样本点 e 决定. 反之,使 X 取某一特定值 a 的那些样本点的全体构成样本空间 S 的一个子集,即

$$A = \{e \mid X(e) = a\} \subset S.$$

它是一个事件,当且仅当事件 A 发生时才有 $\{X=a\}$. 为简便起见,今后将事件 A 记为 $\{X=a\}$.

随机变量通常用大写英文字母 X,Y,Z 或希腊字母 ξ,η 等表示,而表示随机变量所取的值时,一般采用小写英文字母 x,y,z 等表示.

随机变量具有以下两个特点:

(1) 在一次试验前,不能预知随机变量取什么值,即随机变量的取值具有随机性,它的取值决定于随机试验的结果;

(2) 随机变量的所有可能取值是事先知道的,而且对应于随机变量取某一数值或某一范围的概率也是确定的.

随机变量的引入,使随机试验中的各种事件可通过随机变量的关系表达出来. 例如,某城市的 120 急救电话每小时收到的呼唤次数 X(取整数)是一个随机变量,则事件"收到不少于 20 次呼叫"可表示为 $\{X \geqslant 20\}$;事件"收到恰好为 10 次呼叫"可表示为 $\{X=10\}$.

由此可见,随机事件这个概念实际上是包容在随机变量这个更广的概念内. 也可以说,随机事件是从静态的观点来研究随机现象,而随机变量则以动态的观点来研究随机现象.

随机变量概念的产生是概率论发展史上的重大事件. 引入随机变量后,对随机现象统计规律的研究,就由对事件及事件概率的研究转化为对随机变量及其取值规律的研究,使人们可利用高等数学的方法对随机试验的结果进行广泛而深入的研究.

随机变量因其取值方式不同,通常分为离散型和非离散型两类. 而非离散型随机变量中最重要的是连续型随机变量. 今后,我们主要讨论离散型随机变量(discrete random variable)和连续型随机变量(continuous random variable).

二、离散型随机变量

定义 2 设 X 是一个随机变量,如果它全部可能的取值只有有限个或可数无穷个,则称 X 为**离散型随机变量**.

设 $x_1, x_2, \cdots$ 是离散型随机变量 X 的所有可能取值,对每个取值 x_k, $\{X=x_k\}$ $(k=1,2,\cdots)$ 是其样本空间 S 上的一个事件. 为描述离散型随机变量 X,还需知道这些事件发生的可能性(即概率).

定义 3 设离散型随机变量 X 取值 x_k 时的概率为 p_k,称 X 的所有取值及相对应取值的概率为随机变量 X 的**分布律**(distribution law),也称**概率分布**或**分布列**,可记做

$$P(X = x_k) = p_k, \quad k = 1,2,\cdots.$$

分布律也可以用表格的形式来表示

X	x_1	x_2	$\cdots$	x_n	$\cdots$
p_k	p_1	p_2	$\cdots$	p_n	$\cdots$

.

由概率的定义,分布律有下列性质:

(1) 随机变量取任何值的概率非负,即 $p_k \geqslant 0, k=1,2,\cdots$;

(2) 随机变量取所有值的概率和为 1,即 $\sum\limits_{k=1}^{\infty} p_k = 1$;

(3) 对任意实数 $a,b(a<b)$,有 $P(a \leqslant X \leqslant b) = P\left(\bigcup\limits_{a \leqslant x_k \leqslant b} \{X = x_k\}\right) = \sum\limits_{a \leqslant x_k \leqslant b} p_k$.

例 1 一批产品共 10 件,其中有 3 件次品,现从中任取 4 件,则"取得的次品数 X"是一个离散型随机变量. 试求 X 的分布律.

解 X 只可能取 0,1,2,3 共 4 个值,设"$X=k$"表示"取到 k 件次品",$k=0,1,2,3$,则

$$P(X=0) = \frac{C_7^4}{C_{10}^4} = \frac{1}{6}; \quad P(X=1) = \frac{C_3^1 C_7^3}{C_{10}^4} = \frac{1}{2};$$

$$P(X=2) = \frac{C_3^2 C_7^2}{C_{10}^4} = \frac{3}{10}; \quad P(X=3) = \frac{C_3^3 C_7^1}{C_{10}^4} = \frac{1}{30}.$$

X 的分布律为

X	0	1	2	3
p_k	1/6	1/2	3/10	1/30

.

例 2 设离散型随机变量 X 的分布律为 $P(X=k) = ak/5, k=1,2,3,4,5$,试确定常数 a.

解 由分布律的性质(2)可知

$$\sum_{k=1}^{5} \frac{ak}{5} = \frac{a}{5} + \frac{2a}{5} + \frac{3a}{5} + \frac{4a}{5} + \frac{5a}{5} = \frac{15a}{5} = 3a = 1.$$

所以 $a=1/3$.

三、几种常见的离散型随机变量的分布

1. 0-1 分布

定义 4 若一个离散型随机变量 X 只有两个可能的取值,且其分布律为

$$P(X=1) = p, \quad P(X=0) = 1-p \quad (0<p<1),$$

则称 X 服从 **0-1 分布**,也称**两点分布**、**伯努利分布**.

习惯上常记 $q=1-p$. 易见,$0<p,q<1, p+q=1$.

对于一个随机试验，若它的样本空间只包含两个元素，即 $S=\{e_1,e_2\}$，则我们总能在 S 上定义一个服从 0-1 分布的随机变量

$$X = X(e) = \begin{cases} 0, & e = e_1, \\ 1, & e = e_2 \end{cases}$$

来描述这个随机试验的结果. 例如，抛掷硬币试验；检查产品的质量是否合格；对新生婴儿的性别进行登记；某车间的电力消耗是否超过负荷等. 0-1 分布是经常遇到的一种分布.

2. 二项分布

定义 5 若离散型随机变量 X 的分布律为

$$P(X = k) = \mathrm{C}_n^k p^k q^{n-k}, \quad k = 0,1,2,\cdots,n,$$

其中 $0<p<1, q=1-p$，则称 X 服从**二项分布**(binomial distribution)，记做 $X\sim B(n,p)$.

注 (1) 二项分布中含两个参数 n,p，如果这两个参数定下来，随机变量的可能取值与取值的概率则唯一确定；

(2) 0-1 分布是 $n=1$ 时特殊的二项分布；

(3) 从二项分布的定义可以看出，n 重伯努利试验中事件 A 发生的次数这一随机变量即服从二项分布.

例 3 已知 100 个产品中有 5 个次品，现从中有放回地取 3 次，每次任取 1 个. 求在所取的 3 个产品中恰有 2 个次品的概率.

解 因为这是有放回地取 3 次，所以这 3 次试验的条件完全相同且独立，它是伯努利概型. 依题意，每次试验取到次品的概率为 0.05，设 X 为所取的 3 个产品中的次品数，则 $X\sim B(3,0.05)$. 于是，所求概率为

$$P(X = 2) = \mathrm{C}_3^2 (0.05)^2 (1 - 0.05) = 0.007125.$$

注 若将本例中的“有放回”改为“无放回”，那么各次试验条件就不同了，所以不再是伯努利概型. 此时，用古典概型求解可得

$$P(X = 2) = \frac{\mathrm{C}_{95}^1 \mathrm{C}_5^2}{\mathrm{C}_{100}^3} \approx 0.00588.$$

这就是第 1 章中经常遇到的概型，称为**超几何分布**，当总数很大而取样数相对较小时，两者(“有放回”和“无放回”)差别很小.

例 4 某人进行射击，设每次射击的命中率为 0.02，独立射击 400 次. 试求至少击中两次的概率.

解 将一次射击看成是一次试验，设击中的次数为 X，则 $X\sim B(400,0.02)$，X 的分布律为

$$P(X = k) = \mathrm{C}_{400}^k (0.02)^k (1 - 0.02)^{400-k}, \quad k = 0,1,\cdots,400.$$

于是，所求概率为

$$\begin{aligned} P(X \geqslant 2) &= 1 - P(X = 0) - P(X = 1) \\ &= 1 - (1 - 0.02)^{400} - 400(0.02)(1 - 0.02)^{399} = 0.9972. \end{aligned}$$

注 有时候利用对立事件求概率比直接求更简便.

例4中的概率很接近于1,我们从两个方面来讨论这一结果的实际意义.其一,虽然每次射击的命中率很小(为0.02),一般射击一次是很难命中的.但如果射击400次,则击中目标至少两次是几乎可以肯定的.这一事实说明,一个事件尽管在一次试验中发生的概率很小,但只要试验次数很多,而且试验是独立地进行的,那么这一事件的发生几乎是肯定的.这也告诉人们决不能轻视小概率事件.其二,如果射手在400次射击中,击中目标的次数竟不到两次,由于概率 $P(X<2)\approx 0.003$ 很小,根据实际推断原理,我们将怀疑"每次射击的命中率为0.02"这一假设,即认为该射手射击的命中率达不到0.02.

3. 泊松分布

定义6 若随机变量 X 的所有可能取的值为 $0,1,2,\cdots$,而取各个值的概率为

$$P(X=k)=\frac{\lambda^k e^{-\lambda}}{k!},\quad k=0,1,2,\cdots,$$

其中 $\lambda>0$ 是常数,则称 X 服从参数为 λ 的**泊松分布**(Poisson distribution),记为 $X\sim\pi(\lambda)$ 或 $X\sim P(\lambda)$.

易知,$P(X=k)\geqslant 0,k=0,1,2,\cdots$,且有

$$\sum_{k=0}^{\infty}P(X=k)=\sum_{k=0}^{\infty}\frac{\lambda^k e^{-\lambda}}{k!}=e^{-\lambda}\sum_{k=0}^{\infty}\frac{\lambda^k}{k!}=e^{-\lambda}e^{\lambda}=1.$$

历史上,泊松分布是作为二项分布的近似(当 n 很大,p 很小,而乘积 $np=\lambda$ 大小适中时,可以利用近似公式 $C_n^k p^k(1-p)^{n-k}\approx\frac{\lambda^k e^{-\lambda}}{k!}$ 通过查泊松分布表来计算二项分布的概率),于1837年由法国数学家泊松引入的.泊松分布是概率论中最重要的分布之一.具有泊松分布的随机变量在实际应用中是很多的,例如,一本书一页中的印刷错误数;一铸件上的砂眼数;某机场一天内降落的飞机数;某一医院在一天内的急诊病人数;某一地区在某一时间间隔内发生交通事故的次数;在某一时间间隔内某种放射性物质发出的、经过计数器的 α 粒子数等都服从泊松分布.在后面的章节中,我们会了解到参数 λ 的重要意义.

例5 电话交换台每分钟接到的呼唤次数 X 为离散型随机变量,设 $X\sim\pi(4)$,求

(1) 1分钟内呼唤次数恰为8次的概率;

(2) 1分钟内呼唤次数不超过1次的概率.

解 因为 X 服从参数为 $\lambda=4$ 的泊松分布,故有

(1) $P(X=8)=\frac{4^8}{8!}e^{-4}=0.0298$;

(2) $P(X\leqslant 1)=P(X=0)+P(X=1)=\frac{4^0}{0!}e^{-4}+\frac{4^1}{1!}e^{-4}=0.0916$.

例6 某公司生产一种产品300件,根据历史生产记录废品率为0.01.求这300件产品中废品数大于5的概率.

解 设 X 表示“这 300 件产品中的废品数”，则 $X\sim B(300,0.01)$，其中 $n=300,p=0.01,\lambda=np=3$. 利用近似计算公式，所求概率为

$$P(X>5)=1-P(X\leqslant 5)$$

$$=1-\sum_{k=0}^{5}\mathrm{C}_{300}^{k}\cdot 0.01^{k}\cdot(1-0.01)^{300-k}\approx 1-\sum_{k=0}^{5}\frac{3^{k}}{k!}\mathrm{e}^{-3}=0.0839.$$

习　题　2.1

1. 电话交换台 1 分钟内收到的呼叫次数 X 是离散型随机变量，用 X 表示下列事件：

(1) 1 分钟收到呼叫 6 次；　(2) 1 分钟收到呼叫不多于 6 次；

(3) 1 分钟收到呼叫多于 6 次.

2. 20 件产品中，有 3 件次品，从中随机取 4 件，取到的次品数 X 为离散型随机变量. 试确定 X 的可能取值.

3. 设随机变量 X 的分布律为 $P(X=k)=k/15,k=1,2,3,4,5$. 试求

(1) $P(1/2<X<5/2)$；　(2) $P(1\leqslant X\leqslant 3)$；　(3) $P(X>3)$.

4. 一袋中装有 5 只球，编号为 1,2,3,4,5. 在袋中同时取 3 只球，以 X 表示取出的 3 只球中的最大号码. 写出离散型随机变量 X 的分布律.

5. 设自动生产线在调整以后出现废品的概率为 $p=0.1$，当生产过程中出现废品时立即进行调整，以 X 表示“在两次调整之间生产的合格品数”.

(1) 求 X 的分布律；　(2) 计算概率 $P(X\geqslant 5)$；

(3) 在两次调整之间能以 0.6 的概率保证生产的合格品数不少于多少？

6. 设离散型随机变量 $X\sim B(2,p),Y\sim B(3,p)$，若 $P(X\geqslant 1)=\dfrac{5}{9}$，求 $P(Y\geqslant 1)$.

7. 若每次射击击中靶的概率为 0.7，共射击 10 炮，试求

(1) 命中 3 炮的概率；　(2) 至少命中 3 炮的概率.

8. 某车间有同型号机床 20 部，每部机床开工的概率为 0.8，开动时所消耗的电能为 15 个单位，各机床开工与否彼此独立. 求这个车间消耗的电能不少于 270 个单位的概率.

9. 设离散型随机变量 X 服从参数为 λ 的泊松分布，且 $P(X=1)=P(X=2)$. 试求 $P(X=3)$.

10. 已知每天到达某炼油厂的油船数 $X\sim\pi(2)$，港口的设备一天只能服务 3 艘油船. 如果一天中到达的油船超过 3 艘，则超过的油船必须转向另一个港口.

(1) 求一天中有油船转走的概率；

(2) 设备增加到一天能服务多少艘油船，才能使每天来船不用转走的概率超过 90%.

11. 甲、乙两人投篮，投中的概率分别为 0.6 和 0.7，今各投 3 次. 求

(1) 两人投中次数相等的概率；　(2) 甲比乙投中次数多的概率.

12. A shipment of 8 similar microcomputers to a retail outlet contains 3 that are defective. If a school makes a random purchase of 2 of these computers, find the probability distribution for the number of defectives.

13. The probability that a certain kind of component will survive a given shock test is 3/4. Find the probability that exactly 2 of the next 4 components tested survive.

14. During a laboratory experiment the average number of radioactive particles passing through a counter in 1 millisecond is 4. What is the probability that 6 particles enter the counter in a given millisecond?

§2.2 随机变量的分布函数

对于离散型随机变量,根据分布律就可以把随机变量的取值与取值的概率描述得非常清楚了,对于非离散型随机变量 X,由于其可能取的值不能一个一个地列举出来,因而就不能像离散型随机变量那样用分布律来描述它.

例如,测试灯泡寿命,设寿命为 X,X 的取值为$[0,+\infty)$,由于任意两个实数之间都有无穷多实数,要描述 X 的取值及概率,用分布律的形式则难以实现.

对这类随机变量,取值为一个数的概率是多少意义并不大.人们关心的是取值在某个区间的概率,如灯泡寿命在 500 小时到 1000 小时的概率,即 $P(500<X\leqslant1000)$为多少.如果能知道 $P(X\leqslant1000)$与 $P(X\leqslant500)$,上述概率即可得到

$$P(500<X\leqslant1000)=P(X\leqslant1000)-P(X\leqslant500).$$

为此定义随机变量的分布函数.

定义 1 设 X 是一个随机变量,x 是任意实数,函数

$$F(x)=P(X\leqslant x)$$

称为随机变量 X 的**分布函数**(distribution function).

注 (1) 若将 X 看做数轴上随机点的坐标,则分布函数 $F(x)$的值就表示 X 落在区间$(-\infty,x]$的概率,因而 $0\leqslant F(x)\leqslant1$.

(2) 对任意实数 $x_1,x_2(x_1<x_2)$,随机点落在区间$(x_1,x_2]$的概率为

$$P(x_1<X\leqslant x_2)=P(X\leqslant x_2)-P(X\leqslant x_1)=F(x_2)-F(x_1).$$

特别地,$P(X=x_0)=F(x_0)-\lim\limits_{x\to x_0^-}F(x)=F(x_0)-F(x_0-0)$.

(3) 随机变量的分布函数是一个普通的函数,它完整地描述了随机变量的统计规律性.通过它,人们就可以利用高等数学的方法来全面研究随机变量.

不难证明分布函数具有如下三个性质,而且任一满足如下三个性质的函数一定可以是某个随机变量的分布函数:

(1) 单调非减,即若 $x_1<x_2$,则 $F(x_1)\leqslant F(x_2)$;

(2) $0\leqslant F(x)\leqslant 1$,且 $F(-\infty)=\lim\limits_{x\to-\infty}F(x)=0$,$F(+\infty)=\lim\limits_{x\to+\infty}F(x)=1$;

(3) 右连续性,即对任意 $x_0\in\mathbf{R}$,$F(x_0+0)=\lim\limits_{x\to x_0^+}F(x)=F(x_0)$.

例 1 设离散型随机变量 X 的分布律为

X	0	1	2
p_k	0.3	0.4	0.3

求分布函数 $F(x)$.

解 当 $x<0$ 时,$F(x)=P(X\leqslant x)=0$;

当 $0\leqslant x<1$ 时,$F(x)=P(X\leqslant x)=P(X=0)=0.3$;

当 $1\leqslant x<2$ 时,$F(x)=P(X\leqslant x)=P(X=0)+P(X=1)=0.3+0.4=0.7$;

当 $x\geqslant 2$ 时,$F(x)=P(X\leqslant x)=P(X=0)+P(X=1)+P(X=2)=1$.

于是

$$F(x)=\begin{cases}0, & x<0,\\ 0.3, & 0\leqslant x<1,\\ 0.7, & 1\leqslant x<2,\\ 1, & x\geqslant 2.\end{cases}$$

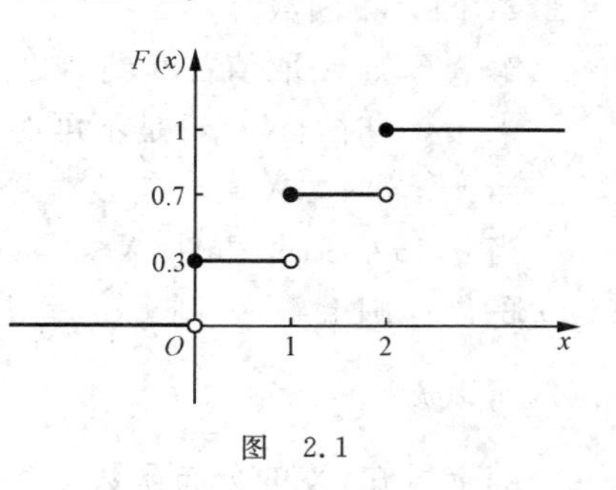

图 2.1

从图 2.1 中可以看到,$F(x)$是一阶梯状的右连续函数,在 $x=x_k(k=0,1,2)$处有跳跃,其跃度为 X 在 x_k 处的概率.

一般地,若离散型随机变量 X 的分布律为

$$P(X=x_k)=p_k,\quad k=1,2,\cdots,$$

则其分布函数为

$$F(x)=P(X\leqslant x)=\sum_{x_k\leqslant x}P(X=x_k)=\sum_{x_k\leqslant x}p_k.$$

例 2 已知离散型随机变量 X 的分布函数为

$$F(x)=\begin{cases}0, & x<0,\\ 0.5, & 0\leqslant x<1,\\ 0.75, & 1\leqslant x<2,\\ 1, & x\geqslant 2.\end{cases}$$

试求概率 $P(X\leqslant 0.5)$,$P(X>1.5)$以及离散型随机变量 X 的分布律.

解 由分布函数的定义,有

$$P(X\leqslant x)=F(x),$$

所以

$$P(X \leqslant 0.5) = F(0.5) = 0.5;$$

$$P(X > 1.5) = 1 - P(X \leqslant 1.5) = 1 - F(1.5) = 1 - 0.75 = 0.25.$$

分析分布函数的定义式可知，从 $x<0$ 到 $x=0$，分布函数值增加了 0.5，0.5 即是事件 $\{X=0\}$ 的概率. 同理可以得到

$$P(X=1) = 0.75 - 0.5 = 0.25, \quad P(X=2) = 1 - 0.75 = 0.25.$$

则离散型随机变量 X 的分布律为

X	0	1	2
p_k	0.5	0.25	0.25

.

例 3 向半径 $R=3\,\mathrm{m}$ 的圆形区域上投点，设投中区域上的任一同心圆盘上的点的概率与该同心圆盘的面积成正比，并设每次都能投中，X 表示"投中点到圆心的距离". 试求随机变量 X 的分布函数.

解 显然 X 取值在 0 到 3 之间，所以

当 $x<0$ 时，$\{X\leqslant x\}$ 是不可能事件，即 $F(x)=P(X\leqslant x)=0$；

当 $x\geqslant 3$ 时，$\{X\leqslant x\}$ 是必然事件，即 $F(x)=P(X\leqslant x)=1$；

当 $0\leqslant x<3$ 时，事件 $\{X\leqslant x\}$ 即投中点到圆心的距离小于等于 x 的事件，也即投中半径为 x 的同心圆上事件，则 $F(x)=P(X\leqslant x)=kx^2\pi$，$k$ 为比例系数. 当 $x=3$ 时，$F(3)=k\times 9\pi=1$，所以 $k=\dfrac{1}{9\pi}$.

综上可知，X 的分布函数为

$$F(x) = \begin{cases} 0, & x < 0, \\ x^2/9, & 0 \leqslant x < 3, \\ 1, & x \geqslant 3. \end{cases}$$

习 题 2.2

1. 判别下列函数是否为某随机变量的分布函数：

(1) $F(x)=\begin{cases} 0, & x<-2, \\ 1/2, & -2\leqslant x<0, \\ 1, & x\geqslant 0; \end{cases}$ (2) $F(x)=\begin{cases} 0, & x<0, \\ \sin x, & 0\leqslant x<\pi, \\ 1, & x\geqslant \pi; \end{cases}$

(3) $F(x)=\begin{cases} 0, & x<0, \\ x+1/2, & 0\leqslant x<1/2, \\ 1, & x\geqslant \dfrac{1}{2}. \end{cases}$

2. 已知离散型随机变量 X 的分布律为

$$P(X=1)=0.3,\quad P(X=3)=0.5,\quad P(X=5)=0.2.$$

试求 X 的分布函数 $F(x)$，并画出图形.

3. 设随机变量 X 的分布函数为 $F(x)=\begin{cases}0, & x<0,\\ 1/2, & 0\leqslant x<1,\\ 1-\mathrm{e}^{-x}, & x\geqslant 1.\end{cases}$ 求 $P(X=1)$.

4. 设 X 为一离散型随机变量，其分布律为

X	-1	0	1
p_k	0.5	$1-2q$	q^2

求 q 的值及 X 的分布函数.

5. 设随机变量 X 的分布函数为 $F(x)=A+B\cdot\arctan x$，$-\infty<x<+\infty$，A,B 为常数. 求 A,B 的值及 $P(0<X\leqslant 1)$.

6. 设一离散型随机变量 X 的分布函数为 $F(x)=\begin{cases}0, & x<0,\\ 1/3, & 0\leqslant x<1,\\ 1, & x\geqslant 1.\end{cases}$ 求

(1) $P(X\leqslant 1/2)$；　(2) $P(1/2<X\leqslant 2)$；　(3) X 的分布律.

§2.3 连续型随机变量及其概率密度

在上节例 3 中，投中点到圆心距离这一随机变量 X 显然不是离散型随机变量，其可以取到区间 $[0,3]$ 上的一切实数. 分析其分布函数

$$F(x)=\begin{cases}0, & x<0,\\ x^2/9, & 0\leqslant x<3,\\ 1, & x\geqslant 3\end{cases}$$

可知，存在函数

$$f(x)=\begin{cases}2x/9, & 0<x<3,\\ 0, & \text{其他},\end{cases}$$

使分布函数 $F(x)$ 可以通过在区间 $(-\infty,x)$ 上对 $f(x)$ 积分得到，即

$$F(x)=\int_{-\infty}^{x}f(t)\,\mathrm{d}t.$$

下面用这一规律给出连续型随机变量及其概率密度的定义.

一、连续型随机变量、概率密度的定义及性质

1. 定义

定义1 设 X 是在实数域或某一区间上连续取值的随机变量，对随机变量 X 的分布函数 $F(x)$，如果存在非负函数 $f(x)$，使得对于任意实数 x，有

$$F(x)=\int_{-\infty}^{x} f(t)\mathrm{d}t,$$

则称 X 为**连续型随机变量**，$f(x)$ 为 X 的**概率密度函数**(probability density function，简记pdf)，简称**概率密度**.

2. 概率密度的性质

(1) 由定义可以知道概率密度非负，即 $f(x)\geqslant 0$；

(2) 在整个实数域上对概率密度求积分，积分值为1，即 $\int_{-\infty}^{+\infty} f(x)\mathrm{d}x=1$；

(3) 对于任意实数 $x_1,x_2(x_1\leqslant x_2)$，$P(x_1<X\leqslant x_2)=F(x_2)-F(x_1)=\int_{x_1}^{x_2} f(x)\mathrm{d}x$；

(4) 若 $f(x)$ 在点 x 处连续，则有 $F'(x)=f(x)$.

3. 定义与性质的几点注释

(1) 因为 $\int_{-\infty}^{+\infty} f(x)\mathrm{d}x=1$，所以 x 轴与曲线 $f(x)$ 所夹广义曲边梯形的面积为1，见图2.2. 而概率 $P(x_1<X\leqslant x_2)=F(x_2)-F(x_1)=\int_{x_1}^{x_2} f(x)\mathrm{d}x$ 的**几何意义**为图2.1中区域 S_1 的面积.

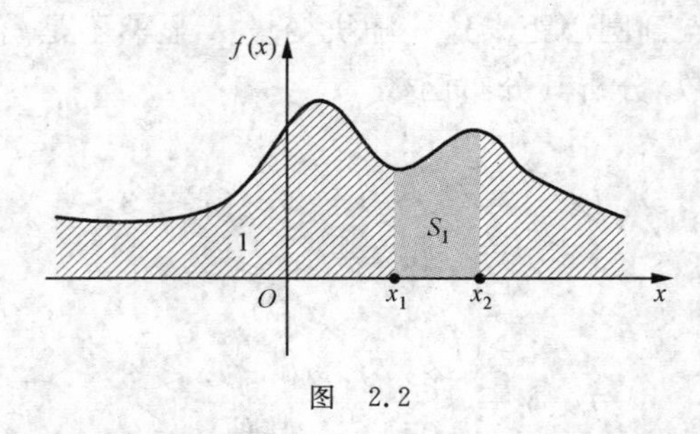

图 2.2

(2) 概率密度刻画了随机变量 X 在 $f(x)$ 的连续点 x 附近取值概率的大小，但概率密度不是概率. 如前面的例子中，有概率密度

$$f(x)=\begin{cases}\dfrac{2x}{9}, & 0<x<3,\\ 0, & \text{其他}.\end{cases}$$

$f(2)=\frac{4}{9}$，$f(2.8)=\frac{5.6}{9}$，显然不是 $x=2$ 与 $x=2.8$ 的概率，不然 $\frac{4}{9}+\frac{5.6}{9}=\frac{9.6}{9}>1$，显然矛盾.

(3) 连续型随机变量的分布函数 $F(x)=\int_{-\infty}^{x}f(t)\mathrm{d}t$ 在 $\mathbf{R}$ 上连续，非仅仅右连续.

(4) 连续型随机变量在任意一点取值的概率为 0，即 $P(X=a)=0$.

由上述注释(4)可知，在计算连续型随机变量落在某一区间的概率时，可不必区分是开区间、闭区间还是半开半闭区间，即对任意的实数 $x_1,x_2(x_1<x_2)$，有

$$\begin{aligned}P(x_1<X<x_2)&=P(x_1\leqslant X\leqslant x_2)=P(x_1\leqslant X<x_2)\\&=P(x_1<X\leqslant x_2)=\int_{x_1}^{x_2}f(x)\mathrm{d}x.\end{aligned}$$

在这里，事件 $\{X=a\}$ 并非是不可能事件，但有 $P(X=a)=0$. 这就是说，若 A 是不可能事件，则有 $P(A)=0$；反之，若 $P(A)=0$，则不一定意味着 A 是不可能事件.

注 以后当我们提到一个随机变量 X 的“概率分布”时，当 X 是连续型随机变量时，一般指的是它的分布函数；当 X 是离散型随机变量时，则指的是它的分布律.

例 1 设连续型随机变量 X 的概率密度为 $f(x)=\begin{cases}kx, & 0\leqslant x<3,\\ 2-x/2, & 3\leqslant x<4,\\ 0, & \text{其他}.\end{cases}$

(1) 确定常数 k； (2) 求 X 的分布函数 $F(x)$； (3) 求 $P(5/2<X\leqslant 7/2)$.

解 (1) 由 $\int_{-\infty}^{+\infty}f(x)\mathrm{d}x=1$，得 $\int_0^3 kx\mathrm{d}x+\int_3^4(2-x/2)\mathrm{d}x=1$，解得 $k=1/6$；

(2) 随机变量 X 的分布函数为

$$F(x)=\begin{cases}0, & x<0,\\ \int_0^x\frac{t}{6}\mathrm{d}t, & 0\leqslant x<3,\\ \int_0^3\frac{x}{6}\mathrm{d}x+\int_3^x(2-t/2)\mathrm{d}t, & 3\leqslant x<4,\\ 1, & x\geqslant 4\end{cases}=\begin{cases}0, & x<0,\\ \frac{x^2}{12}, & 0\leqslant x<3,\\ -3+2x-\frac{x^2}{4}, & 3\leqslant x<4\\ 1, & x\geqslant 4.\end{cases}$$

(3) $P(5/2<X\leqslant 7/2)=F(7/2)-F(5/2)=5/12$.

二、常用连续型随机变量的分布

1. 均匀分布

连续型随机变量 X 服从区间 $[a,b]$ 上的均匀分布，顾名思义应该是 X 在 $[a,b]$ 上各部分取值的概率一样，所以其概率密度应为常量，设 $f(x)=c$，$x\in(a,b)$，c 为常数.

由概率密度和分布函数的几何意义(如下图 2.3 所示)知道 $c(b-a)=1$，所以 $c=\frac{1}{b-a}$.

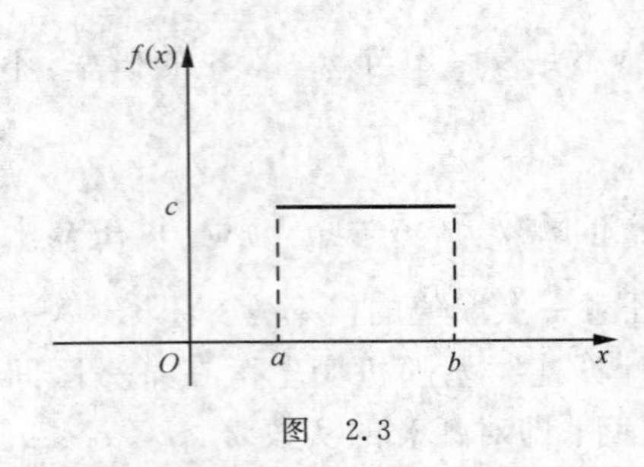

图 2.3

定义2 如果连续型随机变量 X 的概率密度为

$$f(x)=\begin{cases}\dfrac{1}{b-a}, & a<x<b,\\ 0, & \text{其他},\end{cases}$$

则称随机变量 X 服从$[a,b]$上的**均匀分布**(uniform distribution),记为 $X\sim U(a,b)$.

注 "均匀"的意义在于,随机变量 X 在$[a,b]$的任意子区间$[d,d+l]$上取值的概率只取决于区间的长度 l,而与子区间所在的位置无关.因为

$$P(d<X<d+l)=\int_d^{d+l}\frac{1}{b-a}\mathrm{d}x=\frac{l}{b-a}.$$

由定义可求得服从均匀分布的随机变量 X 的分布函数为

$$F(x)=\begin{cases}0, & x<a,\\ \dfrac{x-a}{b-a}, & a\leqslant x<b,\\ 1, & x\geqslant b.\end{cases}$$

例2 设电阻值 R 是一个随机变量,服从(900 Ω,1100 Ω)上的均匀分布.求 R 的概率密度及 R 落在区间(960 Ω,1060 Ω)上的概率.

解 按题意,R 的概率密度为

$$f(r)=\begin{cases}\dfrac{1}{200}, & 900<r<1100,\\ 0, & \text{其他}.\end{cases}$$

故有

$$P(960<R\leqslant 1060)=\int_{960}^{1060}\frac{1}{200}\mathrm{d}r=0.5.$$

2. 指数分布

定义3 如果连续型随机变量 X 的概率密度为

$$f(x)=\begin{cases}\dfrac{1}{\theta}\mathrm{e}^{-\frac{x}{\theta}}, & x>0,\\ 0, & \text{其他},\end{cases}$$

其中 $\theta>0$ 为常数，则称 X 服从参数为 θ 的**指数分布**(exponential distribution)，记为 $X\sim E(\theta)$.

易知，$f(x)\geqslant 0$，且 $\int_{-\infty}^{+\infty} f(x)\mathrm{d}x = 1$. 图 2.4 中画出了 $\theta=1/3,\theta=1,\theta=2$ 时 $f(x)$ 的图形.

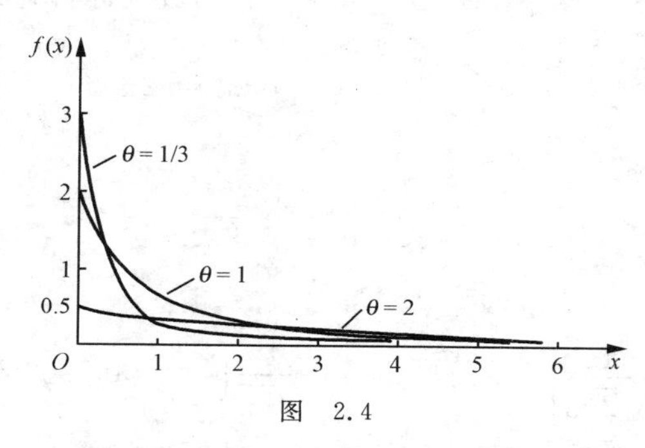

图 2.4

由定义容易得到，随机变量 X 的分布函数为

$$F(x)=\begin{cases}1-\mathrm{e}^{-x/\theta}, & x>0,\\ 0, & \text{其他}.\end{cases}$$

服从指数分布的连续型随机变量 X 具有下面性质：

对于任意 $s,t>0$，有

$$P(X>s+t|X>s)=P(X>t).$$

事实上

$$\begin{aligned}P(X>s+t|X>s)&=\frac{P((X>s+t)\cap(X>s))}{P(X>s)}=\frac{P(X>s+t)}{P(X>s)}\\&=\frac{1-F(s+t)}{1-F(s)}=\frac{\mathrm{e}^{-(s+t)/\theta}}{\mathrm{e}^{-s/\theta}}=\mathrm{e}^{-t/\theta}=P(X>t).\end{aligned}$$

此性质称为**无记忆性**. 如果 X 是某一电子元件的寿命，那么上式表明：已知电子元件已使用了 s 小时，它总共能使用至少 $s+t$ 小时的条件概率，与此电子元件从开始使用时算起，它至少能使用 t 小时的概率相等. 这就是说，电子元件对它已使用过 s 小时没有记忆. 这一性质是指数分布有广泛应用的重要原因，指数分布在可靠性理论与排队论中有广泛的应用.

3. 正态分布

定义 4 若连续型随机变量 X 的概率密度为

$$f(x)=\frac{1}{\sqrt{2\pi}\sigma}\mathrm{e}^{-\frac{(x-\mu)^2}{2\sigma^2}},\quad -\infty<x<+\infty,$$

其中 $\mu,\sigma(\sigma>0)$ 为常数，则称 X 服从参数为 μ,σ 的**正态分布**(normal distribution)或**高斯分布**(Gauss distribution)，记为 $X\sim N(\mu,\sigma^2)$.

显然 $f(x) \geqslant 0$，下面来证明 $\int_{-\infty}^{+\infty} f(x)\,\mathrm{d}x = 1$. 令 $(x-\mu)/\sigma = t$，得到

$$\int_{-\infty}^{+\infty} \frac{1}{\sqrt{2\pi}\sigma} \mathrm{e}^{-\frac{(x-\mu)^2}{2\sigma^2}} \mathrm{d}x = \frac{1}{\sqrt{2\pi}} \int_{-\infty}^{+\infty} \mathrm{e}^{-\frac{t^2}{2}} \mathrm{d}t.$$

记 $I = \int_{-\infty}^{+\infty} \mathrm{e}^{-\frac{t^2}{2}} \mathrm{d}t$，则有 $I^2 = \int_{-\infty}^{+\infty} \int_{-\infty}^{+\infty} \mathrm{e}^{-(t^2+u^2)/2} \mathrm{d}t\mathrm{d}u$，利用极坐标将它化成累次积分，得到

$$I^2 = \int_0^{2\pi} \int_0^{+\infty} r\mathrm{e}^{-r^2/2} \mathrm{d}r\mathrm{d}\theta = 2\pi.$$

而 $I > 0$，故有 $I = \sqrt{2\pi}$，即有

$$\int_{-\infty}^{+\infty} \mathrm{e}^{-\frac{t^2}{2}} \mathrm{d}t = \sqrt{2\pi}.$$

于是

$$\frac{1}{\sqrt{2\pi}\sigma} \int_{-\infty}^{+\infty} \mathrm{e}^{-\frac{(x-\mu)^2}{2\sigma^2}} \mathrm{d}x = \frac{1}{\sqrt{2\pi}} \int_{-\infty}^{+\infty} \mathrm{e}^{-\frac{t^2}{2}} \mathrm{d}t = 1.$$

服从正态分布的随机变量 X 的概率密度 $f(x)$ 的图像如图 2.5 所示：

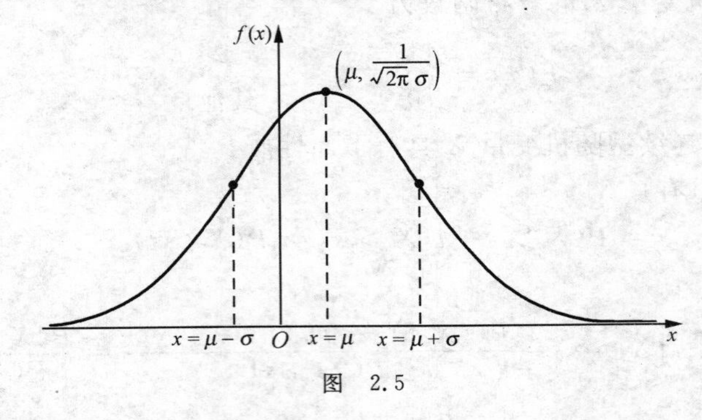

图 2.5

图形关于 $x=\mu$ 对称，当 $x<\mu$ 时，$f(x)$ 单调增加；当 $x>\mu$，$f(x)$ 单调减少；$f(x)$ 在 $x=\mu$ 处有最大值 $1/\sqrt{2\pi}\sigma$. 在区间 $(-\infty, \mu-\sigma)$，$(\mu+\sigma, +\infty)$ 上 $f(x)$ 凹，在区间 $(\mu-\sigma, \mu+\sigma)$ 上 $f(x)$ 凸，在 $x=\mu\pm\sigma$ 对应处有拐点. x 轴为水平渐近线. 由概率密度的图像特点可以知道，正态分布描述了随机变量的取值特征：中间概率大，两头概率小.

定义 5 当正态分布参数 $\mu=0, \sigma=1$ 时，称为**标准正态分布**(standard normal distribution)，记为 $X \sim N(0,1)$，其概率密度为

$$\varphi(x) = \frac{1}{\sqrt{2\pi}} \mathrm{e}^{-\frac{x^2}{2}}, \quad -\infty < x < +\infty.$$

标准正态分布的分布函数为

$$\Phi(x) = \int_{-\infty}^{x} \varphi(u)\,\mathrm{d}u = \int_{-\infty}^{x} \frac{1}{\sqrt{2\pi}} \mathrm{e}^{-\frac{u^2}{2}} \mathrm{d}u,$$

易知 $\Phi(0)=0.5$，$\Phi(-x)=1-\Phi(x)$，其他 $\Phi(x)$ 的值可以通过查表得到(参见附表1).

一般地，若 $X\sim N(\mu,\sigma^2)$，我们只要通过一个线性变换就能将它化成标准正态分布.

定理1 若随机变量 $X\sim N(\mu,\sigma^2)$，则 $Z=\dfrac{X-\mu}{\sigma}\sim N(0,1)$.

证 根据正态分布的定义及分布函数的定义，$Z=\dfrac{X-\mu}{\sigma}$ 的分布函数为

$$P(Z\leqslant x)=P\left(\frac{X-\mu}{\sigma}\leqslant x\right)=P(X\leqslant \mu+\sigma x)=\frac{1}{\sqrt{2\pi}\sigma}\int_{-\infty}^{\mu+\sigma x}\mathrm{e}^{-\frac{(t-\mu)^2}{2\sigma^2}}\mathrm{d}t.$$

令 $\dfrac{t-\mu}{\sigma}=u$，得

$$P(Z\leqslant x)=\frac{1}{\sqrt{2\pi}}\int_{-\infty}^{x}\mathrm{e}^{-u^2/2}\mathrm{d}u=\Phi(x).$$

由此知，$Z=\dfrac{X-\mu}{\sigma}\sim N(0,1)$. 证毕.

于是，若 $X\sim N(\mu,\sigma^2)$，则它的分布函数 $F(x)$ 可写成

$$F(x)=P(X\leqslant x)=P\left(\frac{X-\mu}{\sigma}\leqslant\frac{x-\mu}{\sigma}\right)=\Phi\left(\frac{x-\mu}{\sigma}\right).$$

对于任意区间 $(x_1,x_2]$，有

$$P(x_1<X\leqslant x_2)=P\left(\frac{x_1-\mu}{\sigma}<\frac{X-\mu}{\sigma}\leqslant\frac{x_2-\mu}{\sigma}\right)=\Phi\left(\frac{x_2-\mu}{\sigma}\right)-\Phi\left(\frac{x_1-\mu}{\sigma}\right).$$

例如，设 $X\sim N(1,4)$，X 在区间 $(0,1.6]$ 上的概率为

$$\begin{aligned}P(0<X\leqslant 1.6)&=\Phi\left(\frac{1.6-1}{2}\right)-\Phi\left(\frac{0-1}{2}\right)=\Phi(0.3)-\Phi(-0.5)\\&=0.6179-[1-\Phi(0.5)]=0.6179-1+0.6915=0.3094.\end{aligned}$$

特别地，如果 $X\sim N(\mu,\sigma^2)$，则对任意 $k>0$，有

$$\begin{aligned}P(|X-\mu|<k\sigma)&=P\left(\frac{|X-\mu|}{\sigma}<k\right)=P\left(-k<\frac{X-\mu}{\sigma}<k\right)\\&=\Phi(k)-\Phi(-k)=2\Phi(k)-1.\end{aligned}$$

当 $k=1,2,3$ 时，分别有

$$P(|X-\mu|<\sigma)=2\Phi(1)-1=0.6826,$$
$$P(|X-\mu|<2\sigma)=2\Phi(2)-1=0.9544,$$
$$P(|X-\mu|<3\sigma)=2\Phi(3)-1=0.9974.$$

可见，服从正态分布 $N(\mu,\sigma^2)$ 的随机变量 X，虽然理论上可以取任意实数值，但实际上它的取值落在区间 $(\mu-\sigma,\mu+\sigma)$ 内的概率约为 68.26%；落在区间 $(\mu-2\sigma,\mu+2\sigma)$ 内的概率约为 95.44%，落在区间 $(\mu-3\sigma,\mu+3\sigma)$ 内的概率约为 99.74%. 因此，服从正态分布 $N(\mu,\sigma^2)$ 的随机变量 X 落在区间 $(\mu-3\sigma,\mu+3\sigma)$ 之外的概率约 0.26%，还不到千分之三，这是一个小概率

事件,在实际中认为它几乎不可能发生,这就是著名的"3σ"**准则**. 它在实际中常用来作为质量控制的依据.

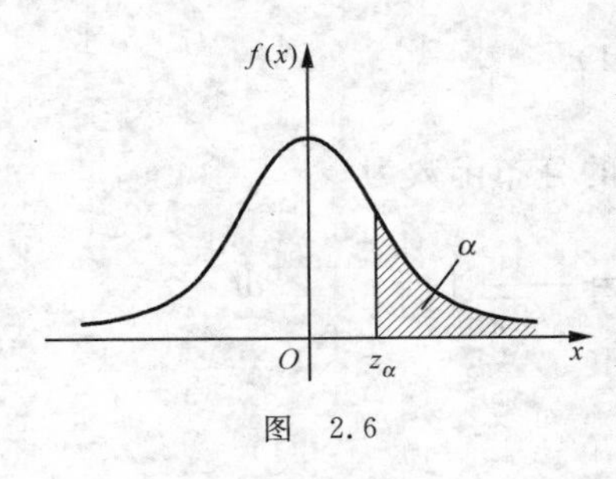

图 2.6

今后,为了方便应用,对于服从标准正态分布的随机变量,我们引入上 α 分位数的定义(如图 2.6 所示).

定义 6 设 $X\sim N(0,1)$,若 $P(X\geqslant z_\alpha)=\alpha$,则称点 z_α 为标准正态分布的**上 α 分位数**.

根据标准正态分布的概率密度的对称性,易知

$$z_{1-\alpha}=-z_\alpha.$$

结合标准正态分布的分布函数与 z_α 的定义可知

$$\Phi(z_\alpha)=1-\alpha.$$

于是标准正态分布的上 α 分位数可以通过查标准正态分布表得到,如 $z_{0.025}=1.96$,$z_{0.05}=1.645$.

在自然现象和社会现象中,大量的随机变量都服从或近似服从正态分布. 例如,测量误差、炮弹落点距目标的偏差、海洋波浪的高度、一个地区的男性成年人的身高及体重、考试的成绩等. 正是由于生活中大量的随机变量服从或近似服从正态分布,因此,正态分布在理论与实践中都占据着特别重要的地位.

习 题 2.3

1. 设连续型随机变量 X 的概率密度为 $f(x)=\begin{cases}0, & x\leqslant 0,\\ ce^{-\lambda x}, & x>0,\end{cases}$ 其中 $c,\lambda(\lambda>0)$ 为常数. 试求

(1) 常数 c; (2) 分布函数 $F(x)$; (3) $P(X\geqslant 1)$.

2. 设连续型随机变量 X 的概率密度为 $f(x)=\begin{cases}x, & 0\leqslant x\leqslant 1,\\ 2-x, & 1<x\leqslant 2,\\ 0, & \text{其他}.\end{cases}$ 试求以下概率:

(1) $P(X<0.5)$; (2) $P(0.2<X<1.2)$; (3) $P(X>1.3)$.

3. 乘客随机到某公共汽车站等车,有两条线路车经停该车站到达乘客目的地,发车间隔分别为 5 分钟、6 分钟. 求乘客候车时间不超过 3 分钟的概率.

4. 设 $X\sim N(3,4)$,

(1) 求概率 $P(2<X\leqslant 5)$,$P(-4<X\leqslant 10)$,$P(|X|>2)$,$P(X>3)$;

(2) 确定常数 a,使得 $P(X>a)=P(X<a)$.

5. 设连续型随机变量 X 在区间$[1,6]$上服从均匀分布,求 x 的方程 $x^2+Xx+1=0$ 有实根的概率.

6. 某仪器装了 3 个相互独立工作的同型号电子元件,其寿命(单位:h)均服从同一指数

分布 $E(600)$. 试求此仪器在最初工作的 200 h 内至少有一个此型号电子元件损坏的概率.

7. 设测量到某一目标的距离时发生的随机误差 X(单位：m)具有概率密度

$$f(x)=\frac{1}{40\sqrt{2\pi}}e^{-\frac{(x-20)^2}{3200}},\quad -\infty<x<+\infty.$$

(1) 求测量误差的绝对值不超过 30 m 的概率；

(2) 如果连续独立测量了 3 次,求至少有一次误差的绝对值不超过 30 m 的概率.

8. Let X be a continuous r. v. with pdf $f(x)=\begin{cases}2e^{-2x}, & x\geqslant 0,\\ 0, & \text{else},\end{cases}$ find $\int_0^{\infty}f(x)dx$, $P(X=3)$, $P(X>1)$, $P(X>2|X>1)$.

§2.4 随机变量函数的概率分布

在实际中,我们常对某些随机变量的函数更感兴趣. 比如,在一些试验中,所关心的随机变量往往不能由直接测量得到,而它却是某个能直接测量的随机变量的函数. 例如,我们能测量圆轴截面的直径 d,而关心的却是圆轴截面面积 $A=\pi d^2/4$. 这里,随机变量 A 是随机变量 d 的函数. 在这一节中,我们将讨论如何由已知的随机变量 X 的概率分布去求得它的函数 $Y=g(X)$(这里 g 是已知的连续函数)的概率分布.

一、离散型随机变量 X 的函数 $Y=g(X)$ 的概率分布

求离散型随机变量 X 的函数 $Y=g(X)$ 的概率分布,即求 Y 的分布律,应先找到 Y 的所有可能值,再找与 Y 取值对应的概率. 若 X 的取值与 Y 的取值一一对应,则 Y 取值的概率直接与相应 X 取值的概率对应;若 Y 的所有可能值中有相同的取值,则合并对应的概率(概率相加).

例 1 设离散型随机变量 X 的分布律为

X	-1	0	1	2
p_k	0.2	0.3	0.1	0.4

.

试求：(1) $Y=3X+1$ 的分布律； (2) $Y=(X-1)^2$ 的分布律.

解 (1)

X	-1	0	1	2
$Y=3X+1$	-2	1	4	7

.

可见 X 的取值与 Y 的取值是一一对应的,所以 $Y=3X+1$ 的分布律为

Y	-2	1	4	7
p_k	0.2	0.3	0.1	0.4

.

(2)

X	-1	0	1	2
$Y=(X-1)^2$	4	1	0	1

.

由上表可看出,Y 有相同的取值,则$\{Y=1\}$的概率应该是$\{X=0\}$与$\{X=2\}$的概率的和,即

$$P(Y=1)=P((X-1)^2=1)=P((X-1=1)\cup(X-1=-1))$$
$$=P((X=2)\cup(X=0))=P(X=2)+P(X=0)=0.7.$$

所以 $Y=(X-1)^2$ 的分布律为

Y	0	1	4
p_k	0.1	0.7	0.2

.

二、连续型随机变量 X 的函数 $Y=g(X)$ 的概率密度

1. 分布函数法

分布函数法是求连续型随机变量 X 的函数 $Y=g(X)$ 的概率分布的一般方法,具体的步骤是:

先建立随机变量 Y 的分布函数 $F_Y(y)$,即概率 $P(Y\leqslant y)$,计算出 Y 的分布函数 $F_Y(y)$,其显然是 y 的函数;再对 y 求导,得到 Y 的概率密度.或者通过事件的等价变形转化为用 X 的分布函数表达概率 $P(Y\leqslant y)$,随机变量 Y 的分布函数对 y 求导,得到 Y 的概率密度.

例 2 设连续型随机变量 X 的概率密度为

$$f_X(x)=\begin{cases}x/8, & 0<x<4,\\ 0, & 其他.\end{cases}$$

求 $Y=2X+8$ 的概率密度.

解 由于随机变量 X 的概率密度仅在区间$(0,4)$内不为0,也即 X 只能取到区间$(0,4)$内的数,因此 $Y=2X+8$ 取到区间$(8,16)$内的数.

由此知道,当 $y\leqslant 8$ 或 $y\geqslant 16$ 时,随机变量 Y 的概率密度 $f_Y(y)=0$,于是问题集中到求区间$(8,16)$内随机变量 Y 的概率密度.

方法 1

$$F_Y(y)=P(Y\leqslant y)=P(2X+8\leqslant y)=P\left(X\leqslant \frac{y}{2}-4\right)=\int_0^{\frac{y}{2}-4}\frac{x}{8}\mathrm{d}x=\frac{\left(\frac{y}{2}-4\right)^2}{16},$$

$$f_Y(y)=F_Y'(y)=\left[\frac{(y/2-4)^2}{16}\right]'=\frac{y}{32}-\frac{1}{4}.$$

方法 2 当计算到 $F_Y(y)=P(Y\leqslant y)=P(2X+8\leqslant y)=P\left(X\leqslant\frac{y}{2}-4\right)$时，后面的求解过程也可以如下进行：

由于 $P\left(X\leqslant\frac{y}{2}-4\right)$，即随机变量 X 在$\frac{y}{2}-4$ 点处的分布函数为 $F_X\left(\frac{y}{2}-4\right)$，所以

$$\begin{aligned}f_Y(y)&=F_Y'(y)=\left[F_X\left(\frac{y}{2}-4\right)\right]'=F_X'\left(\frac{y}{2}-4\right)\left(\frac{y}{2}-4\right)'\\&=f_X\left(\frac{y}{2}-4\right)\cdot\frac{1}{2}=\frac{\frac{y}{2}-4}{8}\cdot\frac{1}{2}=\frac{y}{32}-\frac{1}{4}.\end{aligned}$$

综上可得，随机变量 Y 的概率密度为

$$f_Y(y)=\begin{cases}\dfrac{y}{32}-\dfrac{1}{4}, & 8<y<16,\\ 0, & \text{其他}.\end{cases}$$

2. 公式法

定理 1 设连续型随机变量 X 具有概率密度 $f_X(x)$，$-\infty<x<+\infty$，又设函数 $g(x)$处处可导且恒有 $g'(x)>0$（或恒有 $g'(x)<0$），则 $Y=g(X)$也是连续型随机变量，其概率密度为

$$f_Y(y)=\begin{cases}f_X(h(y))\cdot|h'(y)|, & \alpha<y<\beta,\\ 0, & \text{其他},\end{cases}$$

其中 $\alpha=\min\{g(-\infty),g(\infty)\}$，$\beta=\max\{g(-\infty),g(\infty)\}$，$h(y)$是 $g(x)$的反函数.

证 我们只证 $g'(x)>0$ 的情况. 此时 $g(x)$在$(-\infty,\infty)$上严格单调增加，它的反函数 $h(y)$存在，且在(α,β)上严格单调增加，可导. 分别记 X,Y 的分布函数为 $F_X(x)$，$F_Y(y)$. 现在先来求 Y 的分布函数 $F_Y(y)$.

因为 Y 在(α,β)上取值，故当 $y\leqslant\alpha$ 时，$F_Y(y)=P(Y\leqslant y)=0$；当 $y\geqslant\beta$ 时，$F_Y(y)=P(Y\leqslant y)=1$；而当 $\alpha<y<\beta$ 时，

$$F_Y(y)=P(Y\leqslant y)=P(g(X)\leqslant y)=P(X\leqslant h(y))=F_X(h(y)).$$

将上式关于 y 求导数，即得 Y 的概率密度为

$$f_Y(y)=\begin{cases}f_X(h(y))\cdot h'(y), & \alpha<y<\beta,\\ 0, & \text{其他}.\end{cases}$$

对于 $g'(x)<0$ 的情况可以类似地证明，此时有

$$f_Y(y)=\begin{cases}f_X(h(y))\cdot(-h'(y)), & \alpha<y<\beta,\\ 0, & \text{其他}.\end{cases}$$

综上得证.

注 若 $f(x)$在有限区间$[a,b]$以外等于零,则只需假设在$[a,b]$上恒有 $g'(x)>0$(或恒有 $g'(x)<0$),此时

$$\alpha=\min\{g(a),g(b)\},\quad \beta=\max\{g(a),g(b)\}.$$

例 3 设随机变量 $X\sim N(\mu,\sigma^2)$,试证明 X 的线性函数 $Y=aX+b(a\neq 0,b$ 为常数)也服从正态分布.

证 由已知,X 的概率密度为

$$f_X(x)=\frac{1}{\sqrt{2\pi}\sigma}e^{-\frac{(x-\mu)^2}{2\sigma^2}},\quad -\infty<x<+\infty.$$

现在 $y=g(x)=ax+b$,由这一式子解得

$$x=h(y)=\frac{y-b}{a},\text{且 } h'(y)=\frac{1}{a}.$$

由定理 2 可得,$Y=aX+b$ 的概率密度为

$$f_Y(y)=\frac{1}{|a|}f_X\left(\frac{y-b}{a}\right),\quad -\infty<y<\infty.$$

即

$$f_Y(y)=\frac{1}{|a|}\frac{1}{\sqrt{2\pi}\sigma}e^{-\frac{\left(\frac{y-b}{a}-\mu\right)^2}{2\sigma^2}}=\frac{1}{|a|\sigma\sqrt{2\pi}}e^{-\frac{[y-(b+a\mu)]^2}{2(a\sigma)^2}},\quad -\infty<x<+\infty.$$

则

$$Y=aX+b\sim N(a\mu+b,(a\sigma)^2).$$

特别地,在上例中,取 $a=\frac{1}{\sigma},b=-\frac{\mu}{\sigma}$得

$$Y=\frac{X-\mu}{\sigma}\sim N(0,1).$$

这就是上一节定理 1 的结果.

习 题 2.4

1. 设离散型随机变量 X 的分布律为

X	-2	-1	0	1	3
p_k	1/5	1/6	1/5	1/15	11/30

求:

(1) $Y=2X+1$ 的分布律;　(2) $Y=X^2$ 的分布律.

2. 设连续型随机变量 X 的概率密度为 $f(x)=\begin{cases}2x, & 0<x<1,\\ 0, & \text{其他},\end{cases}$ 试求 $Y=e^X$ 的概率

密度.

3. 设 $X \sim U(0,2)$，试求 $Y=\ln X$ 的概率密度.

4. 设 $X \sim U(1,2)$，试求 $Y=\mathrm{e}^{2X}$ 的概率密度.

5. 设 $X \sim N(0,1)$，试求 $Y=|X|$ 的概率密度.

6. Suppose the r. v. X has the probability distribution below

X	0	1	2	3	4	5
p_k	$p(0)$	$p(1)$	$p(2)$	$p(3)$	$p(4)$	$p(5)$

Let $Y=(X-2)^2$, find the probability distribution of the r. v. Y.

第 2 章小结

本章引入了随机变量及其相关的一些概念，要注意，随机变量是随机试验结果的函数，其取值随着试验结果而定. 随机变量的分布函数 $F(x)=P(X\leqslant x)$ 能够完整地描述随机变量取值的统计规律性，但对离散型随机变量要注意其分布律，对连续型随机变量要注意其概率密度，同时要知道这只是我们主要研究的两类随机变量而并不是全部.

读者应掌握分布函数、分布律、概率密度的重要性质；熟悉离散型随机变量的分布函数与分布律的关系，如 $F(x)=P(X\leqslant x)=\sum\limits_{x_k\leqslant x}P(X=x_k)=\sum\limits_{x_k\leqslant x}p_k$；熟悉连续型随机变量的分布函数与概率密度的关系，如 $F(x)=\int_{-\infty}^{x}f(t)\mathrm{d}t$；应熟记计算随机事件概率的公式，如 $P(a<X\leqslant b)=F(b)-F(a)$，$P(a\leqslant X\leqslant b)=\sum\limits_{a\leqslant x_k\leqslant b}p_k$，$P(a<X\leqslant b)=\int_a^b f(x)\,\mathrm{d}x$ 等.

应熟悉几种重要的随机变量的分布：0-1 分布，二项分布，泊松分布，均匀分布，指数分布，正态分布. 应学会根据随机变量 X 的概率分布求出它的函数 $Y=g(X)$ 的概率分布.

第 3 章 多维随机变量及其分布

在有些随机现象中，随机试验的结果常常要用多个随机变量来进行描述. 例如，向某一地区发射一枚导弹，其攻击点(假设其攻击点为平面目标)要由横坐标 X 和纵坐标 Y 共同决定，X,Y 均是随机变量；在研究分子运动的速度时，就需要用三个随机变量 X_1,X_2,X_3 来刻画速度的三个分量；在考察人体健康状况时，需要考虑到身高、体重、视力、听力、肺活量、血压等，就要用到更多的随机变量. 在这些情况下，我们不但要研究各个随机变量的统计规律，还要研究它们之间的相互关系.

一般地，把 n 个随机变量的整体 $(X_1,X_2,\cdots,X_n)$ 叫做 **n 维随机变量**，或者叫做 **n 维随机向量**，上一章介绍的随机变量是 $n=1$ 时的特例. $n(n>2)$ 维随机变量的讨论方法与二维随机变量的讨论方法没有本质的差别，所以本章主要讨论二维随机变量及其概率分布，所得结论可以平行推广到 $n(n>2)$ 维随机变量的情形.

§3.1 随机变量的联合分布

一、联合分布函数

定义 1 设 (X,Y) 是二维随机变量，对于任意实数 x,y，称二元函数

$$F(x,y) = P(\{X \leqslant x\} \cap \{Y \leqslant y\}) = P(X \leqslant x, Y \leqslant y)$$

为二维随机变量 (X,Y) 的**联合分布函数**(joint distribution function)，或简称为 (X,Y) 的**分布函数**.

在几何上，$F(x,y)$ 表示随机点 (X,Y) 落入以点 (x,y) 为顶点的左下方的无限区域内(见图 3.1 中阴影部分)的概率. 借助于图 3.2 容易得到随机点 (X,Y) 落在矩形区域 $(x_1,x_2)\times(y_1,y_2)$ 的概率为

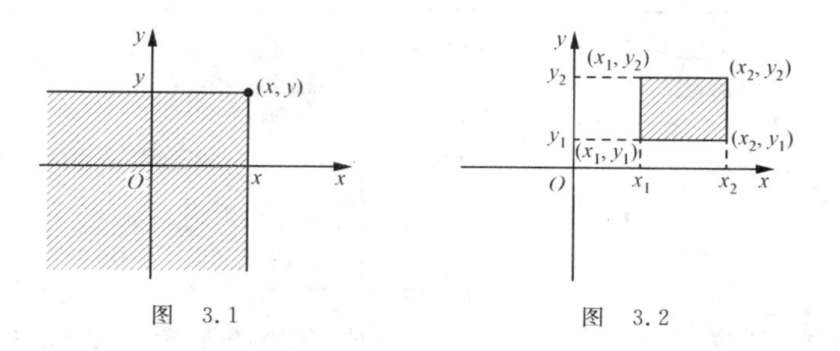

图 3.1　　图 3.2

$$
\begin{aligned}
&P(x_1<X\leqslant x_2,y_1<Y\leqslant y_2)\\
&\quad=P(X\leqslant x_2,Y\leqslant y_2)-P(X\leqslant x_1,Y\leqslant y_2)-P(X\leqslant x_2,Y\leqslant y_1)+P(X\leqslant x_1,Y\leqslant y_1)\\
&\quad=F(x_2,y_2)-F(x_1,y_2)-F(x_2,y_1)+F(x_1,y_1).
\end{aligned}
$$

容易验证,联合分布函数 $F(x,y)$ 具有如下基本性质:

(1) $0\leqslant F(x,y)\leqslant 1$.

(2) $F(x,y)$ 是变量 x,y 的不减函数,即

对于任意固定的 y,当 $x_1<x_2$ 时,有 $F(x_1,y)\leqslant F(x_2,y)$;

对于任意固定的 x,当 $y_1<y_2$ 时,有 $F(x,y_1)\leqslant F(x,y_2)$.

(3) 对于任意固定的 y, $F(-\infty,y)=\lim\limits_{x\to-\infty}F(x,y)=0$;

对于任意固定的 x, $F(x,-\infty)=\lim\limits_{y\to-\infty}F(x,y)=0$,并且

$$F(-\infty,-\infty)=\lim_{\substack{x\to-\infty\\y\to-\infty}}F(x,y)=0,\quad F(+\infty,+\infty)=\lim_{\substack{x\to+\infty\\y\to+\infty}}F(x,y)=1.$$

(4) $F(x,y)$ 关于 x 和 y 均右连续,即 $F(x,y)=F(x+0,y)$, $F(x,y)=F(x,y+0)$.

(5) 若 $x_1<x_2,y_1<y_2$,则 $F(x_2,y_2)-F(x_1,y_2)-F(x_2,y_1)+F(x_1,y_1)\geqslant 0$.

二、二维离散型随机变量的概率分布

定义 2　如果二维随机变量 (X,Y) 所有可能的取值只有有限个或可数无穷个,则称 (X,Y) 为**二维离散型随机变量**.

显然,如果 (X,Y) 是二维离散型随机变量,则 X,Y 均为一维离散型随机变量;反之亦成立.

定义 3　设二维离散型随机变量 (X,Y) 所有可能的取值为 (x_i,y_j), $i,j=1,2,\cdots$,则称

$$p_{ij}=P(X=x_i,Y=y_j),\quad i,j=1,2,\cdots$$

为 (X,Y) 的**联合分布律**,或称为 (X,Y) 的**联合概率分布**或**联合分布列**.

显然,与一维离散型随机变量类似,二维离散型随机变量的联合分布律 p_{ij} 具有以下性质:

(1) $p_{ij}\geqslant 0$, $i,j=1,2,\cdots$;

(2) $\sum\limits_{i=1}^{+\infty}\sum\limits_{j=1}^{+\infty}p_{ij}=1$.

二维离散型随机变量 (X,Y) 的联合分布律有时也用如下的概率分布表来表示:

X \ Y	y_1	y_2	$\cdots$	y_j	$\cdots$
x_1	p_{11}	p_{12}	$\cdots$	p_{1j}	$\cdots$
x_2	p_{21}	p_{22}	$\cdots$	p_{2j}	$\cdots$
$\vdots$	$\vdots$	$\vdots$	$\vdots$	$\vdots$	$\vdots$
x_i	p_{i1}	p_{i2}	$\cdots$	p_{ij}	$\cdots$
$\vdots$	$\vdots$	$\vdots$	$\vdots$	$\vdots$	$\vdots$

.

例 1　一个整数 X 等可能的在 1,2,3,4 中取值,另一个整数 Y 等可能在 $1\sim X$ 中取值.写出二维离散型随机变量(X,Y)的联合分布律.

解　由题意可知

$$P(X=x_i,Y=y_j)=P(X\text{ 从 }1\sim 4\text{ 中任取 }i,Y\text{ 在 }1\sim i\text{ 中任取 }j).$$

从而,当 $j>i$ 时,

$$P(X=i,Y=j)=0,\quad i,j=1,2,3,4;$$

当 $j\leqslant i$ 时,

$$P(X=i,Y=j)=P(Y=j\mid X=i)P(X=i)=\frac{1}{i}\cdot\frac{1}{4},\quad i,j=1,2,3,4.$$

其联合分布律如下表所示:

X \ Y	1	2	3	4
1	1/4	0	0	0
2	1/8	1/8	0	0
3	1/12	1/12	1/12	0
4	1/16	1/16	1/16	1/16

.

注　如果(X,Y)是二维离散型随机变量,那么它的分布函数可按下式求得:

$$F(x,y)=P(X\leqslant x,Y\leqslant y)=\sum_{x_i\leqslant x}\sum_{y_j\leqslant y}p_{ij},$$

这里和式是对一切满足不等式 $x_i\leqslant x,y_j\leqslant y$ 的 i,j 来求和的. 比如例 1 中

$$\begin{aligned}F\left(\frac{5}{2},\frac{5}{2}\right)&=P\left(X\leqslant\frac{5}{2},Y\leqslant\frac{5}{2}\right)\\&=\sum_{x_i\leqslant\frac{5}{2}}\sum_{y_j\leqslant\frac{5}{2}}p_{ij}=p_{11}+p_{21}+p_{12}+p_{22}\\&=1\cdot\frac{1}{4}+\frac{1}{2}\cdot\frac{1}{4}+0+\frac{1}{2}\cdot\frac{1}{4}=\frac{1}{2}.\end{aligned}$$

三、二维连续型随机变量的概率分布

定义 4　设(X,Y)是二维连续型随机变量,如果存在一个非负函数 $f(x,y)$,使得对于任

意实数 x,y,都有

$$F(x,y)=P(X\leqslant x,Y\leqslant y)=\int_{-\infty}^{x}\int_{-\infty}^{y}f(u,v)\mathrm{d}u\mathrm{d}v,$$

则称(X,Y)是**二维连续型随机变量**,函数 $f(x,y)$称为二维连续型随机变量(X,Y)的**联合概率密度**(joint probability density),或称为(X,Y)的**联合密度函数**.

联合概率密度 $f(x,y)$具有以下性质:

(1) $f(x,y)\geqslant 0$;

(2) $\int_{-\infty}^{+\infty}\int_{-\infty}^{+\infty}f(x,y)\mathrm{d}x\mathrm{d}y=1$;

(3) $P((X,Y)\in D)=\iint\limits_{D}f(x,y)\mathrm{d}x\mathrm{d}y$,其中 D 为 Oxy 平面上的任意一个区域;

(4) 若联合概率密度 $f(x,y)$在点(x,y)连续,而(X,Y)的分布函数为 $F(x,y)$,则

$$\frac{\partial^2 F(x,y)}{\partial x\partial y}=f(x,y).$$

我们知道,二元函数 $z=f(x,y)$在几何上表示一个曲面,这里,通常称这个曲面为**分布曲面**.由性质(2)知,介于分布曲面和 Oxy 平面之间的空间区域的全部体积等于 1;由性质(3)知,(X,Y)落在区域 D 内的概率等于以 D 为底、曲面 $z=f(x,y)$为顶的柱体体积.

这里的性质(1),(2)是概率密度的基本性质.我们不加证明地指出:任何一个二元实值函数 $f(x,y)$,若它满足性质(1),(2),则它是某二维随机变量的概率密度.

例 2 设二维连续型随机变量(X,Y)的联合概率密度为

$$f(x,y)=\begin{cases}Ax, & 0\leqslant x\leqslant 1,0\leqslant y\leqslant x,\\ 0, & \text{其他},\end{cases}\quad \text{其中 } A \text{ 为常数}.$$

求:(1) 常数 A; (2) $P\left(X>\frac{3}{4}\right)$; (3) $P\left(Y<\frac{1}{2}\right)$; (4) $P\left(X<\frac{1}{4},Y<\frac{1}{2}\right)$.

解 (1) $1=\int_{-\infty}^{+\infty}\int_{-\infty}^{+\infty}f(x,y)\mathrm{d}x\mathrm{d}y=\int_0^1\left(\int_0^x Ax\mathrm{d}y\right)\mathrm{d}x=\int_0^1 Ax^2\mathrm{d}x=A/3$,故 $A=3$;

(2) $P(X>3/4)=\int_{3/4}^{1}\left(\int_0^x 3x\mathrm{d}y\right)\mathrm{d}x=\int_{3/4}^{1}3x^2\mathrm{d}x=37/64$;

(3) $P(Y<1/2)=\int_0^{1/2}\left(\int_y^1 3x\mathrm{d}x\right)\mathrm{d}y=\int_0^{1/2}\frac{3}{2}(1-y^2)\mathrm{d}y=\frac{11}{16}$;

(4) $P(X<1/4,Y<1/2)=\int_0^{1/4}\left(\int_0^x 3x\mathrm{d}y\right)\mathrm{d}x=\int_0^{1/4}3x^2\mathrm{d}x=\frac{1}{64}$.

例 3 设二维连续型随机变量(X,Y)的联合分布函数为

$$F(x,y)=A\left(B+\arctan\frac{x}{2}\right)\left(C+\arctan\frac{y}{3}\right),\ \text{其中 } A,B,C \text{ 为常数}.$$

(1) 求常数 A,B,C; (2) 求(X,Y)的联合概率密度 $f(x,y)$.

解 (1) 由联合分布函数的性质知

$$1=F(+\infty,+\infty)=A\left(B+\frac{\pi}{2}\right)\left(C+\frac{\pi}{2}\right);$$

$$0=F(x,-\infty)=A\left(B+\arctan\frac{x}{2}\right)\left(C-\frac{\pi}{2}\right);$$

$$0=F(-\infty,y)=A\left(B-\frac{\pi}{2}\right)\left(C+\arctan\frac{y}{3}\right).$$

由上面的第一式知 $A\neq 0$，在第二、三式中，由 x,y 的任意性得 $B=C=\frac{\pi}{2}$，代入第一式，可得 $A=\frac{1}{\pi^2}$. 因此，(X,Y)的联合分布函数为

$$F(x,y)=\frac{1}{\pi^2}\left(\frac{\pi}{2}+\arctan\frac{x}{2}\right)\left(\frac{\pi}{2}+\arctan\frac{y}{3}\right).$$

(2) 由性质(4)，(X,Y)的联合概率密度为

$$f(x,y)=\frac{\partial^2 F(x,y)}{\partial x\partial y}=\frac{1}{\pi^2}\cdot\frac{1/2}{1+(x/2)^2}\cdot\frac{1/3}{1+(y/3)^2}=\frac{6}{\pi^2(4+x^2)(9+y^2)}.$$

下面介绍两个常用的二维连续型随机变量的分布.

定义5 设(X,Y)为二维连续型随机变量，G 是平面上的一个有界区域，其面积为 $A(A>0)$，又设

$$f(x,y)=\begin{cases}\frac{1}{A}, & (x,y)\in G,\\ 0, & (x,y)\notin G.\end{cases}$$

若(X,Y)的联合概率密度为上式定义的函数 $f(x,y)$，则称二维连续型随机变量(X,Y)在 G 上服从**二维均匀分布**(two-dimension uniform distribution).

可验证，$f(x,y)$满足联合概率密度的基本性质.

定义6 若二维连续型随机变量(X,Y)的联合概率密度为

$$f(x,y)=\frac{1}{2\pi\sigma_1\sigma_2\sqrt{1-\rho^2}}\exp\left\{\frac{-1}{2(1-\rho^2)}\left[\frac{(x-\mu_1)^2}{\sigma_1^2}-2\rho\frac{(x-\mu_1)(y-\mu_2)}{\sigma_1\sigma_2}+\frac{(y-\mu_2)^2}{\sigma_2^2}\right]\right\}$$

$$(-\infty<x,y<+\infty),$$

其中 $\mu_1,\mu_2,\sigma_1,\sigma_2,\rho$ 都是常数，且$-\infty<\mu_1,\mu_2<+\infty,\sigma_1,\sigma_2>0,|\rho|<1$，则称$(X,Y)$服从参数为 $\mu_1,\mu_2,\sigma_1^2,\sigma_2^2,\rho$ 的**二维正态分布**(two-dimension normal distribution)，记为

$$(X,Y)\sim N(\mu_1,\mu_2,\sigma_1^2,\sigma_2^2,\rho).$$

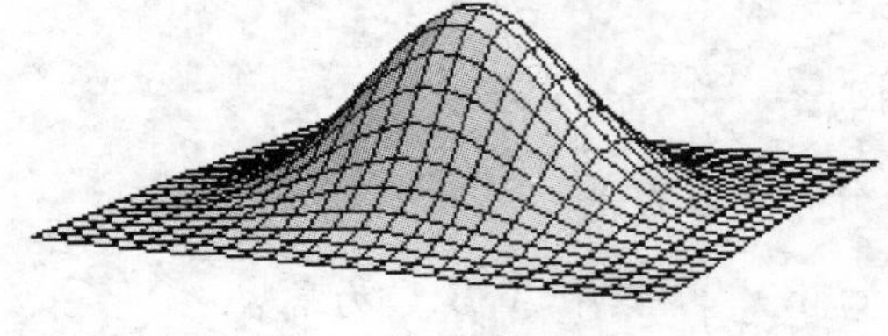

图 3.3

如图3.3所示，二维正态分布的联合概率密度的图形很像一个草帽，中心点在(μ_1,μ_2)处，其等高线是椭圆. 可以证明，$f(x,y)$满足联

合概率密度的基本性质.

习 题 3.1

1. 将一枚硬币连续掷三次，以 X 表示三次投掷中出现正面的次数，以 Y 表示三次投掷中出现正面与反面次数之差的绝对值. 试写出 (X,Y) 的联合分布律.

2. 甲、乙两人独立地进行两次射击，假设甲的命中率为 0.2，乙的命中率为 0.5，以 X 和 Y 分别表示甲和乙的命中次数. 试求 (X,Y) 的联合分布律.

3. 设二维连续型随机变量 (X,Y) 的联合分布函数为 $F(x,y)$，试用 $F(x,y)$ 表示如下概率：

(1) $P(a<X<b,Y<c)$； (2) $P(0\leqslant Y\leqslant b)$； (3) $P(X\geqslant a,Y\geqslant b)$.

4. 设二维离散型随机变量 (X,Y) 的联合分布律如下表所示：

X \ Y	1	2	3	4
1	1/4	0	0	1/16
2	1/16	1/4	0	1/4
3	0	1/16	1/16	0

试求：(1) $P\left(\frac{1}{2}<X<\frac{3}{2},0<Y<4\right)$； (2) $P(1\leqslant X\leqslant 2,3\leqslant Y\leqslant 4)$.

5. 设二维连续型随机变量 (X,Y) 的联合分布函数为

$$F(x,y)=\begin{cases}a(1-\mathrm{e}^{-2x})(1-\mathrm{e}^{-y}), & x>0,y>0,\\ b, & \text{其他},\end{cases}$$

求：(1) 常数 a,b； (2) $P(X>1,Y<1)$； (3) 联合概率密度 $f(x,y)$.

6. 设二维随机变量 (X,Y) 的联合概率密度为

$$f(x,y)=\begin{cases}Axy, & 0\leqslant x\leqslant 1,\ x^2\leqslant y\leqslant 1,\\ 0, & \text{其他},\end{cases}$$

求：(1) 常数 A； (2) $P(0\leqslant X\leqslant 1,0\leqslant Y\leqslant 1/2)$；

(3) $P((X,Y)\in D)$，D 由 $0\leqslant x\leqslant 1,x^2\leqslant y\leqslant x$ 确定.

7. The joint probability distribution of random variable (X,Y) is

X \ Y	0	1	2
−1	0.05	0.1	0.1
0	0.1	0.2	0.1
1	a	0.1	0.05

Find: (1) The value of constant a; (2) $P(X\geqslant 0, Y\leqslant 1)$; (3) $P(X\leqslant 0, Y\leqslant 1)$.

8. From a sack of fruit containing 3 oranges, 2 apples, and 3 bananas, a random sample of 4 pieces of fruit is selected. If X is the number of oranges and Y is the number of apples in the sample, find

(1) the joint probability distribution of X and Y;

(2) $P((X,Y)\in A)$, where A is the region that is given by $\{(x,y)\mid x+y\leqslant 2\}$.

9. Suppose the density function of (X,Y) is

$$f(x,y)=\begin{cases}k(6-x-y), & 0\leqslant x\leqslant 2, 2\leqslant y\leqslant 4,\\ 0, & \text{else}.\end{cases}$$

(1) Determine the constant k; (2) Find the probability $P(X\leqslant 1, Y\leqslant 3)$.

§3.2 边缘分布

作为 X,Y 的整体的二维随机变量 (X,Y) 的取值情况，可由它的联合分布函数 $F(x,y)$ 或它的联合分布律 $p_{ij}, i,j=1,2,\cdots$ 或联合概率密度 $f(x,y)$ 全面地描述. 由于 X,Y 都是随机变量，因此也可以单独考虑某一个随机变量的概率分布问题.

定义1 设 (X,Y) 是二维随机变量，称分量 X 的概率分布为 (X,Y) 关于 X 的**边缘分布**(marginal distribution)，记为 $F_X(x)$；分量 Y 的概率分布为 (X,Y) 关于 Y 的**边缘分布**，记为 $F_Y(y)$.

由于 (X,Y) 的联合分布全面的描述了 (X,Y) 的取值情况，因此，当已知 (X,Y) 的联合分布时，容易求得关于 X 或关于 Y 的边缘分布. 具体求法如下：

$$\begin{aligned}F_X(x) &= P(X\leqslant x) = P(X\leqslant x, Y<+\infty)\\ &= \lim_{y\to+\infty} P(X\leqslant x, Y\leqslant y)\\ &= \lim_{y\to+\infty} F(x,y) = F(x,+\infty).\end{aligned}$$

同理有

$$F_Y(y) = F(+\infty, y).$$

一、二维离散型随机变量的边缘分布律

设二维离散型随机变量的分布律为 $P(X=x_i, Y=y_j)=p_{ij}, i,j=1,2,\cdots$，则随机变量 (X,Y) 关于 X 的**边缘分布律**为

$$P(X=x_i) = P\Big(X=x_i, \bigcup_{j=1}^{+\infty}(Y=y_j)\Big) = \sum_{j=1}^{+\infty} P(X=x_i, Y=y_j) = \sum_{j=1}^{+\infty} p_{ij}, i=1,2,\cdots.$$

同样可得到 (X,Y) 关于 Y 的**边缘分布律**为

$$P(Y=y_j)=\sum_{i=1}^{+\infty}p_{ij},\quad j=1,2,\cdots.$$

一般地,记 $p_{i\cdot}=P(X=x_i)=\sum\limits_{j=1}^{+\infty}p_{ij}$,$p_{\cdot j}=P(Y=y_j)=\sum\limits_{i=1}^{+\infty}p_{ij}$,所以关于 X 和 Y 的边缘分布律分别为

X	x_1	x_2	$\cdots$	x_i	$\cdots$
$p_{i\cdot}$	$p_{1\cdot}$	$p_{2\cdot}$	$\cdots$	$p_{i\cdot}$	$\cdots$

,

Y	y_1	y_2	$\cdots$	y_j	$\cdots$
$p_{\cdot j}$	$p_{\cdot 1}$	$p_{\cdot 2}$	$\cdots$	$p_{\cdot j}$	$\cdots$

.

例 1 在有 1 件次品和 5 件正品的产品中,分别有放回和无放回的任取两次,定义随机变量 X,Y 如下:

$$X=\begin{cases}1, & \text{第一次抽取为正品},\\ 0, & \text{第一次抽取为次品};\end{cases}\quad Y=\begin{cases}1, & \text{第二次抽取为正品},\\ 0, & \text{第二次抽取为次品}.\end{cases}$$

求(X,Y)的联合分布律和两个边缘分布律.

解 (1) 对于有放回的场合

$$P(X=0,Y=0)=P(Y=0\mid X=0)\cdot P(X=0)=\frac{1}{6}\cdot\frac{1}{6}=\frac{1}{36};$$

$$P(X=0,Y=1)=P(Y=1\mid X=0)\cdot P(X=0)=\frac{5}{6}\cdot\frac{1}{6}=\frac{5}{36};$$

$$P(X=1,Y=0)=P(Y=0\mid X=1)\cdot P(X=1)=\frac{1}{6}\cdot\frac{5}{6}=\frac{5}{36};$$

$$P(X=1,Y=1)=P(Y=1\mid X=1)\cdot P(X=1)=\frac{5}{6}\cdot\frac{5}{6}=\frac{25}{36}.$$

故(X,Y)的联合分布及两个边缘分布律为下表:

$X\backslash Y$	0	1	$p_{i\cdot}$
0	1/36	5/36	1/6
1	5/36	25/36	5/6
$p_{\cdot j}$	1/6	5/6	

.

边缘分布律也可以写为

X	0	1
$p_{i\cdot}$	1/6	5/6

,

Y	0	1
$p_{\cdot j}$	1/6	5/6

.

(2) 同理,对于无放回的场合,其联合分布及两个边缘分布律为下表:

X \ Y	0	1	$p_{i\cdot}$
0	0	1/6	1/6
1	1/6	4/6	5/6
$p_{\cdot j}$	1/6	5/6	

边缘分布律也可以写为

X	0	1
$p_{i\cdot}$	1/6	5/6

Y	0	1
$p_{\cdot j}$	1/6	5/6

注 由此例可以看出,无论是有放回还是无放回抽样,关于 X 和 Y 的边缘分布都是一样的,但是其联合分布却不相同.从而可知,若无别的条件,仅仅由边缘分布一般不能确定联合概率分布,即二维随机变量的概率性质一般不能由它的两个分量的个别性质来确定,所以必须要把多维随机变量作为一个整体来研究.

二、二维连续型随机变量的边缘密度

设 $f(x,y)$ 是 (X,Y) 的联合概率密度,关于 X 和 Y 的边缘分布分别为

$$F_X(x)=F(x,+\infty)=\int_{-\infty}^{x}\int_{-\infty}^{+\infty}f(u,y)\mathrm{d}u\mathrm{d}y=\int_{-\infty}^{x}\left(\int_{-\infty}^{+\infty}f(u,y)\mathrm{d}y\right)\mathrm{d}u,$$

$$F_Y(y)=F(+\infty,y)=\int_{-\infty}^{+\infty}\int_{-\infty}^{y}f(x,v)\mathrm{d}x\mathrm{d}v=\int_{-\infty}^{y}\left(\int_{-\infty}^{+\infty}f(x,v)\mathrm{d}x\right)\mathrm{d}v.$$

从而有

$$f_X(x)=F_X'(x)=\int_{-\infty}^{+\infty}f(x,y)\mathrm{d}y,\quad f_Y(y)=F_Y'(y)=\int_{-\infty}^{+\infty}f(x,y)\mathrm{d}x,$$

则 $f_X(x)$ 和 $f_Y(y)$ 分别为 (X,Y) 关于 X,Y 的**边缘概率密度**(简称为**边缘密度**).

例 2 设二维连续型随机变量 (X,Y) 的联合概率密度为

$$f(x,y)=\begin{cases}c\mathrm{e}^{-(2x+y)}, & x>0,y>0,\\ 0, & \text{其他}.\end{cases}$$

求:(1) 常数 c; (2) 求相应的边缘概率密度和边缘分布函数.

解 (1) 利用联合概率密度的性质(2),可得

$$1=\int_{-\infty}^{+\infty}\int_{-\infty}^{+\infty}f(x,y)\mathrm{d}x\mathrm{d}y=c\int_{0}^{+\infty}\int_{0}^{+\infty}\mathrm{e}^{-(2x+y)}\mathrm{d}x\mathrm{d}y=\frac{c}{2},$$

解得 $c=2$;

(2) 直接利用上面的公式分别可得关于 X,Y 的边缘概率密度为

$$f_X(x)=\int_{-\infty}^{+\infty}f(x,y)\mathrm{d}y=\begin{cases}2\int_0^{+\infty}\mathrm{e}^{-(2x+y)}\mathrm{d}y=2\mathrm{e}^{-2x}, & x>0,\\ 0, & \text{其他};\end{cases}$$

$$f_Y(y)=\int_{-\infty}^{+\infty}f(x,y)\mathrm{d}x=\begin{cases}2\int_0^{+\infty}\mathrm{e}^{-(2x+y)}\mathrm{d}x=\mathrm{e}^{-y}, & y>0,\\ 0, & \text{其他}.\end{cases}$$

由相应的边缘概率密度可得边缘分布函数为

$$F_X(x)=\int_{-\infty}^{x}f_X(x)\mathrm{d}x=\begin{cases}\int_0^{x}2\mathrm{e}^{-2u}\mathrm{d}u=1-\mathrm{e}^{-2x}, & x>0,\\ 0, & \text{其他};\end{cases}$$

$$F_Y(y)=\int_{-\infty}^{y}f_Y(y)\mathrm{d}y=\begin{cases}\int_0^{y}\mathrm{e}^{-v}\mathrm{d}v=1-\mathrm{e}^{-y}, & y>0,\\ 0, & \text{其他}.\end{cases}$$

习　题　3.2

1. 求习题 3.1 中第 2 题的边缘分布律.

2. 设二维连续型随机变量(X,Y)具有下列联合概率密度,试求边缘概率密度 $f_X(x)$和 $f_Y(y)$:

(1) $f(x,y)=\begin{cases}4xy, & 0\leqslant x\leqslant 1,0\leqslant y\leqslant 1,\\ 0, & \text{其他};\end{cases}$　　(2) $f(x,y)=\begin{cases}\mathrm{e}^{-y}, & 0\leqslant x\leqslant y,\\ 0, & \text{其他};\end{cases}$

(3) $f(x,y)=\dfrac{6}{\pi^2(4+x^2)(9+y^2)}$.

3. 设二维连续型随机变量(X,Y)的联合概率密度为

$$f(x,y)=\begin{cases}x+y, & 0\leqslant x\leqslant 1,0\leqslant y\leqslant 1,\\ 0, & \text{其他}.\end{cases}$$

而(X_1,Y_1)的联合概率密度为

$$g(x_1,y_1)=\begin{cases}(1+2x_1)(1+2y_1)/4, & 0\leqslant x_1\leqslant 1,0\leqslant y_1\leqslant 1,\\ 0, & \text{其他}.\end{cases}$$

分别求出其边缘概率密度,并加以比较.

4. Suppose the density function of (X,Y) is

$$f(x,y)=\begin{cases}Ay(1-x), & 0\leqslant x\leqslant 1,0\leqslant y\leqslant x,\\ 0, & \text{else}.\end{cases}$$

Find: (1) the value of A;　(2) the two marginal density functions $f_X(x)$ and $f_Y(y)$.

§3.3 条件分布

由二维随机变量(X,Y)的联合分布可确定关于分量的两个边缘分布，受到条件概率定义的启发，当论及多维随机变量时，也有相应的条件分布. 本节主要以二维随机变量为例，进行简要的叙述.

一、二维离散型随机变量的条件分布

设二维离散型随机变量(X,Y)的联合分布律为$P(X=x_i,Y=y_j)=p_{ij}$，$i,j=1,2,\cdots$，则关于X的边缘分布律为$P(X=x_i)=\sum\limits_{j=1}^{+\infty}p_{ij}=P_{i\cdot}$，$i=1,2,\cdots$. 若对每一个的$i$，$P_{i}.>0$，则对于这个固定的$i$，称

$$P(Y=y_j\,|\,X=x_i)=\frac{P(X=x_i,Y=y_j)}{P(X=x_i)}=\frac{p_{ij}}{P_{i\cdot}},\quad i=1,2,\cdots$$

为在$X=x_i$的条件下随机变量$Y=y_j$的条件概率.

易验证上述的条件概率满足分布律的两条性质：

(1) $P(Y=y_j\,|\,X=x_i)\geqslant 0$；

(2) $\sum\limits_{j=1}^{+\infty}P(Y=y_j\,|\,X=x_i)=\sum\limits_{j=1}^{+\infty}\frac{p_{ij}}{p_{i\cdot}}=\frac{\sum\limits_{j=1}^{+\infty}p_{ij}}{p_{i\cdot}}=\frac{p_{i\cdot}}{p_{i\cdot}}=1$.

由此我们给出定义：

定义1 设(X,Y)是二维离散型随机变量，若对于固定的i，$P(X=x_i)=p_{i}.>0$，则称

$$P(Y=y_j\,|\,X=x_i)=\frac{P(X=x_i,Y=y_j)}{P(X=x_i)}=\frac{p_{ij}}{p_{i\cdot}},\quad i=1,2,\cdots$$

为在$X=x_i$的条件下随机变量Y的**条件分布律**；同理，若$P(Y=y_j)=p_{\cdot j}>0$，则称

$$P(X=x_i\,|\,Y=y_j)=\frac{P(X=x_i,Y=y_j)}{P(Y=y_j)}=\frac{p_{ij}}{p_{\cdot j}},\quad j=1,2,\cdots$$

为在$Y=y_j$的条件下随机变量X的**条件分布律**.

例1(续上节例1) 在无放回时候，求：(1) 在$X=1$的条件下，Y的条件分布律；(2) 在$Y=0$的条件下，X的条件分布律.

解 利用定义可知

$$P(Y=0\,|\,X=1)=\frac{P(X=1,Y=0)}{P(X=1)}=\frac{1/6}{5/6}=\frac{1}{5};$$

$$P(Y=1\,|\,X=1)=\frac{P(X=1,Y=1)}{P(X=1)}=\frac{4/6}{5/6}=\frac{4}{5}.$$

则可知，在 $X=1$ 的条件下 Y 的条件分布律为

Y	0	1
$P(Y=k\|X=1)$	1/5	4/5

同理可得到，在 $Y=0$ 的条件下 X 的条件分布律为

X	0	1
$P(X=k\|Y=0)$	0	1

二、二维连续型随机变量的条件分布

对于二维连续型随机变量(X,Y)，由于 X,Y 取任何实数 x,y，都有 $P(X=x)=P(Y=y)=0$，从而不能够直接利用条件概率公式建立条件分布的概念. 为此，我们借助微积分学中常用的极限方法来定义连续型随机变量的条件分布.

定义 3 设二维连续型随机变量(X,Y)，如果对于任意 $\Delta x>0$，有 $P(x-\Delta x<X\leqslant x+\Delta x)>0$，则在 $x-\Delta x<X\leqslant x+\Delta x$ 的条件下 Y 的条件分布函数为

$$P(Y\leqslant y\,|\,x-\Delta x<X\leqslant x+\Delta x)=\frac{P(x-\Delta x<X\leqslant x+\Delta x,Y\leqslant y)}{P(x-\Delta x<X\leqslant x+\Delta x)}.$$

对上式令 $\Delta x\to 0$，两边取极限，若极限存在，则称它为在 $X=x$ 的条件下 Y 的**条件分布函数**(conditional distribution function)，记为 $F_{Y|X}(y|x)$.

若(X,Y)的分布函数为 $F(x,y)$，密度函数为 $f(x,y)$，且 $f(x,y)$在点(x,y)处连续，$F_X(x)$ 与 $f_X(x)$分别为关于 X 的边缘分布函数和边缘概率密度，且 $f_X(x)>0$. 我们有

$$\begin{aligned}F_{Y|X}(y\,|\,x)&=\lim_{\Delta x\to 0}P(Y\leqslant y\,|\,x-\Delta x<X\leqslant x+\Delta x)\\&=\lim_{\Delta x\to 0}\frac{P(x-\Delta x<X\leqslant x+\Delta x,Y\leqslant y)}{P(x-\Delta x<X\leqslant x+\Delta x)}\\&=\lim_{\Delta x\to 0}\frac{F(x+\Delta x,y)-F(x-\Delta x,y)}{F_X(x+\Delta x)-F_X(x-\Delta x)}=\lim_{\Delta x\to 0}\frac{\int_{-\infty}^{y}\int_{x-\Delta x}^{x+\Delta x}f(u,v)\,\mathrm{d}u\mathrm{d}v}{\int_{x-\Delta x}^{x+\Delta x}f_X(u)\,\mathrm{d}u}\\&=\lim_{\Delta x\to 0}\frac{2\Delta x\int_{-\infty}^{y}f(\xi,v)\,\mathrm{d}v}{2\Delta x f_X(\eta)}\quad\left(\xi,\eta\in[x-\Delta x,x+\Delta x]，满足\lim_{\Delta x\to 0}\xi=\lim_{\Delta x\to 0}\eta=x\right)\\&=\frac{\int_{-\infty}^{y}f(x,v)\,\mathrm{d}v}{f_X(x)}=\int_{-\infty}^{y}\frac{f(x,v)}{f_X(x)}\mathrm{d}v.\end{aligned}$$

记在 $X=x$ 的条件下 Y 的**条件概率密度**为 $f_{Y|X}(y|x)$，则

$$f_{Y|X}(y\mid x)=\frac{f(x,y)}{f_X(x)}.$$

类似的可定义在 $Y=y$ 的条件下 X 的**条件分布函数**为

$$F_{X|Y}(x\mid y)=\int_{-\infty}^{x}f_{X|Y}(u\mid y)\mathrm{d}u=\int_{-\infty}^{x}\frac{f(u,y)}{f_Y(y)}\mathrm{d}u,$$

这里 $f_Y(y)>0$ 是关于 Y 的边缘概率密度.

例 2 已知二维连续型随机变量(X,Y)的联合概率密度为

$$f(x,y)=\begin{cases}\dfrac{1}{\pi}, & x^2+y^2\leqslant 1,\\ 0, & \text{其他}.\end{cases}$$

求在 $X=x$ 的条件下 Y 的条件概率密度 $f_{Y|X}(y|x)$.

解 由(X,Y)的联合概率密度可得关于 X 的边缘概率密度为

$$f_X(x)=\int_{-\infty}^{+\infty}f(x,y)\mathrm{d}y=\int_{-\sqrt{1-x^2}}^{\sqrt{1-x^2}}\frac{1}{\pi}\mathrm{d}y=\frac{2\sqrt{1-x^2}}{\pi},\quad -1<x<1.$$

则

$$f_X(x)=\begin{cases}\dfrac{2\sqrt{1-x^2}}{\pi}, & -1<x<1,\\ 0, & \text{其他}.\end{cases}$$

因此,当$-1<x<1$ 时,所求条件概率为

$$f_{Y|X}(y\mid x)=\frac{f(x,y)}{f_X(x)}=\begin{cases}\dfrac{1/\pi}{(2\sqrt{1-x^2})/\pi}, & -\sqrt{1-x^2}\leqslant y\leqslant\sqrt{1-x^2},\\ 0, & \text{其他}.\end{cases}$$

例 3 已知二维连续型随机变量(X,Y)的联合概率密度为

$$f(x,y)=\begin{cases}\dfrac{6}{(x+y+1)^4}, & x>0,y>0,\\ 0, & \text{其他}.\end{cases}$$

试求:(1) $f_{X|Y}(x|y)$; (2) $P(0\leqslant X\leqslant 1|Y=1)$.

解 (1) 因为当 $y>0$ 时

$$f_Y(y)=\int_{-\infty}^{+\infty}f(x,y)\mathrm{d}x=\int_0^{+\infty}\frac{6}{(x+y+1)^4}\mathrm{d}x=\frac{2}{(y+1)^3}.$$

则当 $y>0$ 时,

$$f_{X|Y}(x\mid y)=\frac{f(x,y)}{f_Y(y)}=\begin{cases}0, & x\leqslant 0,\\ \dfrac{3(y+1)^3}{(x+y+1)^4}, & x>0.\end{cases}$$

(2) 由(1)可得,当 $0\leqslant X\leqslant 1$ 时,

$$f_{X|Y}(x \mid y=1)=\frac{3(1+1)^3}{(x+1+1)^4}=\frac{24}{(x+2)^4}.$$

则可得，

$$P(0 \leqslant X \leqslant 1 \mid Y=1)=\int_0^1 \frac{24}{(x+2)^4} \mathrm{d}x=\frac{19}{27}.$$

习 题 3.3

1. 设二维离散型随机变量(X,Y)的联合分布律如下：

X \ Y	0	1	2
0	1/4	1/8	0
1	0	1/3	0
2	1/6	0	1/8

求：(1) 在$Y=1$的条件下X的条件分布律；

(2) 在$X=2$的条件下Y的条件分布律.

2. 求3.2节习题第2题中(1),(2)两小题的条件概率密度.

3. 设二维连续型随机变量(X,Y)的联合概率密度为

$$f(x,y)=\begin{cases}3x, & 0 \leqslant x \leqslant 1, 0 \leqslant y \leqslant x, \\ 0, & \text{其他}.\end{cases}$$

求$P(Y<1/8 \mid X=1/4)$.

4. 一射手进行射击，击中目标的概率为p，直到击中目标两次为止. 设以X表示首次击中目标所进行的射击次数，以Y表示总共进行的射击次数. 试求X和Y的联合分布律以及条件分布律.

5. 已知二维连续型随机变量(X,Y)关于Y的条件概率密度为

$$f_{X|Y}(x \mid y)=\begin{cases}\dfrac{3x^2}{y^3}, & 0<x<y<1, \\ 0, & \text{其他}.\end{cases}$$

而关于Y的边缘概率密度为

$$f_Y(y)=\begin{cases}5y^4, & 0<y<1, \\ 0, & \text{其他}.\end{cases}$$

求：(1) (X,Y)的联合概率密度； (2) $P(X>1/2)$.

6. Suppose the density function of (X,Y) is

$$f(x,y)=\begin{cases}x^2+\dfrac{1}{3}xy, & 0 \leqslant x \leqslant 1, 0 \leqslant y \leqslant 2, \\ 0, & \text{else}.\end{cases}$$

Find：(1) $f_{X|Y}(x|y)$ and $f_{Y|X}(y|x)$； (2) $P\left(Y<\frac{1}{2}\middle|X<\frac{1}{2}\right)$.

§3.4 多维随机变量的独立性

在多维随机变量中，各个分量的取值有时候会相互影响，有时候却没有影响，例如，一个人的身高与体重会相互影响，但是身高与收入一般没有影响. 当两个随机变量取值互不影响时，就称它们是相互独立的.

定义1 设(X,Y)是二维随机变量，如果对于任意x,y有

$$P(X\leqslant x,Y\leqslant y)=P(X\leqslant x)P(Y\leqslant y),$$

则称随机变量X与Y是**相互独立的**.

注 (1) 如果记$A=\{X\leqslant x\}$，$B=\{Y\leqslant y\}$，那么上式为$P(AB)=P(A)P(B)$. 可见两个随机变量相互独立的定义与两个事件相互独立的定义是一致的. 由(X,Y)的联合分布函数、边缘分布函数的定义，可将此定义改写为

$$F(x,y)=F_X(x)F_Y(y).$$

该式不仅可用来判断X,Y的相互独立性，还说明了当两个随机变量X与Y相互独立时，联合分布由边缘分布唯一确定.

(2) 若(X,Y)是二维离散型随机变量，则X,Y相互独立的充分必要条件是：对于(X,Y)所有可能的取值(x_i,y_j)，$i,j=1,2,\cdots$，都有

$$p_{ij}=p_{i\cdot}\cdot p_{\cdot j}.$$

(3) 若(X,Y)是二维连续型随机变量，$f(x,y)$，$f_X(x)$，$f_Y(y)$分别是联合概率密度与边缘概率密度，则X,Y相互独立的充分必要条件是

$$f(x,y)=f_X(x)\cdot f_Y(y)$$

在Oxy平面上几乎处处成立.

例1 已知二维离散型随机变量(X,Y)的联合分布律如下表所示：

X \ Y	y_1	y_2
x_1	a	$1/9$
x_2	$1/9$	b
x_3	c	$1/3$

若已知X与Y是相互独立的，求a,b,c的值.

解 先求出其边缘分布律，如下表所示：

X \ Y	y_1	y_2	$p_{i\cdot}$
x_1	a	$1/9$	$a+1/9$
x_2	$1/9$	b	$b+1/9$
x_3	c	$1/3$	$c+1/3$
$p_{\cdot j}$	$a+c+1/9$	$b+4/9$	

利用 $p_{22}=p_{2\cdot}\,p_{\cdot 2}$，得到

$$b=\left(b+\frac{1}{9}\right)\left(b+\frac{4}{9}\right),$$

解得 $b=\frac{2}{9}$. 再利用 $p_{12}=p_{1\cdot}\,p_{\cdot 2}$，得到

$$\left(a+\frac{1}{9}\right)\left(b+\frac{4}{9}\right)=\frac{1}{9},$$

解得 $a=\frac{1}{18}$. 最后由 $p_{i\cdot}+p_{\cdot j}=1, i=1,2,3, j=1,2$，可知 $c=\frac{1}{6}$.

例 2 已知二维连续型随机变量(X,Y)的联合概率密度为

$$f(x,y)=\begin{cases}1, & |y|<x, 0<x<1,\\ 0, & \text{其他}.\end{cases}$$

问随机变量 X 与 Y 是否相互独立？

解 先求边缘概率密度，可得

$$f_X(x)=\int_{-\infty}^{+\infty}f(x,y)\mathrm{d}y=\begin{cases}\int_{-x}^{+x}1\mathrm{d}y=2x, & 0<x<1,\\ 0, & \text{其他};\end{cases}$$

$$f_Y(y)=\int_{-\infty}^{+\infty}f(x,y)\mathrm{d}x=\begin{cases}\int_{y}^{1}1\mathrm{d}x=1-y, & 0<y<1,\\ \int_{-y}^{1}1\mathrm{d}x=1+y, & -1<y<0,\\ 0, & \text{其他}\end{cases}$$

$$=\begin{cases}1-|y|, & |y|<1,\\ 0, & \text{其他};\end{cases}$$

因为 $f(x,y)\neq f_X(x)\cdot f_Y(y)$，则可知随机变量 X 与 Y 不独立.

例 3 证明二维正态分布中 X 与 Y 相互独立的充分必要条件是：$\rho=0$.

证 设(X,Y)服从二维正态分布，即$(X,Y)\sim N(\mu_1,\mu_2,\sigma_1^2,\sigma_2^2,\rho)$，其联合概率密度为

$$f(x,y)=\frac{1}{2\pi\sigma_1\sigma_2\sqrt{1-\rho^2}}\exp\left\{\frac{-1}{2(1-\rho^2)}\left[\frac{(x-\mu_1)^2}{\sigma_1^2}-2\rho\frac{(x-\mu_1)(y-\mu_2)}{\sigma_1\sigma_2}+\frac{(y-\mu_2)^2}{\sigma_2^2}\right]\right\}$$

$$(-\infty<x,y<+\infty).$$

先求边缘概率密度,可得

$$f_X(x)=\int_{-\infty}^{+\infty}f(x,y)\mathrm{d}y=\int_{-\infty}^{+\infty}\frac{1}{2\pi\sigma_1\sigma_2\sqrt{1-\rho^2}}$$

$$\cdot\exp\left\{\frac{-1}{2(1-\rho^2)}\left[\frac{(x-\mu_1)^2}{\sigma_1^2}-2\rho\frac{(x-\mu_1)(y-\mu_2)}{\sigma_1\sigma_2}+\frac{(y-\mu_2)^2}{\sigma_2^2}\right]\right\}\mathrm{d}y$$

$$=\frac{1}{2\pi\sigma_1\sigma_2\sqrt{1-\rho^2}}\mathrm{e}^{-\frac{(x-\mu_1)^2}{2\sigma_1^2}}\int_{-\infty}^{+\infty}\exp\left\{\frac{-1}{2(1-\rho^2)}\left[\rho\frac{(x-\mu_1)}{\sigma_1}-\frac{(y-\mu_2)}{\sigma_2}\right]^2\right\}\mathrm{d}y$$

$$=\frac{1}{2\pi\sigma_1}\mathrm{e}^{-\frac{(x-\mu_1)^2}{2\sigma_1^2}}\int_{-\infty}^{+\infty}\mathrm{e}^{-\frac{t^2}{2}}\mathrm{d}t\quad\left(令\ t=\frac{\left[\rho\frac{(x-\mu_1)}{\sigma_1}-\frac{(y-\mu_2)}{\sigma_2}\right]}{\sqrt{1-\rho^2}}\right)$$

$$=\frac{1}{2\pi\sigma_1}\mathrm{e}^{-\frac{(x-\mu_1)^2}{2\sigma_1^2}}\sqrt{2\pi}\quad\left(因为\int_{-\infty}^{+\infty}\mathrm{e}^{-\frac{t^2}{2}}\mathrm{d}t=\sqrt{2\pi}\right)$$

$$=\frac{1}{\sqrt{2\pi}\sigma_1}\mathrm{e}^{-\frac{(x-\mu_1)^2}{2\sigma_1^2}}\quad(-\infty<x<+\infty),$$

同理可得 $f_Y(y)=\frac{1}{\sqrt{2\pi}\sigma_2}\mathrm{e}^{-\frac{(y-\mu_2)^2}{2\sigma_2^2}}(-\infty<y<+\infty)$.

若 X 与 Y 是相互独立的,则 $f(x,y)=f_X(x)\cdot f_Y(y)$,而要使 $f(x,y)=f_X(x)\cdot f_Y(y)$ 成立,则由例3的结果可知,必须 $\rho=0$.

对于 $n(n>2)$ 维随机变量,也具有与二维随机变量相似的性质和结论,可平行推广到 $n(n>2)$ 维随机变量的情形.下面给出关于 $n(n>2)$ 维随机变量的若干结论,证明从略.

(1) n 维随机变量 $(X_1,X_2,\cdots,X_n)$ 的**分布函数**为

$$F(x_1,x_2,\cdots,x_n)=P(X_1\leqslant x_1,X_2\leqslant x_2,\cdots,X_n\leqslant x_n).$$

其关于 $X_i(i=1,\cdots,n)$ 的**边缘分布函数**为

$$F_{X_i}(x_i)=F(+\infty,+\infty,\cdots,x_i,\cdots,+\infty).$$

(2) 设 $f(x_1,x_2,\cdots,x_n)$ 为 n 维连续型随机变量 $(X_1,X_2,\cdots,X_n)$ 的概率密度,则

$$f_{X_i}(x_i)=\int_{-\infty}^{+\infty}\int_{-\infty}^{+\infty}\cdots\int_{-\infty}^{+\infty}f(x_1,x_2,\cdots,x_n)\mathrm{d}x_1\cdots\mathrm{d}x_{i-1}\mathrm{d}x_{i+1}\cdots\mathrm{d}x_n$$

称为 $(X_1,X_2,\cdots,X_n)$ 关于 $X_i(i=1,\cdots,n)$ 的**边缘概率密度**.

(3) $(X_1,X_2,\cdots,X_n)$ 相互独立的充分必要条件是

$$F(x_1,x_2,\cdots,x_n)=F_{X_1}(x_1)F_{X_2}(x_2)\cdots F_{X_n}(x_n),$$

或

$$f(x_1,x_2,\cdots,x_n)=f_{X_1}(x_1)f_{X_2}(x_2)\cdots f_{X_n}(x_n).$$

(4) $\boldsymbol{X}=(X_1,X_2,\cdots,X_n)$ 和 $\boldsymbol{Y}=(Y_1,Y_2,\cdots,Y_m)$ 相互独立的充分必要条件是

$$F(\boldsymbol{X},\boldsymbol{Y})=F_1(\boldsymbol{X})\cdot F_2(\boldsymbol{Y}),$$

即

$$F(x_1,x_2,\cdots,x_n,y_1,y_2,\cdots,y_m)=F_1(x_1,x_2,\cdots,x_n)F_2(y_1,y_2,\cdots,y_m),$$

其中 F,F_1,F_2 分别为$(X_1,X_2,\cdots,X_n,Y_1,Y_2,\cdots,Y_m)$,$(X_1,X_2,\cdots,X_n)$和$(Y_1,Y_2,\cdots,Y_m)$的分布函数.

(5) 若$(X_1,X_2,\cdots,X_n)$与$(Y_1,Y_2,\cdots,Y_m)$相互独立,且 g,h 为连续函数,则 $g(X_1,X_2,\cdots,X_n)$和 $h(Y_1,Y_2,\cdots,Y_m)$也相互独立.

习 题 3.4

1. 已知二维离散型随机变量(X,Y)的联合分布律如下表所示:

(1)

X \ Y	0	1
0	1/4	1/4
1	1/6	1/8
2	1/8	1/12

;

(2)

X \ Y	0	1	2
−1	0.1	0.1	0.2
0	0.05	0.05	0.1
2	0.1	0.1	0.2

.

分别判断随机变量 X,Y 是否相互独立.

2. 设二维离散型随机变量(X,Y)的边缘分布律如下表所示:

X	−1	0	1
$p_{i\cdot}$	1/4	1/2	1/4

,

Y	0	1
$p_{\cdot j}$	1/2	1/2

.

且 $P(XY=0)=1$.

(1) 求(X,Y)的联合分布律; (2) 问 X,Y 是否相互独立?

3. 设某昆虫的产卵数 $X\sim\pi(50)$,又设一个虫卵能孵化成虫的概率为 0.8,且虫卵的孵化相互独立.求此类昆虫的产卵数 X 与下一代只数 Y 的联合分布.

4. 判断习题 3.2 的各小题中随机变量的独立性.

5. 设连续型随机变量 X 的概率密度为 $f(x)=\dfrac{1}{2}\mathrm{e}^{-|x|}$,$x\in\mathbf{R}$. 判断 X 与 $|X|$ 的独立性,并说明理由.

6. 已知 X,Y 相互独立,X 服从 $\lambda=3$ 的指数分布,Y 服从 $\lambda=4$ 的指数分布.求

(1) 二维连续型随机变量(X,Y)的联合概率密度; (2) $P(X<1,Y<1)$;

(3) (X,Y)落在 $D=\{(x,y)\mid x>0,y>0,3x+4y<3\}$的概率.

7. 已知 X,Y 相互独立,X 服从区间$(0,1)$上的均匀分布,Y 的概率密度为

$$f_Y(y)=\begin{cases}\dfrac{1}{2}\mathrm{e}^{-\frac{y}{2}}, & y>0,\\ 0, & \text{其他}.\end{cases}$$

(1) 求二维连续型随机变量(X,Y)的联合概率密度;

(2) 设 a 的二次方程 $a^2+2aX+Y=0$,求其有实根的概率.

8. The probability distribution of (X,Y) is as the following form, and $\{X=0\}$, $\{X+Y=1\}$ are independent. Determine the values of the a and b in the table:

$X \backslash Y$	0	1
0	1/3	b
1	a	1/6

.

§3.5 多维随机变量函数的分布

在上一章,讨论了一维随机变量的函数的分布,即已知 X 的分布,求 X 的函数 $Y=g(X)$的分布.本节将讨论二维随机变量的函数的分布,对离散型的二维随机变量直接给出例子;对连续型的二维随机变量,我们先介绍几个具体但是非常重要的函数的分布,然后给出一般的解法.

一、二维离散型随机变量函数的举例

例 1 设二维离散型随机变量(X,Y)的联合分布律为

$X \backslash Y$	−1	1	2
0	5/20	2/20	6/20
1	3/20	3/20	1/20

.

分别求出 $Z_1=X-Y, Z_2=XY, Z_3=X^2+Y^2, Z_4=\min\{X,Y\}$的分布律.

解 将(X,Y)及各个函数的取值对应列于同一个表格中(称为**同一表格法**):

p_{ij}	$\frac{5}{20}$	$\frac{2}{20}$	$\frac{6}{20}$	$\frac{3}{20}$	$\frac{3}{20}$	$\frac{1}{20}$
(X,Y)	$(0,-1)$	$(0,1)$	$(0,2)$	$(1,-1)$	$(1,1)$	$(1,2)$
$X-Y$	1	−1	−2	2	0	−1
XY	0	0	0	−1	1	2
X^2+Y^2	1	1	4	2	2	5
$\min\{X,Y\}$	−1	0	0	−1	1	1

则易得 $Z_1=X-Y$ 的分布律为

Z_1	-2	-1	0	1	2
p_k	$\frac{6}{20}$	$\frac{3}{20}$	$\frac{3}{20}$	$\frac{5}{20}$	$\frac{3}{20}$

.

$Z_2=XY$ 的分布律为

Z_2	-1	0	1	2
p_k	$\frac{3}{20}$	$\frac{13}{20}$	$\frac{3}{20}$	$\frac{1}{20}$

.

$Z_3=X^2+Y^2$ 的分布律为

Z_3	1	2	4	5
p_k	$\frac{7}{20}$	$\frac{6}{20}$	$\frac{6}{20}$	$\frac{1}{20}$

.

$Z_4=\min\{X,Y\}$ 的分布律为

Z_4	-1	0	1
p_k	$\frac{8}{20}$	$\frac{8}{20}$	$\frac{4}{20}$

.

二、二维连续型随机变量函数的举例

1. $Z=X+Y$ 的分布

已知 X,Y 的联合概率密度为 $f(x,y)$，求 $Z=X+Y$ 的概率密度，具体步骤如下：

(1) 先求 Z 的分布函数. 由分布函数的定义知，对任意实数 z 有

$$F_Z(z)=P(Z\leqslant z)=P(X+Y\leqslant z).$$

由于事件$\{X+Y\leqslant z\}$等价于事件$\{(X,Y)\in D:\ x+y\leqslant z\}$，于是

$$F_Z(z)=P((X,Y)\in D).$$

所以

$$\begin{aligned}F_Z(z)&=\iint\limits_D f(x,y)\mathrm{d}x\mathrm{d}y=\iint\limits_{x+y\leqslant z}f(x,y)\mathrm{d}x\mathrm{d}y=\int_{-\infty}^{+\infty}\mathrm{d}y\int_{-\infty}^{z-y}f(x,y)\mathrm{d}x\\&=\int_{-\infty}^{+\infty}\mathrm{d}y\int_{-\infty}^{z}f(u-y,y)\mathrm{d}u\quad(\text{令 }u=y+x)\\&=\int_{-\infty}^{z}\left[\int_{-\infty}^{+\infty}f(u-y,y)\mathrm{d}y\right]\mathrm{d}u.\end{aligned}$$

(2) 再对 Z 的分布函数求导,则得到 $Z=X+Y$ 的概率密度为

$$f_Z(z)=\frac{\mathrm{d}F_Z(z)}{\mathrm{d}z}=\int_{-\infty}^{+\infty}f(z-y,y)\mathrm{d}y.$$

由于 X,Y 的对称性,也有

$$f_Z(z)=\int_{-\infty}^{+\infty}f(x,z-x)\mathrm{d}x.$$

上两式都为 $Z=X+Y$ 的概率密度的一般公式.

特别当 X,Y 相互独立时,由于对一切 x,y 都有 $f(x,y)=f_X(x)\cdot f_Y(y)$,此时 $Z=X+Y$ 的概率密度的公式为

$$f_Z(z)=\int_{-\infty}^{+\infty}f_X(z-y)f_Y(y)\mathrm{d}y,\text{ 或 } f_Z(z)=\int_{-\infty}^{+\infty}f_X(x)f_Y(z-x)\mathrm{d}x.$$

以上两个公式称为**卷积公式**(convolve formula).

例2 已知随机变量 X 与 Y 相互独立,且 $X\sim N(0,1)$,$Y\sim N(0,1)$. 求 $Z=X+Y$ 的概率密度.

解 已知 $X\sim N(0,1)$,$Y\sim N(0,1)$,即 $f_X(x)=\frac{1}{\sqrt{2\pi}}\mathrm{e}^{\frac{-x^2}{2}}$,$f_Y(y)=\frac{1}{\sqrt{2\pi}}\mathrm{e}^{\frac{-y^2}{2}}$,代入卷积公式可得

$$\begin{aligned}f_Z(z)&=\int_{-\infty}^{+\infty}f_X(z-y)f_Y(y)\mathrm{d}y=\frac{1}{2\pi}\int_{-\infty}^{+\infty}\mathrm{e}^{\frac{-(z-y)^2}{2}}\cdot\mathrm{e}^{\frac{-y^2}{2}}\mathrm{d}y\\&=\frac{1}{2\pi}\mathrm{e}^{\frac{-z^2}{4}}\int_{-\infty}^{+\infty}\mathrm{e}^{-\left(y-\frac{z}{2}\right)^2}\mathrm{d}y=\frac{1}{2\pi}\mathrm{e}^{\frac{-z^2}{4}}\int_{-\infty}^{+\infty}\mathrm{e}^{-u^2}\mathrm{d}u\quad\left(\text{令 }u=y-\frac{z}{2}\right)\\&=\frac{1}{\sqrt{2\pi}\sqrt{2}}\mathrm{e}^{\frac{-z^2}{2\cdot2}}\quad(-\infty<z<+\infty).\end{aligned}$$

可见 $f_Z(z)$ 是正态随机变量的概率密度,从它的结构可以看出 $Z=X+Y\sim N(0,2)$.

这个结论还可以推广到 $n(n>2)$ 个独立随机变量的和的情况.

正态分布的可加性 设 $X_1,X_2,\cdots,X_n$ 相互独立,且 $X_i\sim N(\mu_i,\sigma_i^2)$,$i=1,\cdots,n$,则其和 $Z=\sum\limits_{i=1}^{n}X_i$ 仍服从正态分布,且

$$Z=\sum_{i=1}^{n}X_i\sim N\left(\sum_{i=1}^{n}\mu_i,\sum_{i=1}^{n}\sigma_i^2\right).$$

例2中 $f_X(x)$ 和 $f_Y(y)$ 在 $(-\infty,+\infty)$ 上有统一的表达式,可以直接代入卷积公式求 $Z=X+Y$ 的概率密度 $f_Z(z)$. 但是当 $f_X(x)$ 或 $f_Y(y)$ 为分段函数的时候,卷积公式

$$f_Z(z)=\int_{-\infty}^{+\infty}f_X(z-y)f_Y(y)\mathrm{d}y$$

中的 $f_X(z-y)$ 和 $f_Y(y)$ 究竟如何代、代入什么表达式,就不是那么显而易见了.

例3 已知随机变量 X 与 Y 相互独立,且 $X\sim U(0,1)$,$Y\sim U(0,1)$. 求 $Z=X+Y$ 的概

率密度.

解 已知 $X\sim U(0,1)$, $Y\sim U(0,1)$，则可知 X 与 Y 的边缘概率密度分别为

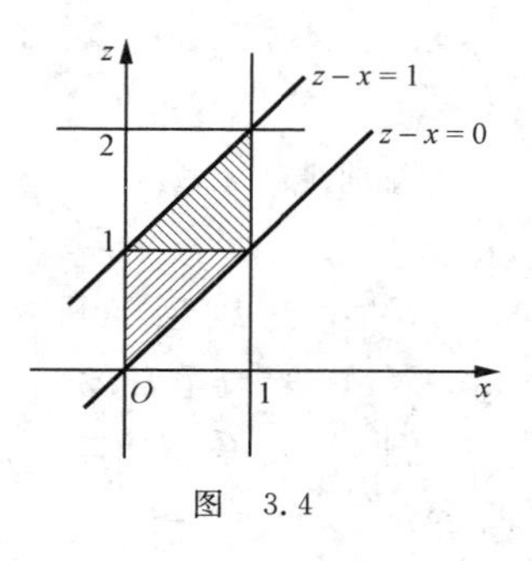

图 3.4

$$f_X(x)=\begin{cases}1, & x\in(0,1),\\ 0, & \text{其他},\end{cases}\qquad f_Y(y)=\begin{cases}1, & y\in(0,1),\\ 0, & \text{其他}.\end{cases}$$

代入卷积公式 $f_Z(z)=\int_{-\infty}^{+\infty}f_Y(z-x)f_X(x)\mathrm{d}x$.

对于本例而言，卷积公式中 $f_Y(z-x)$ 和 $f_X(x)$ 的变量 $z-x$ 和 x 必须满足条件

$$0\leqslant z-x\leqslant 1,\quad 0\leqslant x\leqslant 1,$$

否则 $f_X(x)\cdot f_Y(z-x)=0$. 而这两个不等式确定的区域如图 3.4 所示. 因此有

$$f_Z(z)=\int_{-\infty}^{+\infty}f_Y(z-x)f_X(x)\mathrm{d}x=\begin{cases}0, & z<0,\\ \int_0^z\mathrm{d}x=z, & 0\leqslant z<1,\\ \int_{z-1}^1\mathrm{d}x=2-z, & 1\leqslant z<2,\\ 0, & 2\leqslant z.\end{cases}$$

2. $M=\max\{X,Y\}$, $N=\min\{X,Y\}$ 的分布

设 X,Y 是两个相互独立的随机变量，它们的边缘分布函数分别为 $F_X(x)$ 和 $F_Y(y)$. 求 $\max\{X,Y\}$ 及 $\min\{X,Y\}$ 的分布函数.

对于任意的实数 z，由于

$$M\leqslant z,\ \text{即}\ \begin{cases}X\leqslant z,\\ Y\leqslant z.\end{cases}$$

又由于 X,Y 相互独立，于是得到 $M=\max\{X,Y\}$ 的分布函数为

$$\begin{aligned}F_{\max}(z)&=P(M\leqslant z)=P(\{X\leqslant z\}\cap\{Y\leqslant z\})\\&=P(X\leqslant z)P(Y\leqslant z)=F_X(z)F_Y(z).\end{aligned}$$

类似地，可得 $N=\min\{X,Y\}$ 的分布函数为

$$\begin{aligned}F_{\min}(z)&=P(N\leqslant z)=1-P(N>z)\\&=1-P(\{X>z\}\cap\{Y>z\})\\&=1-[1-P(X\leqslant z)][1-P(Y\leqslant z)]\\&=1-[1-F_X(z)][1-F_Y(z)].\end{aligned}$$

这个结论也可以推广到 $n(n>2)$ 个独立随机变量的情况.

设 $X_1,X_2,\cdots,X_n$ 是 n 个相互独立的随机变量，它们的边缘分布函数分别为 $F_{X_i}(x_i)$, $i=1,2,\cdots$. 用与二维随机变量完全类似的方法，可得 $M=\max\{X_1,X_2,\cdots,X_n\}$ 的分布函数为

$$F_{\max}(z) = P(M \leqslant z) = F_{X_1}(z) \cdots F_{X_n}(z).$$

$N=\min\{X_1, X_2, \cdots, X_n\}$的分布函数为

$$F_{\min}(z) = P(N \leqslant z) = 1 - [1 - F_{X_1}(z)] \cdots [1 - F_{X_n}(z)].$$

特别地，当 $X_1, X_2, \cdots, X_n$ 相互独立且具有相同分布函数 $F(x)$时，有

$$F_{\max}(z) = (F(z))^n, \quad F_{\min}(z) = 1 - [1 - F(z)]^n.$$

若 X, Y 为连续型随机变量时，对 $F_{\max}(z)$和 $F_{\min}(z)$分别求导则可求得 $\max\{X,Y\}$和 $\min\{X,Y\}$的概率密度.

例 4 设系统 L 由相互独立的两个子系统 L_1, L_2 联接而成，联接的方式分别如图 3.5 所示：

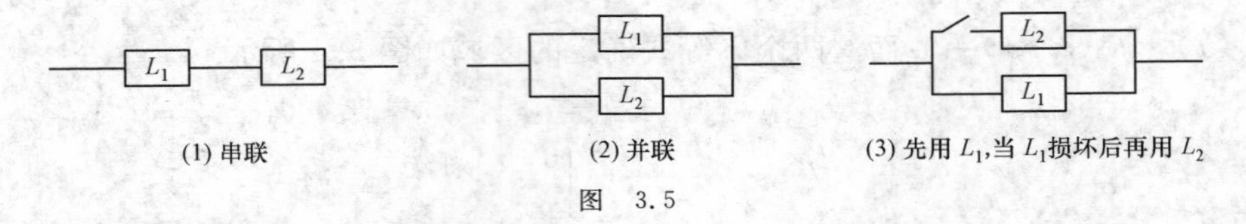

图 3.5

设 L_1, L_2 的寿命分别为 X 和 Y(单位：年)，已知 X, Y 的边缘概率密度分别为

$$f_X(x) = \begin{cases} \alpha \mathrm{e}^{-\alpha x}, & x \geqslant 0, \\ 0, & x < 0; \end{cases} \quad f_Y(y) = \begin{cases} \beta \mathrm{e}^{-\beta y}, & y \geqslant 0, \\ 0, & y < 0, \end{cases}$$

其中常数 $\alpha, \beta > 0$，且 $\alpha \neq \beta$. 试分别就以上 3 种联接方式求出系统 L 的寿命 Z 的概率密度.

解 (1) 串联时，若 L_1, L_2 中有一个损坏，则整个系统 L 就不能正常工作. 故 L 的寿命为

$$Z = \min\{X, Y\}.$$

由 X 的概率密度容易求得其分布函数为

$$F_X(x) = \begin{cases} 1 - \mathrm{e}^{-\alpha x}, & x \geqslant 0, \\ 0, & x < 0. \end{cases}$$

类似可得 Y 的分布函数为

$$F_Y(y) = \begin{cases} 1 - \mathrm{e}^{-\beta y}, & y \geqslant 0, \\ 0, & y < 0. \end{cases}$$

又因为 X 与 Y 独立，则 $Z=\min\{X,Y\}$的分布函数为

$$F_Z(z) = 1 - [1 - F_X(z)][1 - F_Y(z)], \text{ 即 } F_Z(z) = \begin{cases} 1 - \mathrm{e}^{-(\alpha+\beta)z}, & z \geqslant 0, \\ 0, & z < 0. \end{cases}$$

对上式求导，则可得 $Z=\min\{X,Y\}$的密度函数为

$$f_Z(z) = \begin{cases} (\alpha + \beta)\mathrm{e}^{-(\alpha+\beta)z}, & z \geqslant 0, \\ 0, & z < 0. \end{cases}$$

(2) 并联时,如果 L_1,L_2 中有一个不损坏,整个系统 L 也能正常工作,故 L 的寿命为

$$Z=\max\{X,Y\}.$$

因为 X,Y 的分布函数已经给出,且 X 和 Y 独立,故得 $Z=\max\{X,Y\}$ 的分布函数为

$$F_Z(z)=F_X(z)F_Y(z)=\begin{cases}1-\mathrm{e}^{-\alpha z}-\mathrm{e}^{-\beta z}+\mathrm{e}^{-(\alpha+\beta)z}, & z\geqslant 0,\\ 0, & z<0.\end{cases}$$

故并联时,L 的寿命 $Z=\max\{X,Y\}$ 的概率密度为

$$f_Z(z)=\begin{cases}\alpha\mathrm{e}^{-\alpha z}+\beta\mathrm{e}^{-\beta z}-(\alpha+\beta)\mathrm{e}^{-(\alpha+\beta)z}, & z\geqslant 0,\\ 0, & z<0.\end{cases}$$

(3) L_2 备用时,系统 L 的寿命为

$$Z=X+Y.$$

当 $z<0$ 时,$F_X(z-y)F_Y(y)=0$, $f_Z(z)=0$;

当 $z\geqslant 0$ 时,$f_Z(z)=\int_{-\infty}^{+\infty}f_X(z-y)f_Y(y)\mathrm{d}y=\int_0^z\alpha\mathrm{e}^{-\alpha(z-y)}\beta\mathrm{e}^{-\beta y}\mathrm{d}y=\frac{\alpha\beta}{\alpha-\beta}(\mathrm{e}^{-\beta z}-\mathrm{e}^{-\alpha z})$.

于是 L 的寿命 $Z=X+Y$ 的概率密度为

$$f_Z(z)=\begin{cases}\frac{\alpha\beta}{\alpha-\beta}(\mathrm{e}^{-\beta z}-\mathrm{e}^{-\alpha z}), & z\geqslant 0,\\ 0, & z<0.\end{cases}$$

3. 一般函数 $Z=g(X,Y)$ 的分布

对二维连续型随机变量 (X,Y),若其联合概率密度为 $f(x,y)$,则 (X,Y) 的函数 $Z=g(X,Y)$ 的分布函数为

$$F_Z(z)=P(Z\leqslant z)=P(g(X,Y)\leqslant z)=\iint\limits_{g(x,y)\leqslant z}f(x,y)\mathrm{d}x\mathrm{d}y.$$

从而 $Z=g(X,Y)$ 的概率密度为

$$f_Z(z)=F_Z'(z).$$

例 5 已知连续型随机变量 X,Y 互相独立,且 $X\sim N(0,\sigma^2)$, $Y\sim N(0,\sigma^2)$. 求 $Z=\sqrt{X^2+Y^2}$ 的概率密度 $f_Z(z)$.

解 设 (X,Y) 是 Oxy 平面上的随机点的位置,那么 $Z=\sqrt{X^2+Y^2}$ 显然是随机点 (X,Y) 到原点的距离. 问题成为:在所设条件下,求随机点到原点的距离的概率分布.

因为 X,Y 互相独立,且

$$f_X(x)=\frac{1}{\sqrt{2\pi}\sigma}\mathrm{e}^{-\frac{x^2}{2\sigma^2}},\quad f_Y(y)=\frac{1}{\sqrt{2\pi}\sigma}\mathrm{e}^{-\frac{y^2}{2\sigma^2}},\quad -\infty<x,y<+\infty,$$

$$F_Z(z)=P(Z\leqslant z)=P(\sqrt{X^2+Y^2}\leqslant z).$$

当 $z<0$ 时,$P(\sqrt{X^2+Y^2}\leqslant z)=0$;

当 $z\geqslant 0$ 时，$F_Z(z)=\iint\limits_{\sqrt{x^2+y^2}\leqslant z} f(x,y)\mathrm{d}x\mathrm{d}y=\iint\limits_{\sqrt{x^2+y^2}\leqslant z} f_X(x)f_Y(y)\mathrm{d}x\mathrm{d}y$

$$=\iint\limits_{\sqrt{x^2+y^2}\leqslant z}\frac{1}{2\pi\sigma^2}\mathrm{e}^{-\frac{x^2+y^2}{2\sigma^2}}\mathrm{d}x\mathrm{d}y=\int_0^{2\pi}\mathrm{d}\theta\int_0^z\frac{1}{2\pi\sigma^2}\mathrm{e}^{-\frac{r^2}{2\sigma^2}}r\mathrm{d}r=1-\mathrm{e}^{-\frac{z^2}{2\sigma^2}}.$$

于是 Z 的分布函数为

$$F_Z(z)=\begin{cases}1-\mathrm{e}^{-\frac{z^2}{2\sigma^2}}, & z\geqslant 0,\\ 0, & z<0.\end{cases}$$

Z 的概率密度为

$$f_Z(z)=\begin{cases}\dfrac{z}{\sigma^2}\mathrm{e}^{-\frac{z^2}{2\sigma^2}}, & z\geqslant 0,\\ 0, & z<0.\end{cases}$$

此时，称 Z 服从参数为 σ 的**瑞利**(Rayleigh)**分布**.

习 题 3.5

1. 设随机变量 X 和 Y 相互独立，其边缘分布律分别为

X	1	2	3
$p_{i\cdot}$	0.3	0.1	0.6

，

Y	1	2	3
$p_{\cdot j}$	0.2	0.5	0.3

.

分别求出随机变量 $Z_1=X+Y$，$Z_2=XY$ 的分布律.

2. 对随机变量 X 和 Y 有 $P(X\geqslant 0,Y\geqslant 0)=\frac{3}{7}$，$P(X\geqslant 0)=P(Y\geqslant 0)=\frac{4}{7}$，分别求出概率 $P(\max\{X,Y\}\geqslant 0)$，$P(\min\{X,Y\}<0)$.

3. 设随机变量 $X\sim N(1,2)$，$Y\sim N(0,3)$，$Z\sim N(2,1)$，且 X,Y,Z 相当独立，求概率 $P(0\leqslant 2X+3Y-Z\leqslant 6)$.

4. 已知随机变量 X,Y 相互独立，且 X 服从 $\lambda=3$ 的指数分布，Y 服从 $\lambda=4$ 的指数分布. 求随机变量 $Z=X+Y$ 的概率密度.

5. 已知随机变量 X,Y 相互独立，X,Y 的边缘概率密度如下：

$$f_X(x)=\begin{cases}1, & 0<x<1,\\ 0, & \text{其他};\end{cases}\quad f_Y(y)=\begin{cases}2y, & 0<y<1,\\ 0, & \text{其他}.\end{cases}$$

求随机变量 $Z=X+Y$ 的概率密度.

6. 已知随机变量 X,Y 相互独立，且服从相同的 0-1 分布，即 $P(X=k)=p^k(1-p)^{1-k}$，$k=0,1$. 又设 $Z=\begin{cases}0, & X+Y=\text{偶数},\\ 1, & X+Y=\text{奇数}.\end{cases}$ 问 p 为何值时能使 Z 和 X 相互独立？

7. 已知随机变量 $X\sim\pi(\lambda_1)$，$Y\sim\pi(\lambda_2)$，且 X 和 Y 相互独立. 证明

$$Z = X + Y \sim \pi(\lambda_1 + \lambda_2).$$

8. 已知随机变量 $X\sim B(n_1,p)$，$Y\sim B(n_2,p)$，且 X 和 Y 相互独立. 证明

$$Z = X + Y \sim B(n_1 + n_2, p).$$

9. 已知随机变量 X,Y 相互独立，都服从区间 $(0,a)$ $(a>0)$ 上的均匀分布. 求随机变量 $Z=\dfrac{X}{Y}$ 的概率密度.

10. 已知随机变量 X,Y 相互独立，且有相同的分布，又已知 X 的分布律为

$$P(X = k) = \frac{1}{3},\quad k = 1,2,3.$$

设 $Z=\max\{X,Y\}$，$W=\min\{X,Y\}$，求随机变量 (Z,W) 的联合分布律.

11. The joint probability density function of (X,Y) is

$$f(x,y) = \begin{cases} \dfrac{1}{2}(x+y)\mathrm{e}^{-(x+y)}, & x>0, y>0, \\ 0, & \text{else}. \end{cases}$$

(1) Show that X and Y are independent or dependent.

(2) Find the probability density function of $Z=X+Y$.

12. Suppose X and Y are independent, and both come from $N(0,1)$. Find the density function $f_Z(z)$ of $Z=X^2+Y^2$.

13. Suppose that the lifetimes, X and Y, (in years) of two different types of light bulbs are independent with the marginal density function's

$$f_X(x) = \begin{cases} \lambda \mathrm{e}^{-\lambda x}, & x>0, \\ 0, & \text{else}, \end{cases} \qquad f_Y(y) = \begin{cases} \lambda \mathrm{e}^{-\lambda y}, & y>0, \\ 0, & \text{else}. \end{cases}$$

Let $U=X/Y$. Find $f_U(u)$.

第3章小结

本章首先引入了二维随机变量 (X,Y) 的分布函数 $F(x,y)=P(X\leqslant x,Y\leqslant y)$，对于二维离散型随机变量定义了联合分布律 $P(X=x_i, Y=y_j)=p_{ij}$ $(i,j=1,2,\cdots)$ 满足 $\sum\limits_{i=1}^{+\infty}\sum\limits_{j=1}^{+\infty}p_{ij}=1$；对于二维连续型随机变量定义了联合概率密度 $f(x,y)\geqslant 0$，满足

$$\int_{-\infty}^{+\infty}\int_{-\infty}^{+\infty} f(x,y)\mathrm{d}x\mathrm{d}y = 1,\ \text{且}\ F(x,y) = \int_{-\infty}^{x}\int_{-\infty}^{y} f(u,v)\mathrm{d}u\mathrm{d}v.$$

对于二维随机变量而言，除了讨论与第2章一维随机变量类似的内容以外，还有一些新的东西，比如，边缘分布，条件分布，两个变量之间的独立性等. 若无别的条件，仅仅由边缘分

布一般不能确定联合概率分布,即二维随机变量的概率性质一般不能由它的两个分量的个别性质来确定,必须要把多维随机变量作为一个整体来研究.而随机变量的独立性则给出了一个已知边缘分布求联合分布的充分条件.因此,随机变量的独立性是第1章中随机事件的扩充,同样地,条件分布也是第1章中条件概率的某种推广.

在实际计算二维连续型随机变量的相关概率时,常常用到以下公式:

$$P((X,Y)\in D)=\iint_D f(x,y)\mathrm{d}x\mathrm{d}y,$$

其中 D 为 Oxy 平面上的任意一个区域.而在求边缘概率密度,条件概率密度,以及 $Z=X+Y$, $M=\max\{X,Y\}$, $N=\min\{X,Y\}$ 的概率密度时,常常要利用二重积分或者是利用二元函数,采取固定一个变量对另外一个变量积分的方法.由于概率密度常常是分段函数,所以在具体计算的时候,特别注意积分变量对应的积分区域或积分区间的范围.在计算中画出函数的定义区域的图形,对于确定积分的上、下限有很大的帮助.

第 4 章 随机变量的数字特征

前两章我们讨论了随机变量及其分布,我们知道分布函数能全面地描述随机变量的统计特性.但在一些实际问题中,求随机变量的分布函数却并非易事,而且在很多时候不需要去全面考察随机变量的整个变化情况,只需知道它的某些统计特征.例如,在检查一批棉花的质量时,只需要注意纤维的平均长度以及纤维长度与平均长度的偏离程度,如果平均长度较大、偏离程度较小,棉花质量就越好.又如,在评定某工厂生产的一批灯泡的质量时,只要知道该批灯泡的平均寿命,就能大概知道这批灯泡的总体质量,如果想在平均寿命相同的两批灯泡中确定哪一批更好,还需要知道这两批灯泡的稳定性如何.从这两个实际问题中可以看到,某些与随机变量有关的数字,虽然不能完整地描述随机变量,但能概括描述它的基本面貌.这些能代表随机变量的主要特征的数字称为**数字特征**.本章介绍随机变量的一些常用数字特征:数学期望、方差、矩和相关系数等.

§4.1 数学期望及其计算

一、离散型随机变量的数学期望

数学期望是随机变量重要的数字特征之一,它对评判事物、作出决策等起到了重要作用.简单地说,数学期望就是随机变量的平均数,在给出数学期望的概念之前,先看一个例子.

例 1 某班有 45 名学生,17 岁的有 6 人,18 岁的有 25 人,19 岁的有 10 人,20 岁的有 4 人,则该班学生的平均年龄为

$$\frac{(17\times 6+18\times 25+19\times 10+20\times 4)}{45}$$

$$=17\times\frac{6}{45}+18\times\frac{25}{45}+19\times\frac{10}{45}+20\times\frac{4}{45}\approx 18.27,$$

其中$\frac{6}{45},\frac{25}{45},\frac{10}{45},\frac{4}{45}$分别是四个年龄出现的频率.计算中用频率作为权重进行了加权平均,对于一般的离散型随机变量,根据本例及频率的稳定性,有如下定义.

定义 1 设离散型随机变量 X 的分布律为

$$P(X=x_k)=p_k,\quad k=1,2,\cdots.$$

若级数 $\sum\limits_{k=1}^{\infty} x_k p_k$ 绝对收敛,则称其和为随机变量 X 的**数学期望**(mathematical expectation)或**均值**(average),记为

$$E(X)=\sum_{k=1}^{\infty} x_k p_k.$$

若级数 $\sum\limits_{k=1}^{\infty} |x_k p_k|$ 发散,则称随机变量 X 的数学期望不存在.

例 2 一批产品分一、二、三等品及废品 4 个等级,所占比例分别为 60%,20%,10%,10%,各级产品的出厂价分别为 6 元,4.8 元,4 元,0 元.求该产品的平均出厂价.

解 设 X(单位:元)为任一只产品的出厂价,它是离散型随机变量,则 X 的分布律为

X	6	4.8	4	0
p_k	0.6	0.2	0.1	0.1

所求平均出厂价为

$$E(X)=6\times 0.6+4.8\times 0.2+4\times 0.1+0\times 0.1=4.96(\text{元}).$$

例 3 设离散型随机变量 X 服从参数为 λ 的泊松分布,求它的数学期望.

解 由于 X 的分布律为

$$p_k=P(X=k)=\frac{\lambda^k}{k!}\mathrm{e}^{-\lambda},\quad k=0,1,2,\cdots.$$

因而

$$\begin{aligned}E(X)&=\sum_{k=1}^{\infty} kp_k=\sum_{k=1}^{\infty} k\frac{\lambda^k}{k!}\mathrm{e}^{-\lambda}\\&=\sum_{k=1}^{\infty}\frac{\lambda^k}{(k-1)!}\mathrm{e}^{-\lambda}=\lambda\mathrm{e}^{-\lambda}\sum_{k=1}^{\infty}\frac{\lambda^{k-1}}{(k-1)!}\\&=\lambda\mathrm{e}^{-\lambda}\mathrm{e}^{\lambda}=\lambda.\end{aligned}$$

二、连续型随机变量的数学期望

将求和改为求积分,可以考虑连续型随机变量的数学期望.

定义 2 设连续型随机变量 X 的概率密度为 $f(x)$,若积分

$$\int_{-\infty}^{+\infty} xf(x)\mathrm{d}x$$

绝对收敛,则称该积分的值为 X 的**数学期望**或**均值**,记为 $E(X)$,即

$$E(X)=\int_{-\infty}^{+\infty} xf(x)\mathrm{d}x.$$

若积分 $\int_{-\infty}^{+\infty}|xf(x)|\mathrm{d}x$ 发散,则称随机变量 X 的数学期望不存在.

注 数学期望是一个固定的数,一个常数.从几何意义上来说,连续型随机变量 X 的数学期望 $E(X)$ 就是曲线 $y=f(x)$ 与 x 轴之间平面图形的中心的横坐标,即 X 的平均值.

例 4 (1) 设连续型随机变量 X 服从 (a,b) 上的均匀分布,求 $E(X)$.

(2) 设连续型随机变量 X 服从参数为 $\theta(\theta>0)$ 的指数分布,求 $E(X)$.

解 (1) 由于均匀分布的概率密度为

$$f(x)=\begin{cases}\dfrac{1}{b-a}, & a<x<b,\\ 0, & \text{其他}.\end{cases}$$

因而

$$E(X)=\int_{-\infty}^{+\infty} xf(x)\mathrm{d}x=\int_a^b \frac{x}{b-a}\mathrm{d}x=\frac{b^2-a^2}{2(b-a)}=\frac{a+b}{2}.$$

(2) 由于指数分布的概率密度为

$$f(x)=\begin{cases}\dfrac{1}{\theta}\mathrm{e}^{-\frac{x}{\theta}}, & x>0,\\ 0, & x\leqslant 0.\end{cases}$$

因而

$$\begin{aligned}E(X)&=\int_{-\infty}^{+\infty} xf(x)\mathrm{d}x=\int_0^{+\infty}\frac{1}{\theta}x\mathrm{e}^{-x/\theta}\mathrm{d}x\\&=-x\mathrm{e}^{-x/\theta}\Big|_0^{+\infty}+\int_0^{+\infty}\mathrm{e}^{-x/\theta}\mathrm{d}x\\&=0-\theta\mathrm{e}^{-x/\theta}\Big|_0^{+\infty}=\theta.\end{aligned}$$

我们指出,不是所有的随机变量的数学期望都存在,例如

例 5 设连续型随机变量 X 服从柯西(Cauchy)分布,其概率密度为

$$f(x)=\frac{1}{\pi(1+x^2)}\quad(-\infty<x<+\infty).$$

由于积分 $\int_{-\infty}^{+\infty}\frac{|x|\mathrm{d}x}{\pi(1+x^2)}$ 发散,因而 X 的数学期望 $E(X)$ 不存在.

三、随机变量的函数的数学期望

定理1 设 $Y=g(X)$（g 是连续函数）为随机变量 X 的函数.

(1) 若 X 是离散型随机变量，它的分布律为 $p_k=P(X=x_k)$，$k=1,2,\cdots$，则当级数 $\sum\limits_{k=1}^{\infty}g(x_k)p_k$ 绝对收敛时，有

$$E(Y)=E[g(X)]=\sum_{k=1}^{\infty}g(x_k)p_k;$$

(2) 若 X 是连续型随机变量，它的概率密度为 $f(x)$，则当积分 $\int_{-\infty}^{+\infty}g(x)f(x)\mathrm{d}x$ 绝对收敛时，有

$$E(Y)=E[g(X)]=\int_{-\infty}^{+\infty}g(x)f(x)\mathrm{d}x.$$

（证明略.）

定理1告诉我们：当 Y 为随机变量 X 的函数时，要计算 $E(Y)$，可不必知道 Y 的分布，而只需知道 X 的分布就可以了.

例6 设离散型随机变量 X 的分布律为：

X	0	1	2	3
p_k	1/2	1/4	1/8	1/8

求 $E\left(\dfrac{1}{1+X}\right)$，$E(X^2)$.

解 $E\left(\dfrac{1}{1+X}\right)=\sum\limits_{k=0}^{3}\dfrac{1}{1+x_k}p_k=\dfrac{1}{1+0}\times\dfrac{1}{2}+\dfrac{1}{1+1}\times\dfrac{1}{4}+\dfrac{1}{1+2}\times\dfrac{1}{8}+\dfrac{1}{1+3}\times\dfrac{1}{8}=\dfrac{67}{96}$，

$E(X^2)=\sum\limits_{k=0}^{3}x_k^2p_k=0^2\times\dfrac{1}{2}+1^2\times\dfrac{1}{4}+2^2\times\dfrac{1}{8}+3^2\times\dfrac{1}{8}=\dfrac{15}{8}$.

定理2 设 $Z=g(X,Y)$（g 是连续函数）是二维随机变量 (X,Y) 的函数.

(1) 若 (X,Y) 是二维离散型随机变量，它的联合分布律为

$$p_{ij}=P(X=x_i,Y=y_j),\quad i,j=1,2,\cdots,$$

则当级数 $\sum\limits_{i=1}^{\infty}\sum\limits_{j=1}^{\infty}g(x_i,y_j)p_{ij}$ 绝对收敛时，有

$$E(Z)=E[g(X,Y)]=\sum_{i=1}^{\infty}\sum_{j=1}^{\infty}g(x_i,y_j)p_{ij}.$$

(2) 若 (X,Y) 是二维连续型随机变量，它的联合概率密度为 $f(x,y)$，则当积分 $\int_{-\infty}^{+\infty}\int_{-\infty}^{+\infty}g(x,y)f(x,y)\mathrm{d}x\mathrm{d}y$ 绝对收敛时，有

$$E(Z)=E[g(X,Y)]=\int_{-\infty}^{+\infty}\int_{-\infty}^{+\infty}g(x,y)\,f(x,y)\mathrm{d}x\mathrm{d}y.$$

(证明略.)

例 7 设二维离散型随机变量(X,Y)在点$(-1,-1)$,$(-1/2,-1/4)$,$(1/2,1/4)$,$(1,1)$取值的概率均为$1/4$,求$E(X)$,$E(X^2)$,$E(Y)$,$E(Y^2)$,$E(XY)$.

解 由定理1,可得

$$E(X)=-1\times\frac{1}{4}-\frac{1}{2}\times\frac{1}{4}+\frac{1}{2}\times\frac{1}{4}+1\times\frac{1}{4}=0,$$

$$E(X^2)=\frac{1}{4}+\frac{1}{16}+\frac{1}{16}+\frac{1}{4}=\frac{10}{16}=\frac{5}{8},$$

$$E(Y)=-1\times\frac{1}{4}-\frac{1}{4}\times\frac{1}{4}+\frac{1}{4}\times\frac{1}{4}+1\times\frac{1}{4}=0,$$

$$E(Y^2)=\frac{1}{4}+\frac{1}{64}+\frac{1}{64}+\frac{1}{4}=\frac{17}{32},$$

$$\begin{aligned}E(XY)&=(-1)\times(-1)\times\frac{1}{4}+\left(-\frac{1}{2}\right)\times\left(-\frac{1}{4}\right)\times\frac{1}{4}\\&\quad+\left(\frac{1}{2}\times\frac{1}{4}\right)\times\frac{1}{4}+1\times1\times\frac{1}{4}\\&=\frac{1}{4}\left(1+\frac{1}{8}+\frac{1}{8}+1\right)=\frac{9}{16}.\end{aligned}$$

例 8 设二维连续型随机变量(X,Y)的联合概率密度为

$$f(x,y)=\begin{cases}(x+y)/3, & 0\leqslant x\leqslant 2,0\leqslant y\leqslant 1,\\0, & \text{其他}.\end{cases}$$

求$E(X)$,$E(XY)$,$E(X^2+Y^2)$.

解 设区域D:$0\leqslant x\leqslant 2,0\leqslant y\leqslant 1$.由定理2,可得

$$E(X)=\iint_D xf(x,y)\mathrm{d}x\mathrm{d}y=\int_0^2 x\mathrm{d}x\int_0^1\frac{x+y}{3}\mathrm{d}y=\frac{1}{6}\int_0^2 x(2x+1)\mathrm{d}x=\frac{11}{9},$$

$$E(XY)=\iint_D xyf(x,y)\mathrm{d}x\mathrm{d}y=\int_0^2\mathrm{d}x\int_0^1 xy\frac{x+y}{3}\mathrm{d}y=\int_0^2\left(\frac{1}{6}x^2+\frac{1}{9}x\right)\mathrm{d}x=\frac{2}{3},$$

$$\begin{aligned}E(X^2+Y^2)&=\iint_D(x^2+y^2)f(x,y)\mathrm{d}x\mathrm{d}y\\&=\int_0^2 x^2\mathrm{d}x\int_0^1\frac{x+y}{3}\mathrm{d}y+\int_0^2\mathrm{d}x\int_0^1\frac{xy^2+y^3}{3}\mathrm{d}y=\frac{13}{6}.\end{aligned}$$

思考 $E(X)=\int_{-\infty}^{\infty}xf_X(x)\mathrm{d}x$ 的结果与上面的结果一样吗?

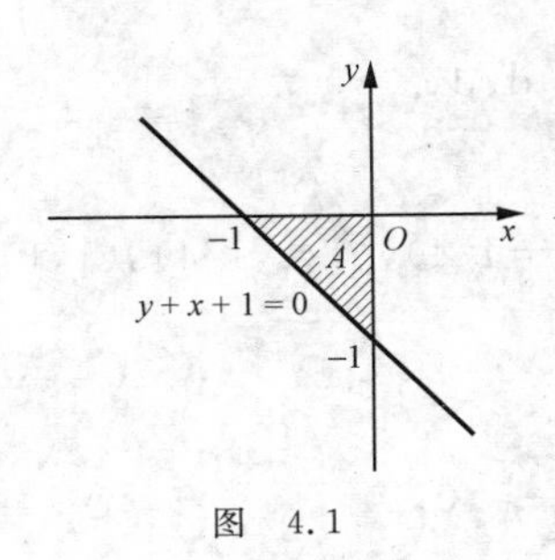

图 4.1

例 9 设二维随机变量(X,Y)在区域A上均匀分布,其中A为x轴,y轴和直线$x+y+1=0$所围成的区域,如图4.1所示.求$E(X),E(-3X+2Y),E(XY)$.

解 由条件知,(X,Y)的联合概率密度为

$$f(x,y)=\begin{cases}2, & (x,y)\in A,\\0, & \text{其他}.\end{cases}$$

由定理2知

$$E(X)=\int_{-\infty}^{\infty}\mathrm{d}x\int_{-\infty}^{\infty}xf(x,y)\mathrm{d}y=\int_{-1}^{0}\mathrm{d}x\int_{-1-x}^{0}x\cdot 2\mathrm{d}y=-\frac{1}{3},$$

$$E(-3X+2Y)=\int_{-1}^{0}\mathrm{d}x\int_{-1-x}^{0}2(-3x+2y)\mathrm{d}y=\frac{1}{3},$$

$$E(XY)=\int_{-\infty}^{\infty}\mathrm{d}x\int_{-\infty}^{\infty}xyf(x,y)\mathrm{d}y=\int_{-1}^{0}\mathrm{d}x\int_{-1-x}^{0}x\cdot 2y\mathrm{d}y=\frac{1}{12}.$$

例 10 对产品进行抽样检查,只要发现废品就认为这批产品不合格,并结束抽样.若抽样到第n件仍未发现废品,则认为这批产品合格.假设产品数量很大,抽查到废品的概率是p,试求平均需抽查的件数.

解 设X为停止检查时抽样的件数,则X的可能取值为$1,2,\cdots,n$,且

$$P(X=k)=\begin{cases}q^{k-1}p, & k=1,2,\cdots,n-1,\\q^{n-1}, & k=n,\end{cases}$$

其中$q=1-p$.于是平均需抽查的件数即为如下数学期望:

$$\begin{aligned}E(X)&=\sum_{k=1}^{n-1}kq^{k-1}p+nq^{n-1}=\sum_{k=1}^{n-1}kq^{k-1}-\sum_{k=1}^{n-1}kq^{k}+nq^{n-1}\\&=[1+2q+3q^2+\cdots+(n-1)q^{n-2}]\\&\quad-[q+2q^2+\cdots+(n-2)q^{n-2}+(n-1)q^{n-1}]+nq^{n-1}\\&=1+q+q^2+\cdots+q^{n-1}=\frac{1-q^n}{1-q}=\frac{1-(1-p)^n}{p}.\end{aligned}$$

四、数学期望的性质

由数学期望的定义,可得到数学期望的性质.

(1) 设c是常数,则有$E(c)=c$.一般地,若a,b是常数,且$a\leqslant X\leqslant b$,则$a\leqslant E(X)\leqslant b$.

(2) 设随机变量X的数学期望$E(X)$存在,c是常数,则有$E(cX)=cE(X)$.

(3) 设随机变量X,Y的数学期望$E(X),E(Y)$都存在,则有$E(X+Y)=E(X)+E(Y)$(该性质可推广到有限个随机变量之和的情况).

(4) 设随机变量X,Y相互独立,且$E(X),E(Y)$存在,则有$E(XY)=E(X)E(Y)$(该性质可推广到有限个随机变量之积的情况).

性质(1),(2)由读者自己证明.我们来证明性质(3)和(4),仅就连续型的情形给出证明,离散型的情形类似可证.

证 设二维连续型随机变量(X,Y)的联合概率密度为$f(x,y)$,其边缘概率密度分别为$f_X(x)$,$f_Y(y)$,则

$$\begin{aligned}E(X+Y)&=\int_{-\infty}^{+\infty}\int_{-\infty}^{+\infty}(x+y)f(x,y)\mathrm{d}x\mathrm{d}y\\&=\int_{-\infty}^{+\infty}\int_{-\infty}^{+\infty}xf(x,y)\mathrm{d}x\mathrm{d}y+\int_{-\infty}^{+\infty}\int_{-\infty}^{+\infty}yf(x,y)\mathrm{d}x\mathrm{d}y\\&=E(X)+E(Y).\end{aligned}$$

性质3得证.

又若X和Y相互独立,此时$f(x,y)=f_X(x)f_Y(y)$,故有

$$\begin{aligned}E(XY)&=\int_{-\infty}^{+\infty}\int_{-\infty}^{+\infty}xyf(x,y)\mathrm{d}x\mathrm{d}y\\&=\left[\int_{-\infty}^{+\infty}xf_X(x)\mathrm{d}x\right]\left[\int_{-\infty}^{+\infty}yf_Y(y)\mathrm{d}y\right]=E(X)E(Y).\end{aligned}$$

性质4得证.

例11 一单位送客车载有25位职工自单位开出,路上有9个停车点可以下车,如到达一个停车点没有职工下车就不停车.以X(单位:次)表示停车次数,求$E(X)$.(假设每位职工在各个停车点下车是等可能的,并且设各个职工在各个停车点是否下车相互独立.)

解 为使问题简化,引入随机变量

$$X_i=\begin{cases}0, & 在第\ i\ 个停车点无人下车,\\1, & 在第\ i\ 个停车点有人下车,\end{cases}\quad i=1,2,\cdots,9,$$

则$X=X_1+X_2+\cdots+X_9$.依题意,任一职工在第i个停车点不下车的概率为$\frac{8}{9}$,因此25位职工在第i个停车点不下车的概率为$\left(\frac{8}{9}\right)^{25}$,在第$i$个停车点有人下车的概率为$1-\left(\frac{8}{9}\right)^{25}$,即有分布律

$$P(X_i=0)=\left(\frac{8}{9}\right)^{25},\quad P(X_i=1)=1-\left(\frac{8}{9}\right)^{25},\quad i=1,2,\cdots,9.$$

于是

$$E(X_i)=1-\left(\frac{8}{9}\right)^{25},\quad i=1,2,\cdots,9,$$

从而

$$\begin{aligned}E(X)&=E(X_1+X_2+\cdots+X_9)=E(X_1)+E(X_2)+\cdots+E(X_9)\\&=9\left[1-\left(\frac{8}{9}\right)^{25}\right]\approx 8.53(次).\end{aligned}$$

注 本例题的方法之妙在于,先将随机变量 X 分解成数个随机变量之和,然后利用数学期望的性质(3)(随机变量和的数学期望等于随机变量的数学期望和)来求数学期望.

习 题 4.1

1. 设随机变量 X 的分布函数为 $F(x)=\begin{cases}0, & x<0,\\ x^3, & 0\leqslant x<1,\\ 1, & x\geqslant 1,\end{cases}$ 则 $E(X)=$______.

2. 设火炮连续向目标射击 n 发炮弹,每发炮弹命中的概率为 p,则炮弹命中数 X 的数学期望 $E(X)$是______.

3. 设离散型随机变量 X 的分布律为

X	-2	0	2
p_k	0.4	0.3	0.3

求 $E(X)$,$E(X^2)$,$E(3X^2+5)$.

4. 设离散型随机变量 X 的分布律为 $P\left(X=(-1)^{k+1}\dfrac{3^k}{k}\right)=\dfrac{2}{3^k}$,$k=1,2,\cdots$. 证明 $E(X)$ 不存在.

5. 设连续型随机变量 X 的概率密度为 $f(x)=\dfrac{1}{2}\mathrm{e}^{-|x|}\ (-\infty<x<+\infty)$,求 $E(X)$,$E(X^2)$.

6. 设在某时间间隔内,某电气设备用于最大负荷的时间 X(单位:分)是一个连续型随机变量,其概率密度为

$$f(x)=\begin{cases}\dfrac{1}{1500^2}x, & 0\leqslant x\leqslant 1500,\\ \dfrac{1}{1500^2}(3000-x), & 1500<x\leqslant 3000,\\ 0, & \text{其他}.\end{cases}$$

求 $E(X)$.

7. 某产品的次品率为 0.1,检验员每天检查 4 次,每次随机抽取 10 件产品进行检验,如发现其中的次品数多于 1 件,就去调整设备. 以 X 表示一天中调整设备的次数,试求 $E(X)$.

8. 已知二维离散型随机变量(X,Y)的联合分布律为

Y \ X	1	2	3
-1	0.2	0.1	0
0	0.1	0	0.3
1	0.1	0.1	0.1

(1) 求 $E(X)$,$E(Y)$； (2) 设 $Z=\dfrac{Y}{X}$,求 $E(Z)$； (3) 设 $Z=(X-Y)^2$,求 $E(Z)$.

9. 设二维连续型随机变量(X,Y)在区域 A 上服从均匀分布,其中 A 为 x 轴、y 轴和直线 $x+\dfrac{y}{2}=1$ 所围成的区域.求 $E(X)$,$E(Y)$,$E(XY)$.

10. 设二维连续型随机变量(X,Y)的联合概率密度为

$$f(x,y)=\begin{cases}12y^2, & 0\leqslant y\leqslant x\leqslant 1,\\ 0, & \text{其他}.\end{cases}$$

求 $E(X)$,$E(Y)$,$E(XY)$,$E(X^2+Y^2)$.

11. r 个乘客在楼的底层进入电梯,楼上有 n 层,每个乘客在任一层下电梯的概率相同.如果某一层无乘客下电梯,电梯就不停.求直到乘客都下完时,电梯停的次数 X 的数学期望 $E(X)$.

12. Let X be the random variable that denotes the life in house of certain electronic device. The probability density function is $f(x)=\begin{cases}\dfrac{20,000}{x^3}, & x>100,\\ 0, & \text{else}.\end{cases}$ Find the expected life of this type of device.

13. Let X be a random variable with density function $f(x)=\begin{cases}\dfrac{x^2}{3}, & -1<x<2,\\ 0, & \text{else}.\end{cases}$ Find the expected value of $g(X)=4X+3$.

§4.2 方差及其计算

在本章开始时,曾提到在检验棉花的质量时,既要注意纤维的平均长度,还要注意纤维长度与平均长度的偏离程度.用随机变量的数学期望可以得到平均长度,那么,用怎样的量去度量这个偏离程度呢?用 $E[X-E(X)]$来描述是不行的,因为这时正负偏差会抵消;用 $E|E[X-E(X)]|$ 来描述原则上是可以的,但有绝对值不便计算.因此,通常用 $E[(X-E(X))^2]$来描述随机变量与均值的偏离程度.

一、方差的定义

定义 1 设 X 是随机变量，若 $E\{[X-E(X)]^2\}$ 存在，就称其为 X 的**方差**(variance)，记为 $D(X)$（或 $\mathrm{Var}(X)$），即

$$D(X)=E\{[X-E(X)]^2\}.$$

称 $\sqrt{D(X)}$ 为**均方差**或**标准差**(standard deviation)，记为 $\sigma(X)$.

由定义知，随机变量 X 的方差 $D(X)$ 描述了 X 在其数学期望 $E(X)$ 的附近取值的分散程度，取值越分散，则方差 $D(X)$ 越大；取值越集中，则方差 $D(X)$ 越小.

二、方差的计算

根据方差的定义，我们自然得到下面两个计算方差的公式：

(1) 若 X 是离散型随机变量，分布律为 $p_k=P(X=x_k)$，$k=1,2,\cdots$，则当级数 $\sum\limits_{k=1}^{\infty}[x_k-E(X)]^2p_k$ 收敛时，有

$$D(X)=\sum_{k=1}^{\infty}[x_k-E(X)]^2p_k.$$

(2) 若 X 是连续型随机变量，概率密度为 $f(x)$，则当积分 $\int_{-\infty}^{+\infty}[x-E(X)]^2f(x)\mathrm{d}x$ 收敛时，有

$$D(X)=\int_{-\infty}^{+\infty}[x-E(X)]^2f(x)\mathrm{d}x.$$

在实际使用中，经常使用下面比较简便的公式来计算方差：

$$D(X)=E(X^2)-[E(X)]^2.$$

公式的证明如下：由方差的定义及数学期望的性质，可得

$$\begin{aligned}D(X)&=E\{[X-E(X)]^2\}=E\{X^2-2XE(X)+[E(X)]^2\}\\&=E(X^2)-2E(X)E(X)+[E(X)]^2\\&=E(X^2)-[E(X)]^2.\end{aligned}$$

例 1 假设有 10 只同种电器元件，其中有两只是废品，从这批元件中任取一只，如果是废品，则扔掉重新取一只，若仍是废品，则扔掉再取一只. 试求在取到正品之前，已取出的废品数的数学期望和方差.

解 设 X 为已取出的废品数，则 X 的分布律为

X	0	1	2
p_k	8/10	2/10×8/9	2/10×1/9×8/8

，即

X	0	1	2
p_k	4/5	8/45	1/45

.

所以

$$E(X)=\frac{8}{45}+\frac{2}{45}=\frac{2}{9},\quad E(X^2)=\frac{8}{45}+\frac{4}{45}=\frac{4}{15},$$

$$D(X)=E(X^2)-[E(X)]^2=\frac{4}{15}-\frac{4}{81}=\frac{88}{405}.$$

例 2 设离散型随机变量 X 服从参数为 λ 的泊松分布，求 $D(X)$.

解 由于泊松分布的分布律为 $p_k=\frac{\lambda^k}{k!}e^{-\lambda}$. 上节已求得

$$E(X)=\lambda,$$

$$E(X^2)=\sum_{k=1}^{\infty}k^2\frac{\lambda^k}{k!}e^{-\lambda}=\lambda\sum_{k=1}^{\infty}\frac{k\lambda^{k-1}}{(k-1)!}e^{-\lambda}=\lambda e^{-\lambda}\sum_{k=0}^{\infty}\frac{(k+1)\lambda^k}{k!}$$

$$=\lambda e^{-\lambda}\sum_{k=0}^{\infty}\frac{k\lambda^k}{k!}+\lambda e^{-\lambda}\sum_{k=0}^{\infty}\frac{\lambda^k}{k!}=\lambda e^{-\lambda}(\lambda e^{\lambda}+e^{\lambda})=\lambda^2+\lambda.$$

故

$$D(X)=E(X^2)-[E(X)]^2=\lambda^2+\lambda-\lambda^2=\lambda.$$

例 3 设连续型随机变量 X 服从 (a,b) 上的均匀分布，求 $D(X)$.

解 由于均匀分布的概率密度为 $f(x)=\begin{cases}\frac{1}{b-a}, & a<x<b,\\ 0, & \text{其他}.\end{cases}$ 上节已求得

$$E(X)=\frac{a+b}{2},$$

又

$$E(X^2)=\int_{-\infty}^{+\infty}x^2f(x)\,dx=\int_a^b\frac{x^2}{b-a}\,dx=\frac{b^3-a^3}{3(b-a)}=\frac{b^2+ab+a^2}{3}.$$

故

$$D(X)=E(X^2)-[E(X)]^2=\frac{b^2+ab+a^2}{3}-\left(\frac{a+b}{2}\right)^2=\frac{(b-a)^2}{12}.$$

例 4 设连续型随机变量 X 服从参数为 θ 的指数分布，求 $D(X)$.

解 由于指数分布的概率密度为 $f(x)=\begin{cases}\frac{1}{\theta}e^{-\frac{x}{\theta}}, & x>0,\\ 0, & x\leqslant 0.\end{cases}$ 上节已求得

$$E(X)=\theta,$$

又

$$E(X^2)=\int_{-\infty}^{+\infty}x^2f(x)\,dx=\int_0^{+\infty}\frac{1}{\theta}x^2e^{-\frac{x}{\theta}}\,dx$$

$$=-\int_0^{+\infty}x^2\,de^{-\frac{x}{\theta}}=-x^2e^{-\frac{x}{\theta}}\Big|_0^{+\infty}+\int_0^{+\infty}2xe^{-\frac{x}{\theta}}\,dx$$

$$=-2\theta\int_0^{+\infty}x\mathrm{d}e^{-\frac{x}{\theta}}=-2\theta x e^{-\frac{x}{\theta}}\Big|_0^{+\infty}+2\theta\int_0^{+\infty}e^{-\frac{x}{\theta}}\mathrm{d}x$$

$$=-2\theta^2 e^{-\frac{x}{\theta}}\Big|_0^{+\infty}=2\theta^2.$$

故

$$D(X)=E(X^2)-[E(X)]^2=2\theta^2-\theta^2=\theta^2.$$

例 5 设连续型随机变量 X 服从标准正态分布,求 $E(X)$,$D(X)$.

解 由于标准正态分布的概率密度为 $f(x)=\frac{1}{\sqrt{2\pi}}e^{-\frac{x^2}{2}}$,此为偶函数,由对称性知

$$E(X)=\int_{-\infty}^{+\infty}xf(x)\mathrm{d}x=0.$$

又

$$E(X^2)=2\int_0^{+\infty}x^2f(x)\mathrm{d}x=\frac{2}{\sqrt{2\pi}}\int_0^{+\infty}x^2e^{-\frac{x^2}{2}}\mathrm{d}x$$

$$=\frac{2}{\sqrt{2\pi}}\left(-xe^{-\frac{x^2}{2}}\Big|_0^{+\infty}+\int_0^{+\infty}e^{-\frac{x^2}{2}}\mathrm{d}x\right)=1,$$

故

$$D(X)=E(X^2)-(E(X))^2=1-0=1.$$

三、方差的性质

根据数学期望的定义与性质及方差的定义,不难推出方差的如下性质:

(1) 设 c 是常数,则有 $D(c)=0$;

(2) 若随机变量 X 的方差 $D(X)$ 存在,c 是常数,则有

$$D(cX)=c^2D(X),\quad D(X+c)=D(X);$$

(3) 设随机变量 X,Y 的方差 $D(X),D(Y)$ 都存在,则

$$D(X\pm Y)=D(X)+D(Y)\pm 2E\{[X-E(X)][Y-E(Y)]\};$$

(4) 在性质(3)中,若随机变量 X,Y 相互独立,则

$$D(X\pm Y)=D(X)+D(Y),$$

更一般地,若 $X_1,X_2,\cdots,X_n$ 是相互独立的随机变量,$c_i(i=1,2,\cdots,n)$ 是常数,则

$$D\left(\sum_{i=1}^n c_iX_i\right)=\sum_{i=1}^n c_i^2D(X_i);$$

(5) 随机变量 X 的方差 $D(X)=0$ 的充分必要条件是随机变量 X 以概率 1 取某一常数 c,即

$$P(X=c)=1.$$

例 6 设离散型随机变量 X 服从二项分布 $B(n,p)$,求 $E(X)$,$D(X)$.

解 由二项分布的定义知 X 是 n 重伯努利试验中事件 A 发生的次数，且每次试验中事件 A 发生的概率为 p. 为使问题简化，引入随机变量

$$X_k=\begin{cases}1, & A\text{ 在第 }k\text{ 次试验中发生},\\ 0, & A\text{ 在第 }k\text{ 次试验中不发生},\end{cases}\quad k=1,2,\cdots,n.$$

易知

$$X=X_1+X_2+\cdots+X_n,$$

且 $X_1,X_2,\cdots,X_n$ 独立同分布，X_k 的分布律均为

$$P(X_k=1)=p,\quad P(X_k=0)=1-p,\quad k=1,2,\cdots,n.$$

那么 $X=X_1+X_2+\cdots+X_n$ 服从 $B(n,p)$.

因为 $X_k(k=1,\cdots,n)$ 的数学期望和方差分别为

$$E(X_k)=1\cdot p+0\cdot(1-p)=p,$$
$$D(X_k)=E(X_k^2)-[E(X_k)]^2=1^2\times p+0^2\times(1-p)-p^2=p(1-p),$$

所以

$$E(X)=\sum_{k=1}^{n}E(X_i)=\sum_{k=1}^{n}p=np,$$
$$D(X)=\sum_{k=1}^{n}D(X_k)=np(1-p).$$

注 如果直接求 X 的数学期望与方差，需要更多的技巧和更大的计算量，请读者尝试.

例 7 设连续型随机变量 $X\sim N(\mu,\sigma^2)$，求 $E(X)$，$D(X)$.

解 将 X 标准化，有 $Z=\dfrac{X-\mu}{\sigma}\sim N(0,1)$，而由例 5 知 $E(Z)=0$，$D(Z)=1$，故由数学期望与方差的性质得

$$E(X)=E(\mu+\sigma Z)=\mu,$$
$$D(X)=D(\mu+\sigma Z)=\sigma^2D(Z)=\sigma^2.$$

注 一般而言，对任意非常数的随机变量 X，如果 $E(X)$，$D(X)$ 存在，则随机变量 $Z=\dfrac{X-E(X)}{\sqrt{D(X)}}$ 的数学期望为 0，方差为 1，称 Z 为 X 的**标准化随机变量**. 随机变量被标准化后，为研究随机变量的性质、计算及其在数理统计中的应用都带来很大方便.

例 8 设二维连续型随机变量 (X,Y) 的概率密度为 $f(x,y)=\begin{cases}1, & |y|\leqslant x,0\leqslant x\leqslant 1,\\ 0, & \text{其他}.\end{cases}$ 求 $D(X)$ 及 $D(Y)$.

解 记 A：$|y|\leqslant x,0\leqslant x\leqslant 1$（见图 4.2），则

$$E(X)=\iint_A xf(x,y)\mathrm{d}x\mathrm{d}y=\int_0^1 x\mathrm{d}x\int_{-x}^{x}\mathrm{d}y=\int_0^1 2x^2\mathrm{d}x=\frac{2}{3},$$

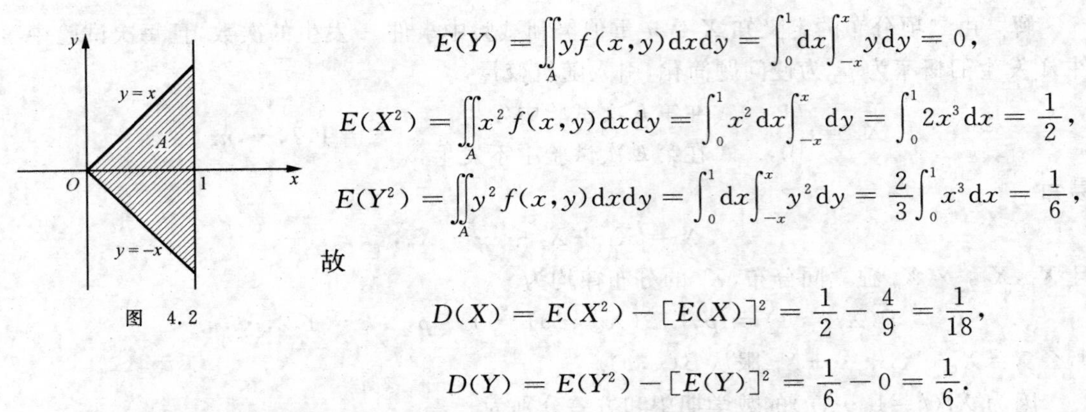

图　4.2

$$E(Y)=\iint_A yf(x,y)\mathrm{d}x\mathrm{d}y=\int_0^1\mathrm{d}x\int_{-x}^{x}y\mathrm{d}y=0,$$

$$E(X^2)=\iint_A x^2f(x,y)\mathrm{d}x\mathrm{d}y=\int_0^1 x^2\mathrm{d}x\int_{-x}^{x}\mathrm{d}y=\int_0^1 2x^3\mathrm{d}x=\frac{1}{2},$$

$$E(Y^2)=\iint_A y^2f(x,y)\mathrm{d}x\mathrm{d}y=\int_0^1\mathrm{d}x\int_{-x}^{x}y^2\mathrm{d}y=\frac{2}{3}\int_0^1 x^3\mathrm{d}x=\frac{1}{6},$$

故

$$D(X)=E(X^2)-[E(X)]^2=\frac{1}{2}-\frac{4}{9}=\frac{1}{18},$$

$$D(Y)=E(Y^2)-[E(Y)]^2=\frac{1}{6}-0=\frac{1}{6}.$$

例 9　设连续型随机变量 X,Y 均服从$[0,1]$上的均匀分布，且相互独立. 求 $E|X-Y|$，$D|X-Y|$.

解　由已知条件知

$$f_X(x)=1\quad(0<x<1),$$
$$f_Y(y)=1\quad(0<y<1),$$
$$f(x,y)=1\quad(A:0<x<1,0<y<1,\text{见图 4.3}),$$

图　4.3

故

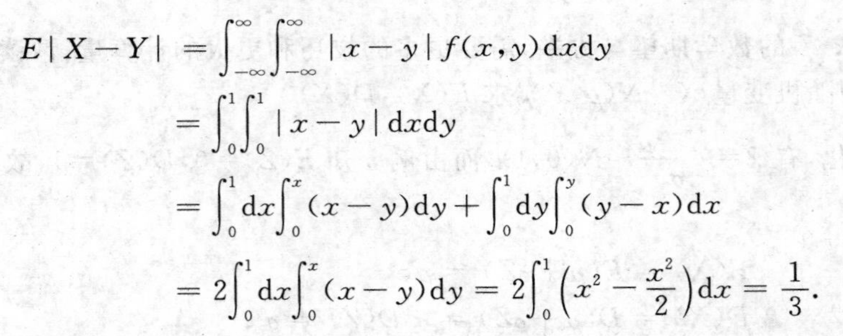

$$\begin{aligned}E|X-Y|&=\int_{-\infty}^{\infty}\int_{-\infty}^{\infty}|x-y|f(x,y)\mathrm{d}x\mathrm{d}y\\&=\int_0^1\int_0^1|x-y|\mathrm{d}x\mathrm{d}y\\&=\int_0^1\mathrm{d}x\int_0^x(x-y)\mathrm{d}y+\int_0^1\mathrm{d}y\int_0^y(y-x)\mathrm{d}x\\&=2\int_0^1\mathrm{d}x\int_0^x(x-y)\mathrm{d}y=2\int_0^1\left(x^2-\frac{x^2}{2}\right)\mathrm{d}x=\frac{1}{3}.\end{aligned}$$

类似地，可得

$$\begin{aligned}E|X-Y|^2&=\int_{-\infty}^{\infty}\int_{-\infty}^{\infty}|x-y|^2f(x,y)\mathrm{d}x\mathrm{d}y=\int_0^1\int_0^1|x-y|^2\mathrm{d}x\mathrm{d}y\\&=\int_0^1\int_0^1(x-y)^2\mathrm{d}x\mathrm{d}y=\int_0^1\int_0^1(x^2-2xy+y^2)\mathrm{d}x\mathrm{d}y=\frac{1}{6}.\end{aligned}$$

所以

$$D|X-Y|=E|X-Y|^2-(E|X-Y|)^2=\frac{1}{6}-\left(\frac{1}{3}\right)^2=\frac{1}{18}.$$

四、切比雪夫不等式

下面介绍一个与数学期望、方差有关的重要不等式.

定理 1 设随机变量 X 的数学期望 $E(X)$ 及方差 $D(X)$ 存在,则对于任意正数 ε,不等式

$$P(|X-E(X)|\geqslant\varepsilon)\leqslant\frac{D(X)}{\varepsilon^2},\ \text{或}\ P(|X-E(X)|<\varepsilon)\geqslant 1-\frac{D(X)}{\varepsilon^2}$$

成立. 我们称该不等式为**切比雪夫**(Chebyshev)**不等式**.

证 我们仅对连续型的随机变量进行证明. 设 $f(x)$ 为连续型随机变量 X 的概率密度,记 $E(X)=\mu,D(X)=\sigma^2$,则

$$\begin{aligned}P(|X-E(X)|\geqslant\varepsilon)&=\int_{|x-\mu|\geqslant\varepsilon}f(x)\mathrm{d}x\leqslant\int_{|x-\mu|\geqslant\varepsilon}\frac{(x-\mu)^2}{\varepsilon^2}f(x)\mathrm{d}x\\&\leqslant\frac{1}{\varepsilon^2}\int_{-\infty}^{+\infty}(x-\mu)^2f(x)\mathrm{d}x\leqslant\frac{1}{\varepsilon^2}\times\sigma^2=\frac{D(X)}{\varepsilon^2}.\end{aligned}$$

从定理中看出,如果方差 $D(X)$ 越小,那么随机变量 X 取值于开区间 $(E(X)-\varepsilon,E(X)+\varepsilon)$ 中的概率就越大. 这就说明,方差是一个反映随机变量的概率分布对其**分布中心**(distribution center)($E(X)$)的集中程度的数量指标.

利用切比雪夫不等式,我们可以在随机变量 X 的分布未知的情况下,估算事件 $\{|X-E(X)|<\varepsilon\}$ 的概率.

例 10 已知某班某门课的平均成绩为 80 分,标准差为 10 分,试估计及格率.

解 设 X 表示"任抽一学生的成绩",则

$$P(60\leqslant X\leqslant 100)=P(|X-80|\leqslant 20)\geqslant P(|X-80|<20)\geqslant 1-\frac{10^2}{20^2}=75\%.$$

即及格率不低于 75%.

*五、条件数学期望与方差

我们曾经引进条件分布函数的概念,现在介绍条件数学期望与条件方差的概念,条件数学期望在预测问题中起重要作用.

为了方便起见,我们对二维连续型随机变量 (X,Y) 进行讨论,假定它们具有联合概率密度 $f(x,y)$,并以 $f_{Y|X}(y|x)$ 记已知 $X=x$ 的条件下,Y 的条件概率密度.

定义 2 在 $X=x$ 的条件下,若积分 $\int_{-\infty}^{+\infty}yf_{Y|X}(y|x)\mathrm{d}y$ 绝对收敛,则 Y 的**条件数学期望**为

$$E(Y|X=x)=\int_{-\infty}^{+\infty}yf_{Y|X}(y|x)\mathrm{d}y;$$

若积分 $\int_{-\infty}^{+\infty}[y-E(Y|X=x)]^2f_{Y|X}(y|x)\mathrm{d}y$ 收敛,则 Y 的**条件方差**为

$$D(Y|X=x)=\int_{-\infty}^{+\infty}[y-E(Y|X=x)]^2f_{Y|X}(y|x)\mathrm{d}y.$$

类似地,在 $Y=y$ 的条件下,若积分 $\int_{-\infty}^{+\infty}xf_{X|Y}(x|y)\mathrm{d}x$ 绝对收敛,则 X 的**条件数学期望**为

$$E(X|Y=y)=\int_{-\infty}^{+\infty} x f_{X|Y}(x|y)\mathrm{d}x;$$

若积分 $\int_{-\infty}^{+\infty}[x-E(X|Y=y)]^2 f_{X|Y}(x|y)\mathrm{d}x$ 收敛,则 X 的**条件方差**为

$$D(X|Y=y)=\int_{-\infty}^{+\infty}[x-E(X|Y=y)]^2 f_{X|Y}(x|y)\mathrm{d}x.$$

对于二维离散型随机变量,也有类似的定义,在 $X=x_i$ 的条件下,若级数 $\sum_j y_j P(Y=y_j|X=x_i)$ 绝对收敛,则 Y 的**条件数学期望**为

$$E(Y|X=x_i)=\sum_j y_j P(Y=y_j|X=x_i)=\sum_j y_j \frac{p_{ij}}{p_{i\cdot}}.$$

类似地,X 的**条件数学期望**为

$$E(X|Y=y_j)=\sum_i x_i P(X=x_i|Y=y_j)=\sum_i x_i \frac{p_{ij}}{p_{\cdot j}}.$$

例 11 某射击手进行射击,每次击中目标的概率为 $p(0<p<1)$,射击进行到击中目标两次时停止. 令 X 表示第一次击中目标时的射击次数,Y 表示第二次击中目标时的射击次数. 试求联合分布律 p_{ij},条件分布律 $p_{i|j}$,$p_{j|i}$及条件数学期望 $E(X|Y=n)$.

解 据题意知

$$p_{ij}=P(X=i,Y=j)=p^2q^{j-2},\quad 1\leqslant i<j,\quad j=2,3,\cdots,$$

其中 $q=1-p$. 又

$$p_{i\cdot}=\sum_{j=i+1}^{\infty}p_{ij}=\sum_{j=i+1}^{\infty}p^2q^{j-2}=\frac{p^2q^{i-1}}{1-q}=pq^{i-1},\quad i=1,2,\cdots,$$

$$p_{\cdot j}=\sum_{i=1}^{j-1}p_{ij}=\sum_{i=1}^{j-1}p^2q^{j-2}=(j-1)p^2q^{j-2},\ j=2,3,\cdots.$$

于是条件分布律为

$$p_{i|j}=\frac{p_{ij}}{p_{\cdot j}}=\frac{p^2q^{j-2}}{(j-1)p^2q^{j-2}}=\frac{1}{j-1},\quad 1\leqslant i<j,\quad j=2,3,\cdots,$$

$$p_{j|i}=\frac{p_{ij}}{p_{i\cdot}}=\frac{p^2q^{j-2}}{pq^{i-1}}=pq^{j-i-1},\quad j>i,\quad i=1,2,\cdots.$$

这时

$$E(X|Y=n)=\sum_{i=1}^{n-1}ip_{i|n}=\sum_{i=1}^{n-1}i\cdot\frac{1}{n-1}=\frac{n}{2}.$$

在这个例子中,条件数学期望 $E(X|Y=n)$的意义是很直观的. 如果已知第二次击中发生在第 n 次射击,那么第一次击中可能发生在第 $1,\cdots,n-1$ 次,并且发生在第 i 次的概率都是$\frac{1}{n-1}$,因为 $p_{i|n}=\frac{1}{n-1}$,$i=1,\cdots,n-1$. 也就是说,在已知 $Y=n$ 的条件下,X 取值为 $1,\cdots,$

$n-1$ 是等可能的,从而它的数学期望为$\frac{n}{2}$.

生活中经常遇到条件数学期望与条件方差的情况,如若用 X 表示中国人的年收入,则 $E(X)$表示中国人的平均年收入;再用 Y 表示受教育的年限,则 $E(X|Y=y)$表示受过 y 年教育的中国人群的平均年收入.又如我国警察在破案中经常用到经验公式

$$E(X \mid Y = y) = 6.876y$$

表示足长为 y 的成年人的平均身高.

条件数学期望具有与普通数学期望相类似的性质,例如有

(1) 若 $a \leqslant X \leqslant b$,且 $E(X|Y=b_j)$存在,则有 $a \leqslant E(X|Y=b_j) \leqslant b$;

(2) 若 k_1, k_2 是两个常数,又 $E(X_1|Y=b_j)$,$E(X_2|Y=b_j)$存在,则

$$E(k_1X_1 + k_2X_2 \mid Y = b_j) = k_1E(X_1 \mid Y = b_j) + k_2E(X_2 \mid Y = b_j).$$

这是在固定 $Y=b_j$ 的条件下考察条件数学期望的性质,由条件数学期望的定义可知,对于 Y 的每一个可能的取值 $b_j(j=1,2\cdots)$就有一个确定的实数 $E(X|Y=b_j)$与之对应.

本节最后,我们不加证明地给出以下公式:

定理 2(重期望公式) 设(X,Y)是二维随机变量,且 $E(X)$存在,则

$$E(X) = E[E(X \mid Y = y)].$$

它的两个具体应用如下:

(1) 当 Y 是一个离散型随机变量时,$E(X) = \sum_j P(Y = y_j)E(X \mid Y = y_j)$;

(2) 当 Y 是一个连续型随机变量时,$E(X) = \int_{-\infty}^{+\infty} f_Y(y)E(X \mid Y = y)\mathrm{d}y$.

习 题 4.2

1. 设随机变量 X 服从泊松分布,且 $P(X=1)=P(X=2)$,则 $E(X)=$______,$D(X)=$______.

2. 已知连续型随机变量 X 的概率密度为$f(x)=\frac{1}{\sqrt{\pi}}\mathrm{e}^{-x^2+2x-1}$,则 $E(X)=$______,$D(X)=$______.

3. 若连续型随机变量 X 服从数学期望 $E(X)=2$,方差 $D(X)=\sigma^2$ 的正态分布,且 $P(2<X<4)=0.3$,则 $P(X<0)=$______.

4. 设连续型随机变量 X 服从参数为 1 的指数分布,则 $E(X+\mathrm{e}^{-2X})=$______.

5. 设某大学 30%的学生是女生,在一个由 40 个学生组成的班级中,女生人数的数学期望为______,方差为______.

6. 设连续型随机变量 X 和 Y 相互独立,且 X 服从数学期望 $E(X)=1$,方差 $D(X)=2$ 的正态分布,Y 服从标准正态分布,则 $Z=2X-Y+3$ 的概率密度为______.

7. 已知100件产品中有10件次品,求任意取出的5件产品中,次品数的数学期望与方差.

8. 把4个球随机地投入4个盒子中去,设X表示"空盒子的个数",求$E(X)$,$D(X)$.

9. 设连续型随机变量X分别具有下列概率密度,求其数学期望和方差.

(1) $f(x)=\frac{1}{2}e^{-|x|}$; (2) $f(x)=\begin{cases}1-|x|, & |x|\leqslant 1,\\ 0, & |x|>1;\end{cases}$

(3) $f(x)=\begin{cases}\frac{15}{16}x^2(x-2)^2, & 0\leqslant x\leqslant 2,\\ 0, & \text{其他};\end{cases}$ (4) $f(x)=\begin{cases}x, & 0\leqslant x<1,\\ 2-x, & 1\leqslant x\leqslant 2,\\ 0, & \text{其他}.\end{cases}$

10. 设连续型随机变量X的概率密度为$f(x)=\begin{cases}ax, & 0<x<2,\\ cx+b, & 2\leqslant x\leqslant 4,\\ 0, & \text{其他}.\end{cases}$又已知$E(X)=2$,$P(1<X<3)=\frac{3}{4}$.求

(1) a,b,c的值; (2) 随机变量$Y=e^X$的数学期望和方差.

11. 设X为随机变量,c是常数.证明:$D(X)\leqslant E[(X-c)^2]$,等号何时成立?

12. 设连续型随机变量X的概率密度为$f(x)=\begin{cases}\frac{1}{2}\cos\frac{x}{2}, & 0\leqslant x\leqslant \pi,\\ 0 & \text{其他},\end{cases}$对$X$重复独立的观察4次,用$Y$表示"观察值大于$\frac{\pi}{3}$的次数".求$Y^2$的数学期望.

13. 设两个连续型随机变量X,Y相互独立,都服从正态分布$N\left(0,\frac{1}{2}\right)$.求$D(|X-Y|)$.

14. 设离散型随机变量X服从几何分布,其分布律为

$$P(X=k)=p(1-p)^{k-1},\quad k=1,2,\cdots,$$

其中$0<p<1$.求$E(X)$,$D(X)$.

15. 设$X_1,X_2,\cdots,X_n$是相互独立的随机变量,且$E(X_i)=\mu$,$D(X_i)=\sigma^2$,$i=1,2,\cdots,n$,记

$$\overline{X}=\frac{1}{n}\sum_{i=1}^{n}X_i,\quad S^2=\frac{1}{n-1}\sum_{i=1}^{n}(X_i-\overline{X})^2.$$

试证明

(1) $E(\overline{X})=\mu$; (2) $D(\overline{X})=\frac{\sigma^2}{n}$; (3) $S^2=\frac{1}{n-1}\left(\sum_{i=1}^{n}X_i^2-n\overline{X}^2\right)$; (4) $E(S^2)=\sigma^2$.

16. 一颗骰子连续掷4次,"点数总和"记为X.试估计$P(10<X<18)$.

17. 假设一条生产线生产的产品合格率为80%,要使一批产品的合格率在76%~84%之间的概率不小于90%.问这批产品至少要生产多少件?

18. 已知某厂的周产量是数学期望为50件的随机变量,若已知周产量的方差为25,则一周产量在40—60件之间的概率至少有多大?

19. 在每次试验中,事件 A 发生的概率为0.75,利用切比雪夫不等式,求当 n 多大时,才能使得在 n 次独立重复试验中,事件 A 出现的频率在0.74—0.76之间的概率至少为0.90?

*20. 设 $f(x,y)=2e^{-(x+y)}$, $0<x<y<+\infty$. 求 $E(Y|X=1)$.

21. Let the random variable X represent the number of automobiles that are used for official business purposes on any given workday. The probability distribution for company A is

X	1	2	3
p_k	0.3	0.4	0.3

,

and for company B is

Y	0	1	2	3	4
p_k	0.2	0.1	0.3	0.3	0.1

.

Show that the variance of the probability distribution for company B is greater than that of company A.

22. The weekly demand for Pepsi, in thousands of liters, from a local chain of efficiency stores, is a continuous random variable X having the probability density

$$f(x)=\begin{cases}2(x-1), & 1<x<2,\\ 0, & \text{else}.\end{cases}$$

Find the variance of X.

23. If $X\sim N(-2,0.4^2)$, then find $E[(X+3)^2]$.

24. The length of time, in minutes, for an airplane to obtain clearance for take off at a certain airport is a random variable $Y=3X-2$, where X has the density function

$$f(x)=\begin{cases}\frac{1}{4}e^{-\frac{1}{4}x}, & x>0,\\ 0, & \text{else}.\end{cases}$$

Find the mean and variance of the random variable Y.

§4.3 协方差与相关系数

对于二维随机变量(X,Y)而言,由于 X 与 Y 往往相互影响、相互联系,因此,我们除了讨论 X 与 Y 各自的数学期望和方差外,还需讨论描述 X 与 Y 之间相互关系的数字特征. 本节将讨论这方面的数字特征.

一、协方差与相关系数的定义

定义 1 若数学期望 $E[(X-E(X))(Y-E(Y))]$ 存在,则称其为随机变量 X 与 Y 的**协方差**(covariance),记为 $\mathrm{Cov}(X,Y)$,即

$$\mathrm{Cov}(X,Y)=E[(X-E(X))(Y-E(Y))].$$

当 $D(X),D(Y)\neq 0$ 时,定义随机变量 X 与 Y 的**相关系数**(correlation coefficient)(无量纲)为

$$\rho_{XY}=\frac{\mathrm{Cov}(X,Y)}{\sqrt{D(X)}\sqrt{D(Y)}}.$$

二、协方差的性质

由协方差的定义,利用数学期望的性质,可以得到协方差的性质:

(1) $\mathrm{Cov}(X,Y)=\mathrm{Cov}(Y,X)$,即协方差满足交换律;

(2) $\mathrm{Cov}(X,X)=D(X)$,即方差为协方差的特例;

(3) $\mathrm{Cov}(X,Y)=E(XY)-E(X)E(Y)$,此为计算协方差的常用公式;

(4) $D(X\pm Y)=D(X)+D(Y)\pm 2\mathrm{Cov}(X,Y)$,此为方差性质(3)的变形;

(5) $\mathrm{Cov}(aX,bY)=ab\mathrm{Cov}(X,Y)$;

(6) $\mathrm{Cov}(X_1+X_2,Y)=\mathrm{Cov}(X_1,Y)+\mathrm{Cov}(X_2,Y)$.

仅证性质(6),其余留给读者.

$$\begin{aligned}\mathrm{Cov}(X_1+X_2,Y)&=E[(X_1+X_2)Y]-E(X_1+X_2)E(Y)\\&=E(X_1Y)+E(X_2Y)-E(X_1)E(Y)-E(X_2)E(Y)\\&=[E(X_1Y)-E(X_1)E(Y)]+[E(X_2Y)-E(X_2)E(Y)]\\&=\mathrm{Cov}(X_1,Y)+\mathrm{Cov}(X_2,Y).\end{aligned}$$

例 1 某箱共装有 100 件产品,其中一、二、三等品分别为 80 件,10 件和 10 件,现从中随机抽取一件,记

$$X_i=\begin{cases}1, & 若抽到\ i\ 等品,\\0, & 其他,\end{cases}\qquad i=1,2,3.$$

试求:(1) 离散型随机变量 (X_1,X_2) 的联合分布律;

(2) 离散型随机变量 X_1 与 X_2 的协方差和相关系数.

解 (1) 由于

$$P(X_1=0,X_2=0)=P(X_3=1)=0.1,\quad P(X_1=0,X_2=1)=P(X_2=1)=0.1,$$
$$P(X_1=1,X_2=0)=P(X_1=1)=0.8,\quad P(X_1=1,X_2=1)=0.$$

故 (X_1,X_2) 的联合分布律为

X_1 \ X_2	0	1
0	0.1	0.1
1	0.8	0

(2) 由(1)可得

$$E(X_1)=0.8,\quad E(X_2)=0.1,\quad E(X_1X_2)=0,\quad D(X_1)=0.16,\quad D(X_2)=0.09.$$

所以 X_1,X_2 的协方差和相关系数分别为

$$\mathrm{Cov}(X_1,X_2)=E(X_1X_2)-E(X_1)E(X_2)=0-0.8\times0.1=-0.08,$$

$$\rho_{X_1X_2}=\frac{-0.08}{\sqrt{0.16}\sqrt{0.09}}=-\frac{2}{3}.$$

三、相关系数的性质

定理 1 设 ρ_{XY} 是随机变量 X 和 Y 的相关系数,则有

(1) $|\rho_{XY}|\leqslant1$;

(2) $|\rho_{XY}|=1$ 的充分必要条件是存在常数 a,b 使 $P(Y=aX+b)=1$,即 X 和 Y 以概率为 1 存在线性关系.

证 仅证明(1),由方差的性质和协方差的定义知,对任意实数 t,有

$$0\leqslant D(Y-tX)=D(Y)+t^2D(X)-2t\mathrm{Cov}(X,Y).$$

上式表明,一个关于 t 的二次三项式恒非负,所以

$$(-2\mathrm{Cov}(X,Y))^2-4D(X)D(Y)\leqslant0.$$

化简即得

$$|\rho_{XY}|\leqslant1.$$

定义 2 若 $\rho_{XY}=0$(即 $\mathrm{Cov}(X,Y)=0$),则称随机变量 X 与 Y **不相关**.

定理 2 若 X 与 Y 相互独立,则 $\rho_{XY}=0$,即随机变量 X 与 Y 不相关.

注 随机变量 X 与 Y 不相关实际上是指 X 和 Y 没有线性关系,它们仍可以有其他非线性关系,所以随机变量 X 与 Y 不相关不能说明 X 与 Y 相互独立(参见下面例题). 但我们不加证明地指出,对于二维正态分布的随机变量 $(X,Y)\sim N(\mu_1,\mu_2,\sigma_1^2,\sigma_2^2,\rho)$ 而言,其中的参数 ρ 就是相关系数,即 $\rho_{XY}=\rho$,由 §3.4 例 3 知:二维正态分布的随机变量 (X,Y) 中 X 与 Y 相互独立的充分必要条件为 $\rho=0$,现 $\rho=\rho_{XY}=0$,由定理 2,X 与 Y 相互独立等价于 X 与 Y 不相关.

事实上,相关系数只是随机变量间线性关系强弱的一个度量,当 $|\rho_{XY}|=1$ 时,表明随机变量 X 与 Y 具有线性关系,$\rho_{XY}=1$ 时为正线性相关,$\rho_{XY}=-1$ 时为负线性相关;当 $|\rho_{XY}|<1$ 时,这种线性相关程度就随着 $|\rho_{XY}|$ 的减小而减弱;当 $|\rho_{XY}|=0$ 时,就意味着随机变量 X 与 Y 是不相关的.

例2 设连续型随机变量 Z 是服从$[-\pi,\pi]$上的均匀分布，又随机变量 $X=\sin Z, Y=\cos Z$. 试求相关系数 ρ_{XY}.

解
$$E(X)=\frac{1}{2\pi}\int_{-\pi}^{\pi}\sin z\mathrm{d}z=0,\quad E(Y)=\frac{1}{2\pi}\int_{-\pi}^{\pi}\cos z\mathrm{d}z=0,$$
$$E(X^2)=\frac{1}{2\pi}\int_{-\pi}^{\pi}\sin^2 z\mathrm{d}z=\frac{1}{2},\quad E(Y^2)=\frac{1}{2\pi}\int_{-\pi}^{\pi}\cos^2 z\mathrm{d}z=\frac{1}{2},$$
$$E(XY)=\frac{1}{2\pi}\int_{-\pi}^{\pi}\sin z\cos z\mathrm{d}z=0.$$

因而
$$\mathrm{Cov}(X,Y)=0,\quad \rho_{XY}=0.$$

相关系数 $\rho_{XY}=0$，表明随机变量 X 与 Y 不相关，但是有 $X^2+Y^2=1$，从而 X 与 Y 不独立.

例3 设二维连续型随机变量(X,Y)在圆域 $x^2+y^2\leqslant r^2$ 上服从均匀分布.

(1) 求 X 和 Y 的相关系数 ρ_{XY}； (2) 问 X,Y 是否相互独立？

解 已知(X,Y)的联合概率密度为
$$f(x,y)=\begin{cases}\dfrac{1}{\pi r^2}, & x^2+y^2\leqslant r^2,\\ 0, & \text{其他}.\end{cases}$$

(1) $$E(X)=\iint\limits_{x^2+y^2\leqslant r^2}x\cdot\frac{1}{\pi r^2}\mathrm{d}x\mathrm{d}y=\int_0^{2\pi}\int_0^r\rho\cos\theta\cdot\frac{1}{\pi r^2}\rho\mathrm{d}\rho\mathrm{d}\theta=\sin\theta\Big|_0^{2\pi}\cdot\frac{1}{r^2\pi}\int_0^r\rho^2\mathrm{d}\rho=0.$$

$$E(XY)=\iint\limits_{x^2+y^2\leqslant r^2}xy\cdot\frac{1}{\pi r^2}\mathrm{d}x\mathrm{d}y=\frac{1}{2\pi r^2}\int_0^{2\pi}\sin2\theta\mathrm{d}\theta\int_0^r\rho^3\mathrm{d}\rho=\frac{1}{4\pi r^2}\left(-\cos2\theta\Big|_0^{2\pi}\right)\int_0^r\rho^3\mathrm{d}\rho=0.$$

$$\mathrm{Cov}(X,Y)=E[(X-E(X))(Y-E(Y))]=E(XY)=0.$$

故 X,Y 的相关系数 $\rho_{XY}=\dfrac{\mathrm{Cov}(X,Y)}{\sqrt{D(X)}\sqrt{D(Y)}}=0$.

(2) 关于 X 的边缘概率密度为
$$f_X(x)=\int_{-\infty}^{+\infty}f(x,y)\mathrm{d}y=\begin{cases}\displaystyle\int_{-\sqrt{r^2-x^2}}^{\sqrt{r^2-x^2}}\frac{1}{\pi r^2}\mathrm{d}y, & |x|\leqslant r,\\ 0, & |x|>r\end{cases}=\begin{cases}\dfrac{2\sqrt{r^2-x^2}}{\pi r^2}, & |x|\leqslant r,\\ 0, & |x|>r.\end{cases}$$

类似地，关于 Y 的边缘概率密度为
$$f_Y(y)=\begin{cases}\dfrac{2\sqrt{r^2-y^2}}{\pi r^2}, & |y|\leqslant r,\\ 0, & |y|>r.\end{cases}$$

因为 $f(x,y)\neq f_X(x)\cdot f_Y(y)$，所以 X,Y 不独立.

四、矩

定义 3 设 X 和 Y 是随机变量，下面给出各种矩(moment)的定义：

若 $E(X^k)$，$k=1,2,\cdots$ 存在，则称它为 X 的 k **阶原点矩**，简称 k **阶矩**.

若 $E[(X-E(X))^k]$，$k=1,2,\cdots$ 存在，则称它为 X 的 k **阶中心矩**.

若 $E(X^kY^l)$，$k,l=1,2,\cdots$ 存在，则称它为 X 和 Y 的 $k+l$ **阶混合矩**.

若 $E[(X-E(X))^k(Y-E(Y))^l]$，$k,l=1,2,\cdots$ 存在，则称它为 X 和 Y 的 $k+l$ **阶混合中心矩**.

显然，X 的数学期望 $E(X)$ 是 X 的**一阶原点矩**，X 的方差 $D(X)$ 是 X 的**二阶中心矩**，X 与 Y 的协方差 $\mathrm{Cov}(X,Y)$ 是 X 和 Y 的**二阶混合中心矩**.

例 4 设连续型随机变量 $X\sim N(0,1)$，试证

$$E(X^k)=\begin{cases}0, & \text{当 } k \text{ 为奇数时}, \\ (k-1)(k-3)\cdots 3\cdot 1, & \text{当 } k \text{ 为偶数时}.\end{cases}$$

证 由于 $E(X^k)=\dfrac{1}{\sqrt{2\pi}}\displaystyle\int_{-\infty}^{+\infty}x^k\mathrm{e}^{-\frac{x^2}{2}}\mathrm{d}x$. 由对称性知，当 k 为奇数时，$E(X^k)=0$；当 k 为偶数时，

$$\begin{aligned}E(X^k)&=\frac{1}{\sqrt{2\pi}}\int_{-\infty}^{+\infty}x^{k-1}\mathrm{d}(-\mathrm{e}^{-\frac{x^2}{2}})\\&=\frac{1}{\sqrt{2\pi}}\left[-x^{k-1}\mathrm{e}^{-\frac{x^2}{2}}\Big|_{-\infty}^{+\infty}+(k-1)\int_{-\infty}^{+\infty}x^{k-2}\mathrm{e}^{-\frac{x^2}{2}}\mathrm{d}x\right]\\&=(k-1)E(X^{k-2})=\cdots\\&=(k-1)(k-3)\cdots 3\cdot E(X^2)=(k-1)(k-3)\cdots 3\cdot 1.\end{aligned}$$

注 这里用到 $E(X^2)=D(X)+[E(X)]^2=1$.

习 题 4.3

1. 设连续型随机变量 $X\sim N(1,4)$，$Y\sim N(2,9)$，

(1) 若 X 和 Y 相互独立，则 $2X-Y\sim$ ______； (2) 若 $\rho_{XY}=0.5$，则 $2X-Y\sim$ ______.

2. 设离散型随机变量 X 服从参数为 2 的泊松分布，即 $X\sim P(2)$，又 $Y=3X-2$. 求 $E(Y)$，$D(Y)$，$\mathrm{Cov}(X,Y)$，ρ_{XY}.

3. 设随机变量 X 的方差 $D(X)=16$，随机变量 Y 的方差 $D(Y)=25$，又 $\rho_{XY}=0.5$. 求 $D(X+Y)$，$D(X-Y)$.

4. 已知二维离散型随机变量 (X,Y) 的联合分布律为

X \ Y	-1	0	1
-1	1/8	1/8	1/8
0	1/8	0	1/8
1	1/8	1/8	1/8

验证 X 和 Y 是不相关的，但 X 和 Y 不是相互独立的.

5. 设二维连续型随机变量 (X,Y) 的联合概率密度为

$$f(x,y)=\begin{cases}1, & |y|<x,0<x<1,\\ 0, & \text{其他}.\end{cases}$$

求 $E(X)$，$E(Y)$，$\mathrm{Cov}(X,Y)$.

6. 设二维连续型随机变量 (X,Y) 的联合概率密度为

$$f(x,y)=\begin{cases}\frac{1}{8}(x+y), & 0\leqslant x\leqslant 2,0\leqslant y\leqslant 2,\\ 0 & \text{其他}.\end{cases}$$

求 $E(X)$，$E(Y)$，$\mathrm{Cov}(X,Y)$，ρ_{XY}，$D(X+Y)$.

7. 对随机变量 X,Y,Z，已知 $E(X)=E(Y)=1$，$E(Z)=-1$，$D(X)=D(Y)=D(Z)=1$，$\rho_{XY}=0$，$\rho_{XZ}=\frac{1}{2}$，$\rho_{YZ}=-\frac{1}{2}$. 试求 $E(X+Y+Z)$，$D(X+Y+Z)$.

8. 设连续型随机变量 X 服从参数为 θ 的指数分布，求 $E(X^k)$.

9. 设 A,B 是两个随机事件，定义随机变量

$$X=\begin{cases}1, & \text{若} A \text{出现},\\ -1, & \text{若} A \text{不出现};\end{cases}\qquad Y=\begin{cases}1, & \text{若} B \text{出现},\\ -1, & \text{若} B \text{不出现}.\end{cases}$$

试证明随机变量 X 和 Y 不相关的充分必要条件是 A 与 B 相互独立.

10. Suppose that X and Y are random variable such that $\mathrm{Var}(x)=9$, $\mathrm{Var}(y)=4$, and $\rho_{XY}=-1/6$. Determine:

(1) $\mathrm{Var}(X+Y)$；　(2) $\mathrm{Var}(X-3Y+4)$.

11. Let X and Y be random variables such that $0<\sigma_X^2<\infty$ and $0<\sigma_Y^2<\infty$. Suppose that $U=aX+b$ and $V=cY+d$, where $a\neq 0$ and $c\neq 0$. Show that $\rho_{UV}=\rho_{XY}$ if $ac>0$ and that $\rho_{UV}=-\rho_{XY}$ if $ac<0$.

第4章小结

1. 掌握数学期望的定义、性质与计算公式

(1) 离散型随机变量的数字期望为

$$E(X)=\sum_{k=1}^{\infty}x_k p_k,$$

其中 $P(X=x_k)=p_k$ 为随机变量 X 的分布律;连续型随机变量 X 的数学期望为

$$E(X)=\int_{-\infty}^{+\infty}xf(x)\mathrm{d}x,$$

其中 $f(x)$ 为随机变量的概率密度.

(2) 设 c 是常数,则有

$$E(c)=c.$$

(3) 设 X 是随机变量,c 是常数,则有

$$E(cX)=cE(X).$$

(4) 设 X,Y 是随机变量,则有

$$E(X+Y)=E(X)+E(Y).$$

(该性质可推广到有限个随机变量之和的情况.)

(5) 设 X,Y 是相互独立的随机变量,则有

$$E(XY)=E(X)E(Y).$$

(该性质可推广到有限个随机变量之积的情况.)

2. 熟悉方差的定义与计算公式

(1) $D(X)=E(X^2)-[E(X)]^2$.

(2) 若 X 是离散型随机变量,分布律为 $p_k=P(X=x_k)$,$k=1,2,\cdots$,则

$$D(X)=\sum_{k=1}^{\infty}[x_k-E(X)]^2p_k.$$

(3) 若 X 是连续型随机变量,概率密度为 $f(x)$,则

$$D(X)=\int_{-\infty}^{+\infty}[x-E(X)]^2f(x)\mathrm{d}x.$$

3. 掌握方差的性质

(1) 设 c 是常数,则有 $D(c)=0$.

(2) 设 c 是常数,则有 $D(cX)=c^2D(X)$,$D(X+c)=D(X)$.

(3) $D(X\pm Y)=D(X)+D(Y)\pm 2E[(X-E(X))(Y-E(Y))]$,当 X,Y 相互独立时,则有

$$D(X\pm Y)=D(X)+D(Y).$$

(4) 若 $X_1,X_2,\cdots,X_n$ 是相互独立的随机变量,则

$$D\left(\sum_{i=1}^{n}c_iX_i\right)=\sum_{i=1}^{n}c_i^2D(X_i).$$

(5) $D(X)=0$ 的充分必要条件是 $P(X=c)=1$(c 为常数),即 X 以概率 1 取某常数.

4. 熟记常用分布的数学期望及方差

(1) 0-1 分布：设 $X\sim B(1,p)$，则 $E(X)=p, D(X)=p(1-p)$.

(2) 二项分布：设 $X\sim B(n,p)$，则 $E(X)=np, D(X)=np(1-p)$.

(3) 泊松分布：设 $X\sim \pi(\lambda)$，则 $E(X)=\lambda, D(X)=\lambda$.

(4) 均匀分布：设 $X\sim U[a,b]$，则 $E(X)=\frac{a+b}{2}, D(X)=\frac{1}{12}(b-a)^2$.

(5) 指数分布：设 $X\sim E(\theta)$，则 $E(X)=\theta, D(X)=\theta^2$.

(6) 正态分布：设 $X\sim N(\mu,\sigma^2)$，则 $E(X)=\mu, D(X)=\sigma^2$.

5. 了解其他数字特征及切比雪夫不等式

知道协方差、相关系数、矩的计算，会用切比雪夫不等式进行简单的概率估计，知道服从二维正态分布的随机变量的不相关与独立的关系.

第 5 章

大数定律与中心极限定理

人们在长期的实践中发现,事件发生的频率具有稳定性,也就是说,随着试验次数的增多,事件发生的频率将稳定于一个确定的常数.对某个随机变量 X 进行大量的重复观测,所得到的大批观测数据的算术平均值也具有稳定性.由于这类稳定性都是在对随机现象进行大量重复试验的条件下呈现出来的,因而反映这方面规律的定理我们就统称为**大数定律**(law of large numbers).

§5.1 大 数 定 律

一、弱大数定理

定理 1 设相互独立的随机变量 $X_1,X_2,\cdots,X_n,\cdots$ 有相同的数学期望和方差,即 $E(X_k)=\mu,D(X_k)=\sigma^2,k=1,2,\cdots$,则对于任意正数 ε,有

$$\lim_{n\to\infty}P\left(\left|\frac{1}{n}\sum_{k=1}^{n}X_k-\mu\right|<\varepsilon\right)=1.$$

证 根据随机变量的数学期望与方差的性质,有

$$E\left(\frac{1}{n}\sum_{k=1}^{n}X_k\right)=\frac{1}{n}\sum_{k=1}^{n}E(X_k)=\mu,$$

$$D\left(\frac{1}{n}\sum_{k=1}^{n}X_k\right)=\frac{1}{n^2}\sum_{k=1}^{n}D(X_k)=\frac{\sigma^2}{n}.$$

由切比雪夫不等式可得

$$P\left(\left|\frac{1}{n}\sum_{k=1}^{n}X_k-\mu\right|<\varepsilon\right)\geqslant 1-\frac{\sigma^2/n}{\varepsilon^2},$$

在上式中令 $n\to\infty$,同时注意到概率不大于1,则有

$$\lim_{n\to\infty}P\left(\left|\frac{1}{n}\sum_{k=1}^{n}X_k-\mu\right|<\varepsilon\right)=1.$$

定理 1 我们称之为**弱大数定理**,它表明,当 n 很大时,事件

$\left\{\left|\frac{1}{n}\sum_{k=1}^{n}X_k-\mu\right|<\varepsilon\right\}$ 的概率接近于1.一般地,我们称概率接近于1的事件为**大概率事件**(large probability event),而称概率接近于0的事件为**小概率事件**(small probability event).在一次试验中,大概率事件几乎肯定要发生,而小概率事件几乎不可能发生,这一规律就是我们前面提到过的**实际推断原理**(fact infer principle).

定理1还表明,当 n 很大时,随机变量 $X_1,X_2,\cdots,X_n,\cdots$ 的算术平均 $\overline{X}_n=\frac{1}{n}\sum_{k=1}^{n}X_k$ 接近于数学期望 $E(X_k)=\mu(k=1,2,\cdots)$,这种接近与我们在高等数学中数列极限的含义相似,我们称随机变量 $X_1,X_2,\cdots,X_n,\cdots$ 的算术平均 $\overline{X}_n=\frac{1}{n}\sum_{k=1}^{n}X_k$ 依概率收敛于数学期望 $E(X_k)=\mu(k=1,2,\cdots)$.一般地,有如下定义.

定义2 设有一列随机变量 $Y_1,Y_2,\cdots,Y_n,\cdots$ 及常数 c,如果对于任意的 $\varepsilon>0$,有

$$\lim_{n\to\infty}P(|Y_n-c|<\varepsilon)=1,$$

则称随机变量序列 $\{Y_n\}$ **依概率收敛**于 c,并记做

$$\lim_{n\to\infty}Y_n\overset{P}{=\!=}c \text{ 或 } Y_n\xrightarrow{P}c\ (n\to\infty).$$

由依概率收敛的定义,易得如下性质:

设 $X_n\xrightarrow{P}a,Y_n\xrightarrow{P}b(n\to\infty)$,且函数 $g(x,y)$ 在点 (a,b) 处连续,则

$$g(X_n,Y_n)\xrightarrow{P}g(a,b).$$

下面讲述的伯努利大数定律也可以作为弱大数定理的特殊情形.

二、伯努利大数定律

定理2 设 f_A 是 n 次独立重复试验中事件 A 发生的次数,p 是事件 A 在每次试验中发生的概率,则对于任意正数 ε,有

$$\lim_{n\to\infty}P\left(\left|\frac{f_A}{n}-p\right|<\varepsilon\right)=1.$$

证 设 $X_1,X_2,\cdots,X_n$ 是 n 个相互独立的随机变量,令

$$X_k=\begin{cases}1, & \text{第 } k \text{ 次试验 } A \text{ 发生},\\ 0, & \text{第 } k \text{ 次试验 } A \text{ 不发生},\end{cases}\qquad k=1,2,\cdots,n,$$

且 $E(X_k)=p,D(X_k)=p(1-p),k=1,\cdots,n$.又 $f_A=X_1+X_2+\cdots+X_n$,因而由定理1有

$$\lim_{n\to\infty}P\left(\left|\frac{f_A}{n}-p\right|<\varepsilon\right)=1.$$

定理2我们称之为**伯努利大数定律**(Bernoulli law of large number),它表明事件 A 发生的频率 f_A/n 依概率收敛于事件 A 的概率 p,表达了频率的稳定性.也就是说,当 n 很大

时，事件 A 发生的频率与概率有较大偏差的可能性很小. 根据实际推断原理，当试验次数很大时，就可以利用事件发生的频率来近似地代替事件的概率.

类似地，弱大数定理还有下面的推广.

三、辛钦大数定律

定理 3 设随机变量 $X_1, X_2, \cdots, X_n, \cdots$ 相互独立且同分布. 若 $E(X_k)=\mu(k=1,2,\cdots)$ 存在，则对于任意正数 ε，有

$$\lim_{n\to\infty} P\left(\left|\frac{1}{n}\sum_{k=1}^{n} X_k-\mu\right|<\varepsilon\right)=1.$$

定理 3 我们称之为**辛钦大数定律**，它表明，在 n 很大时，n 个独立同分布的随机变量的算术平均值与它们共同的数学期望很接近. 事件 $\left\{\left|\frac{1}{n}\sum_{k=1}^{n} X_k-\mu\right|<\varepsilon\right\}$ 是大概率事件，几乎必然发生（不管正数 ε 有多小），这为我们提供了求随机变量的数学期望的近似值的方法.

习 题 5.1

1. 设 $X_1, X_2, \cdots, X_n, \cdots$ 为一列独立同分布的随机变量，其概率密度为

$$f(x)=\begin{cases}1/\beta, & 0<x<\beta, \\ 0, & \text{其他},\end{cases}$$

其中 $\beta>0$ 为常数. 令 $\eta_n=\max\{X_1, X_2, \cdots, X_n\}$，试证 $\eta_n \xrightarrow{P} \beta(n\to\infty)$.

2. 将一枚骰子重复掷 n 次，n 次所得点数的平均值记为 $\overline{X}_n$，则当 $n\to\infty$ 时，$\overline{X}_n$ 依概率应收敛于多少？

§5.2 中心极限定理

中心极限定理(central limit theorem)是研究在适当的条件下独立随机变量的部分和 $\sum_{k=1}^{n} X_k$ 的分布收敛于正态分布的问题.

定理 1 设相互独立的随机变量 $X_1, X_2, \cdots, X_n, \cdots$ 服从同一分布，且 $E(X_k)=\mu$，$D(X_k)=\sigma^2\neq 0, k=1,2,\cdots$，则对于任意实数 x，随机变量 $Y_n=\dfrac{\sum_{k=1}^{n} X_k-n\mu}{\sqrt{n}\sigma}$ 的分布函数 $F_n(x)$ 趋于标准正态分布函数，即有

$$\lim_{n\to\infty} F_n(x)=\lim_{n\to\infty} P\left\{\frac{\sum_{k=1}^{n} X_k-n\mu}{\sqrt{n}\sigma}\leqslant x\right\}=\int_{-\infty}^{x}\frac{1}{\sqrt{2\pi}}\mathrm{e}^{-\frac{t^2}{2}}\mathrm{d}t.$$

(定理的证明从略.)

该定理我们通常称之为**林德贝格-勒维**(Lindeberg-Levy)**定理**. 对定理中的公式进行简单变换,可得两个推论.

推论1 设相互独立的随机变量 $X_1,X_2,\cdots,X_n,\cdots$ 服从同一分布,已知 $E(X_k)=\mu$, $D(X_k)=\sigma^2>0,k=1,2,\cdots$,则当 n 充分大时, $X=\sum\limits_{k=1}^{n}X_k$ 近似服从正态分布 $N(n\mu,(\sigma\sqrt{n})^2)$.

推论2 设相互独立的随机变量 $X_1,X_2,\cdots,X_n,\cdots$ 服从同一分布,已知 $E(X_k)=\mu$, $D(X_k)=\sigma^2>0,k=1,2,\cdots$,则当 n 充分大时, $\overline{X}_n=\frac{1}{n}\sum\limits_{k=1}^{n}X_k$ 近似服从正态分布 $N\left(\mu,\left(\frac{\sigma}{\sqrt{n}}\right)^2\right)$.

由推论2知,无论 $X_1,X_2,\cdots,X_n,\cdots$ 具有什么样的分布函数,只要它们独立同分布,则当 n 充分大时,它们的平均数 $\overline{X}_n$ 总是近似地服从正态分布. 这一结果是接下来将要在数理统计中学习统计推断的理论基础.

例1 某单位内部有260部电话分机,每个分机有4%的时间要与外线通话,可以认为每个电话分机用不同的外线是相互独立的. 问总机需备多少条外线才能以95%的概率满足每个分机在用外线时不用等候?

解 令

$$X_k=\begin{cases}1, & \text{第 } k \text{ 个分机要用外线},\\ 0, & \text{第 } k \text{ 个分机不要用外线}\end{cases}\quad(k=1,2,\cdots,260),$$

则 $X_1,\cdots,X_{260}$ 是260个相互独立的随机变量,且 $E(X_k)=0.04,k=1,2,\cdots,260$. 用 $m=X_1+X_2+\cdots+X_{260}$ 表示同时使用外线的分机数,根据题意应确定最小的 x,使 $P(m<x)\geqslant 95\%$ 成立. 由上面的定理1,有

$$\begin{aligned}P(m<x)&=P\left(\frac{m-260p}{\sqrt{260p(1-p)}}\leqslant\frac{x-260p}{\sqrt{260p(1-p)}}\right)\quad\left(\text{令 } b=\frac{x-260p}{\sqrt{260p(1-p)}}\right)\\&=P\left(\frac{m-260p}{\sqrt{260p(1-p)}}\leqslant b\right)\approx\int_{-\infty}^{b}\frac{1}{\sqrt{2\pi}}\mathrm{e}^{-\frac{t^2}{2}}\mathrm{d}t.\end{aligned}$$

查附表1得 $\Phi(1.65)=0.9505>0.95$,故取 $b=1.65$,于是

$$\begin{aligned}x&=b\sqrt{260p(1-p)}+260p\\&=1.65\times\sqrt{260\times0.04\times0.96}+260\times0.04\approx15.61.\end{aligned}$$

也就是说,至少需要16条外线才能以95%的概率满足每个分机在用外线时不用等候.

例2 用机器包装味精,每袋净重为随机变量,数学期望为100克,标准差为10克,一箱内装200袋味精. 求一箱味精净重大于20500克的概率.

解 设一箱味精净重为 X 克,箱中第 k 袋味精的净重为 X_k 克, $k=1,2,\cdots,200$,则有

$$X=X_1+X_2+\cdots+X_{200},$$

其中 $X_1,X_2,\cdots,X_{200}$ 是200个相互独立的随机变量,且 $E(X_k)=100,D(X_k)=10^2$. 故

$$E(X)=E(X_1+X_2+\cdots+X_{200})=20000,$$
$$D(X)=20000,\quad \sqrt{D(X)}=100\sqrt{2}.$$

因而有

$$\begin{aligned}P(X>20500)&=1-P(X\leqslant 20500)\\&=1-P\left(\frac{X-20000}{100\sqrt{2}}\leqslant\frac{500}{100\sqrt{2}}\right)\approx 1-\Phi(3.54)=0.0002.\end{aligned}$$

定理 2(棣莫弗-拉普拉斯(De Moivre-Laplace)定理) 令 m_n 表示 n 次独立重复试验中事件 A 发生的次数,p 是事件 A 在每次试验中发生的概率.则对于任意区间 (a,b),恒有

$$\lim_{n\to\infty}P\left(a<\frac{m_n-np}{\sqrt{np(1-p)}}\leqslant b\right)=\int_a^b\frac{1}{\sqrt{2\pi}}\mathrm{e}^{-\frac{t^2}{2}}\mathrm{d}t.$$

(定理的证明从略.)

该定理表明二项分布的极限分布是正态分布.一般来说,当 n 较大时,二项分布的概率计算起来非常复杂,这时我们就可以用正态分布来近似地计算二项分布.即有

$$\begin{aligned}\sum_{k=n_1}^{n_2}\mathrm{C}_n^k p^k(1-p)^{n-k}&=P(n_1\leqslant m_n\leqslant n_2)\\&=P\left(\frac{n_1-np}{\sqrt{np(1-p)}}\leqslant\frac{m_n-np}{\sqrt{np(1-p)}}\leqslant\frac{n_2-np}{\sqrt{np(1-p)}}\right)\\&\approx\Phi\left(\frac{n_2-np}{\sqrt{np(1-p)}}\right)-\Phi\left(\frac{n_1-np}{\sqrt{np(1-p)}}\right).\end{aligned}$$

例 3 设随机变量 X 服从 $B(100,0.8)$,求 $P(80\leqslant X\leqslant 100)$.

解
$$\begin{aligned}P(80\leqslant X\leqslant 100)&\approx\Phi\left(\frac{100-80}{\sqrt{100\times 0.8\times 0.2}}\right)-\Phi\left(\frac{80-80}{\sqrt{100\times 0.8\times 0.2}}\right)\\&=\Phi(5)-\Phi(0)=1-0.5=0.5.\end{aligned}$$

例 4 某调查小组在做某电视台的节目 A 的收视率调查,每天在该节目播出时随机地向居民打电话,询问是否在看电视,如在看电视,再问是否在看该节目.设回答在看电视的居民数为 n,要保证以 95%的概率使调查误差在 10%以内,n 应取多大?

解 设 m_n 为回答在看电视的居民中正在收看节目 A 的人数,p 为要估计的收视率,则所求的 n 应使

$$P\left(\left|\frac{m_n}{n}-p\right|<0.1\right)=0.95,$$

即

$$0.95=P\left(\left|\frac{m_n-np}{n}\right|<0.1\right)=P\left(\left|\frac{m_n-np}{\sqrt{np(1-p)}}\right|<\frac{\sqrt{n}}{10\sqrt{p(1-p)}}\right)$$

$$\approx 2\Phi\left(\frac{\sqrt{n}}{10\sqrt{p(1-p)}}\right)-1.$$

查附表 1 可得$\frac{\sqrt{n}}{10\sqrt{p(1-p)}}>1.96$,化简得 $n>(19.6)^2 p(1-p)$. 由于 $p(1-p)=0.25-(p-0.5)^2$ 的最大值为 0.25,所以只要 $n>(19.6)^2\times 0.25=96.04$,也即取 $n=97$ 就可以了.

习 题 5.2

1. 用机器把口服液装瓶,由于各种原因产生误差,所以每瓶口服液的净重(单位: g)为随机变量,数学期望为 100 g,标准差为 10 g,一箱内装 200 瓶. 求一箱口服液净重大于 20500 g 的概率.

2. 设男孩的出生率为 0.515,求在 10000 个新生婴儿中女孩不少于男孩的概率.

3. 一供电网共有 10000 盏功率相同的灯,夜晚每盏灯开着的概率为 0.7. 假设各盏灯开、关彼此独立,求夜晚同时开着的灯数在 6800 到 7200 之间的概率.

4. 有 30 个电子器件 $D_1, D_2, \cdots, D_{30}$,它们的使用情况如下: D_1 损坏,D_2 立即使用;D_2 损坏,D_3 立即使用;等等. 设电子器件 $D_i(i=1,\cdots,30)$ 的寿命服从参数为 $\theta=10$ 的指数分布,令 T 为 30 个电子器件使用的总时间,求 T 超过 350 小时的概率.

5. 某车间有 200 台车床,它们都各自独立工作,每台车床的开工率均为 0.6,车床工作时需耗电 1 千瓦,利用中心极限定理求这个车间至少需要多少电力,才能以 99.9%的概率保证这个车间不会因为供电不足而影响生产?

6. 根据以往经验,某种电器元件的寿命服从均值为 100 小时的指数分布. 现随机地抽取 16 只,设它们的寿命是相互独立的. 求这 16 只电器元件的寿命总和大于 1920 小时的概率.

7. 对于每一个学生的家长来说,来参加家长会的家长人数是一个随机变量,设一个学生无家长、1 名家长、2 名家长来参加家长会的概率分别为 0.05,0.8,0.15. 若某年级共有 400 名学生,设每个学生的家长参加家长会的家长数相互独立,且服从同一分布. 求

(1) 该年级参加家长会的家长总数超过 450 的概率;

(2) 有 1 名家长来参加家长会的学生数不多于 340 的概率.

8. 某保险公司有 10000 名同龄且同阶层的人参加人寿保险,已知这类人在一年内死亡的概率为 0.006,每个参保人在年初交 12 元保费,如遇被保人死亡,其家属可从公司获赔 1000 元. 问在该活动中

(1) 保险公司亏本的概率是多少?

(2) 保险公司获得利润(不计管理费)不少于 40000 元的概率是多少?

9. 某餐厅每天接待 400 名顾客,设每位顾客的消费额(单位: 元)服从(20,100)上的均匀分布,且顾客的消费额是相互独立的. 试求:

(1) 该餐厅每天的平均营业额;

(2) 该餐厅每天的营业额在平均营业额上下760元范围内的概率.

10. 了解高尔顿(Galton)钉板试验,并用中心极限定理给予解释.

11. A die is rolled 24 times, Use the central limit theorem to estimate the probability that the sum is greater than 84.

12. A random walker starts at 0 on the x-axis and at each time unit moves 1 step to right or 1 step to the left with probability $\frac{1}{2}$, Estimate the probability that, after 100 steps, the walker is more than 10 steps from the starting position.

第5章小结

本章介绍了大数定律和中心极限定理. 大数定律以严密的数学形式论证了频率的稳定性,而这是概率定义的基础,同时提供了通过试验确定概率的方法,为蒙特卡罗(Monte Carlo)方法找到了理论基础,也是数理统计的重要理论依据之一.

中心极限定理表明,在相当一般的条件下,当独立随机变量的个数增加时,其和的分布趋于正态分布,它阐述了正态分布的重要性,也为正态分布的广泛应用提供了理论依据. 中心极限定理的内容包含极限,称它为极限定理是很自然的,又由于它在统计中的重要性,故将它称为中心极限定理(这是波利亚(Polya)在1920年取的名字).

第6章 数理统计的基本概念

诞生于19世纪末20世纪初的数理统计以概率论为理论基础，从实际观测数据出发，研究有关随机变量的概率分布和数字特征，并且进行统计推断．因此，数理统计的任务是收集数据和分析数据．本书的重点是介绍分析数据的技术，即如何从局部观测资料的统计特征来推断事物的整体特征．

数理统计的内容很多，最基本的是研究以下几方面的问题：

(1) **“估计”问题**　由已知数据来推断总体的概率分布和数字特征等；

(2) **“检验”问题**　根据所研究的具体问题，对总体提出某种假设，然后利用观测数据对该假设进行检验，作出“拒绝”还是“接受”该假设的决定；

(3) **“试验设计”问题**　研究如何更合理、更有效地获取有关资料的方法．

总之，我们要用观测数据来分析问题、解决问题，并用观测数据来判断主观假设的真伪，以决定对它的取舍．由此可见，数理统计的内容很丰富，本书只介绍参数估计、假设检验、方差分析等部分内容．

本章我们介绍总体、随机样本及统计量等基本概念，并着重讨论几个常用统计量及抽样分布．

§6.1　总体和样本

数理统计与概率论一样都是研究随机现象的“统计”规律．这种“统计”规律具有普遍性、客观性和必然性的特征，但是这种规律只适用于大量的同类随机现象的整体，而不能对同类随机现象中的特例作出确切预言．从前5章可以看出，概率论着重对随机现象提出各种理想化的数学模型并研究其内在的规律．例如，研究随机变量时，假定已知其概率分布,求随机变量落入某一范围内的概率或求其数字特征;或假定已知随机变量的概率分布或数字特征,求随机变量的函数的概率分布或数字特征;等等. 但是在很多实际问题中,我们要研究的随机变量的概率分布和数字特征都是未知的. 例如,研究某工厂生产的某种型号的灯泡寿命,这就要知道灯泡寿命的概率分布、数学期望、方差等. 怎样知道某个随机变量服从何种概率分布? 又怎样求其数字特征? 这些问题已经不属于概率论研究的范畴,而是数理统计的重要内容.

为了今后叙述方便,我们首先介绍数理统计中的几个最基本的概念.

一、总体和个体

在数理统计中,把所要研究的对象的全体叫做**总体**(population),把组成总体的每个基本单元称为**个体**(individual).

例如,把某个灯泡厂生产的某种型号的灯泡作为研究对象,则这种灯泡的全体就是总体,而每个灯泡是个体. 又如,把某砖厂生产的某窑砖作为研究对象,则该窑砖的全体就是总体,而每一块窑砖则是个体.

总体依其包含的个体总数分为:**有限总体**和**无限总体**. 当有限总体所包含的个体总数很大时,可以近似地将它看成是无限总体.

在数理统计中,我们不是笼统地对某个对象进行研究,而是对它的某些性能指标感兴趣. 例如,我们研究灯泡时,主要关心它的寿命和光通量;而在研究窑砖时,我们主要关心的是它的抗压强度和抗弯强度.

我们知道,即使在相同的生产条件下生产的灯泡,并在相同条件下使用,由于种种微小因素的影响,每个灯泡的寿命一般也是各不相同的. 因此,灯泡的寿命是一个随机变量 X,每个灯泡的寿命对应 X 的一个可能值. 一般地,总体的性能指标是随机变量 X,它的每个可能值,可以认为是某个个体. 因此,我们总是用随机变量 X 代表总体,而 X 的每个可能值就是它的一个个体. 今后我们将把总体及表示总体的某一性能指标的随机变量不加区分. 例如,说"总体 X 的分布函数为 $F(x)$"是指表示总体某一性能指标的随机变量 X 的分布函数为 $F(x)$;说"总体 X 的均值(数学期望)"是指随机变量 X 的数学期望等.

二、随机样本

由于大量的随机试验必能呈现出它的规律性,因而从理论上讲,只要对随机现象进行足够多次的观察,被研究的随机现象的规律性就一定能清楚地呈现出来,但是实际上所允许的观察永远只能是有限的,有时甚至是少量的.

我们知道,总体是一个带有确定概率分布的随机变量 X,为了对总体 X 的分布规律进行各种研究,就必须对总体进行抽样观察,再根据抽样观察的结果来推断总体的性质. 这种从总体 X 中抽取有限个个体对总体进行观察的取值过程,称为**抽样**. 从一个总体 X 中,随机

地抽取 n 个个体 $x_1,x_2,\cdots,x_n$,其中每个个体是一次抽样观察的结果,我们称 $x_1,x_2,\cdots,x_n$ 为总体 X 的一组**样本观测值**.对于某一次具体的抽样结果来说,它是完全确定的一组数.但由于抽样的随机性,所以每个个体的取值也带有随机性,这样每个 x_i 又可以看做某个随机变量 $X_i(i=1,2,\cdots,n)$ 所取的观测值,我们将 $(X_1,X_2,\cdots,X_n)$ 称为**容量**(content)**为 n 的样本**,称 $(x_1,x_2,\cdots,x_n)$ 是样本 $(X_1,X_2,\cdots,X_n)$ 的一组观测值,称为**样本值**.我们抽取样本的目的是为了对总体 X 的分布进行分析推断,因此,对总体 X 的抽样方法,将直接影响到由样本推断总体的效果.一般来说,选取的样本应具有与总体相似的结构且能很好地反映总体的特征,这就必须对随机抽样的方法提出一定的要求:

(1) **代表性** 要求样本的每个分量 X_i 与所考察的总体 X 具有相同的分布函数 $F(x)$;

(2) **独立性** $X_1,X_2,\cdots,X_n$ 为相互独立的随机变量,也就是说,每个观察结果既不影响其他观察结果,也不受其他观察结果的影响.

满足上述两条性质的样本称为简单随机样本,即有下面的定义.

定义1 设总体 X 的分布函数为 $F(x)$,若 $X_1,X_2,\cdots,X_n$ 是相互独立且与总体 X 同分布的随机变量,则称 $(X_1,X_2,\cdots,X_n)$ 是总体 X 的一个**简单随机样本**(simple random sample),简称**样本**(sample),称 n 为**样本容量**(content,size).当 $(X_1,X_2,\cdots,X_n)$ 取定某组常数值 $(x_1,x_2,\cdots,x_n)$(其中 X_i 取值 x_i)时,称这组常数值 $(x_1,x_2,\cdots,x_n)$ 为样本 $(X_1,X_2,\cdots,X_n)$ 的一组**样本观测值(或样本实现)**.

注 样本具有双重性,即它本身是随机变量,但一经抽取便是一组确定的具体值.另外,当样本容量 $n\geqslant 30$ 时,一般称为**大样本**,否则称为**小样本**.

简单随机样本 $(X_1,X_2,\cdots,X_n)$ 的分布,完全由总体 X 的分布所确定.特别地,当 X 为离散型随机变量,其分布律为 $P(X=x)=p(x)$ 时,随机样本 $(X_1,X_2,\cdots,X_n)$ 的联合分布律为

$$P(X_1=x_1,X_2=x_2,\cdots,X_n=x_n)=\prod_{i=1}^{n}p(x_i);$$

当 X 为连续型随机变量,其概率密度为 $f(x)$ 时,随机样本 $(X_1,X_2,\cdots,X_n)$ 的联合概率密度为

$$f(x_1,x_2,\cdots,x_n)=\prod_{i=1}^{n}f(x_i).$$

三、统计量

样本虽然是总体的代表,含有总体的信息,但比较复杂.为了对总体特征进行种种推断,需要对样本进行数学上的“加工处理”,使样本所含的信息更加集中起来,这个过程往往是通过构造一个合适的依赖于样本的函数——统计量来实现的.

定义2 设 $X_1,X_2,\cdots,X_n$ 为总体 X 的一个样本,$g(x_1,x_2,\cdots,x_n)$ 为连续函数,且 g 中不含任何未知参数,则称 $g(X_1,X_2,\cdots,X_n)$ 为**统计量**(statistic).统计量的分布称为**抽样**

分布.

例如,设(X_1,X_2)是来自总体$X\sim N(\mu,\sigma^2)$的一个样本,其中μ和σ未知,则$\overline{X}=\frac{1}{2}(X_1+X_2)$,$B_2=\frac{1}{2}\sum_{i=1}^{2}(X_i-\overline{X})^2$都是统计量,而$X_1-\mu$,$\frac{X_2}{\sigma}$都不是统计量.

由定义知,统计量是随机变量.若$(x_1,x_2,\cdots,x_n)$是样本$(X_1,X_2,\cdots,X_n)$的观测值,则$g(x_1,x_2,\cdots,x_n)$是统计量$g(X_1,X_2,\cdots,X_n)$的观测值.

设$(X_1,X_2,\cdots,X_n)$是总体X的样本,常用的统计量有

(1) **样本均值**(sample mean):$\overline{X}=\frac{1}{n}\sum_{i=1}^{n}X_i$;

(2) **样本方差**(sample variance):$S^2=\frac{1}{n-1}\sum_{i=1}^{n}(X_i-\overline{X})^2$,**样本标准差**:$S=\sqrt{\frac{1}{n-1}\sum_{i=1}^{n}(X_i-\overline{X})^2}$;

(3) **样本k阶原点矩**:$A_k=\frac{1}{n}\sum_{i=1}^{n}X_i^k,k=1,2,\cdots$;

(4) **样本k阶中心矩**:$B_k=\frac{1}{n}\sum_{i=1}^{n}(X_i-\overline{X})^k,k=1,2,\cdots$.

与总体均值$E(X)$和方差$D(X)$一样,样本均值刻画了样本观测值的平均取值,样本方差刻画了样本观测值对样本均值的离散程度.

四、经验分布函数

初等数学中介绍过的中位数、分组数据表、频率直方图等让我们通过样本大致了解了总体.而经验分布函数可以用来描述总体分布函数的大致形状.

定义3 设$(X_1,X_2,\cdots,X_n)$是来自总体X的一个样本,对任一$x\in\mathbf{R}$,用$S(x)$表示X_1,$X_2,\cdots,X_n$中不大于x的随机变量的个数,定义**经验分布函数**(empirical distribution function)为

$$F_n(x)=\frac{1}{n}S(x),\quad \forall x\in\mathbf{R}.$$

具体地,设$(x_1,x_2,\cdots,x_n)$是样本的一个观测值,这n个数值按由小到大的顺序排列后为

$$x_1^*\leqslant x_2^*\leqslant x_3^*\leqslant\cdots\leqslant x_n^*.$$

对任一$x\in\mathbf{R}$,由定义很容易得到经验分布函数的观测值为

$$F_n(x)=\begin{cases}0, & x<x_1^*,\\ k/n, & x_k^*\leqslant x<x_{k+1}^*,\quad k=1,2,\cdots,n-1,\\ 1, & x\geqslant x_n^*.\end{cases}$$

通常也称 $F_n(x)$ 是总体 X 的经验分布函数，在不至于混淆的情况下，统一用 $F_n(x)$ 来表示总体 X 的经验分布函数.

显然，$F_n(x)$ 是单调非降右连续的跳跃函数（阶梯函数）. 在点 $x=x_k^*\ (k=1,2,3,\cdots,n)$ 处有间断，在每个间断点的跃度为 $\dfrac{1}{n}$，且 $0\leqslant F_n(x)\leqslant 1$，$\lim\limits_{x\to-\infty}F_n(x)=0$，$\lim\limits_{x\to+\infty}F_n(x)=1$，它满足分布函数的三个性质，所以必是一个分布函数.

一般地，随着 n 的增大，$F_n(x)$ 越来越接近 X 的分布函数 $F(x)$. 关于这一点，格列文科(Glivenko)在1933年给出了理论上的论证.

定理1 若总体 X 的分布函数为 $F(x)$，经验分布函数为 $F_n(x)$，则对任一 $x\in\mathbf{R}$，有

$$P(\lim_{n\to\infty}\sup_{-\infty<x<+\infty}|F_n(x)-F(x)|=0)=1.$$

定理表明，$F_n(x)$ 以概率1收敛于 $F(x)$，即可以用 $F_n(x)$ 来近似 $F(x)$. 这也是利用样本来估计和判断总体的基本理论和依据.

例1 从一批荧光灯中抽出5只，测其寿命（单位：千时），数据如下：

$$26.5,\quad 33.8,\quad 8.7,\quad 15.0,\quad 49.3.$$

求该批荧光灯寿命的经验分布函数 $F_n(x)$.

解 将数据由小到大排列得

$$8.7,\quad 15.0,\quad 26.5,\quad 33.8,\quad 49.3,$$

则经验分布函数为

$$F_n(x)=\begin{cases}0, & x<8.7,\\ 0.2, & 8.7\leqslant x<15.0,\\ 0.4, & 15.0\leqslant x<26.5,\\ 0.6, & 26.5\leqslant x<33.8,\\ 0.8, & 33.8\leqslant x<49.3,\\ 1, & 49.3\leqslant x.\end{cases}$$

习 题 6.1

1. 设总体 $X\sim B(1,p)$，$(X_1,X_2,\cdots,X_n)$ 为总体 X 的一个样本. 试求 $X_1,X_2,\cdots,X_n$ 的联合分布律.

2. 设电话交换台一小时内的呼唤次数 X 服从参数为 $\lambda(\lambda>0)$ 的泊松分布. 求来自这一总体的简单随机样本 $X_1,X_2,\cdots,X_n$ 的联合分布律.

3. 设某种电灯泡的寿命 X 服从参数为 $\lambda(\lambda>0)$ 的指数分布，求来自这一总体的简单随机样本 $X_1,X_2,\cdots,X_n$ 的联合概率密度.

4. 对以下样本值计算样本均值和样本方差：

99.3， 98.7， 100.05， 101.2， 98.3， 99.7， 99.5， 102.1， 100.5.

5. 设$(X_1,X_2,\cdots,X_n)$为来自总体 X 的一个样本,总体的数学期望和方差分别为 μ,σ^2. 求样本均值的数学期望与方差.

6. 设$(X_1,X_2,\cdots,X_n)$为来自总体 $X\sim N(\mu,\sigma^2)$的一个样本,其中 μ,σ^2 未知. 问下列变量中哪个不是统计量?

(1) X_1+X_2; (2) $\max\{X_1,X_2,\cdots,X_n\}$;

(3) $\min\{X_1,X_2,\cdots,X_n\}$; (4) $\dfrac{\overline{X}-\mu}{\sqrt{\sigma^2/n}}$.

7. 以下是某工厂通过调查得到的 10 名工人在一周内生产的产品数:

149, 156, 160, 138, 149, 153, 153, 169, 156, 156.

试由这批数据构造经验分布函数并作图.

§6.2 抽样分布

由上节知道,统计量是随机变量,它的分布称为抽样分布. 理论上,只要知道总体的分布就可以求出统计量的分布. 但是在一般情况下,想求出统计量的分布是相当困难的,本书主要介绍总体与正态分布相关的、数理统计中常见的抽样分布,由于论证过程需要较多的数学知识,我们主要给出有关结论,以供应用.

一、χ^2 分布

定义 1 设$(X_1,X_2,\cdots,X_n)$是来自总体 $X\sim N(0,1)$的一个样本,则称随机变量

$$\chi^2=X_1^2+X_2^2+\cdots+X_n^2$$

服从自由度为 n 的 **χ^2 分布**,记做 $\chi^2\sim\chi^2(n)$.

利用随机变量函数的分布的计算方法,可以证明,$\chi^2(n)$的概率密度为

$$f(x)=\begin{cases}\dfrac{1}{2^{\frac{n}{2}}\Gamma\left(\dfrac{n}{2}\right)}x^{\frac{n}{2}-1}\mathrm{e}^{-\frac{x}{2}}, & x>0,\\ 0, & x\leqslant 0,\end{cases}$$

其中 $\Gamma\left(\dfrac{n}{2}\right)=\int_0^{+\infty}x^{\frac{n}{2}-1}\mathrm{e}^{-x}\mathrm{d}x,\Gamma\left(\dfrac{1}{2}\right)=\sqrt{\pi}$. $f(x)$ 的图形如图 6.1 所示.

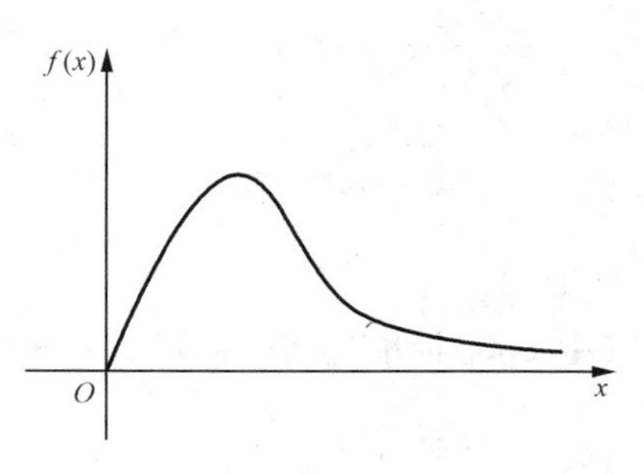

图 6.1

注 设$(X_1,X_2,\cdots,X_n)$为来自总体 $X\sim N(\mu,\sigma^2)$的一个样本,μ,σ^2 为已知常数,则

$$\chi^2=\frac{1}{\sigma^2}\sum_{i=1}^{n}(X_i-\mu)^2\sim\chi^2(n).$$

事实上，令 $Y_i=\dfrac{X_i-\mu}{\sigma}$，则 $Y_i \sim N(0,1), i=1,\cdots,n$，所以，$\chi^2=\sum\limits_{i=1}^{n} Y_i^2 \sim \chi^2(n)$.

χ^2 分布有如下基本性质：

(1) χ^2 分布的可加性，即若 $\chi_1^2 \sim \chi^2(n_1)$，$\chi_2^2 \sim \chi^2(n_2)$，且 χ_1^2 与 χ_2^2 相互独立，则

$$\chi_1^2+\chi_2^2 \sim \chi^2(n_1+n_2).$$

（证明从略.）

(2) 若 $\chi^2 \sim \chi^2(n)$，则 $E(\chi^2)=n, D(\chi^2)=2n$.

事实上，因为 $X_i \sim N(0,1), i=1,2,\cdots,n$，则

$$E(X_i^2)=D(X_i)=1,$$

$$D(X_i^2)=E(X_i^4)-[E(X_i^2)]^2=\frac{1}{\sqrt{2\pi}}\int_{-\infty}^{+\infty} x^4 \mathrm{e}^{-\frac{x^2}{2}}\mathrm{d}x-1=3-1=2.$$

所以

$$E(\chi^2)=E\left(\sum_{i=1}^{n} X_i^2\right)=\sum_{i=1}^{n} E(X_i^2)=n, \quad D(\chi^2)=D\left(\sum_{i=1}^{n} X_i^2\right)=\sum_{i=1}^{n} D(X_i^2)=2n.$$

定义 2　对于给定的正数 $\alpha(0<\alpha<1)$，称满足条件 $P(\chi^2>\chi_\alpha^2(n))=\alpha$ 的点 $\chi_\alpha^2(n)$ 为 $\chi^2(n)$ 分布的**上 α 分位数**（或 **α 分位点**），如图 6.2 所示.

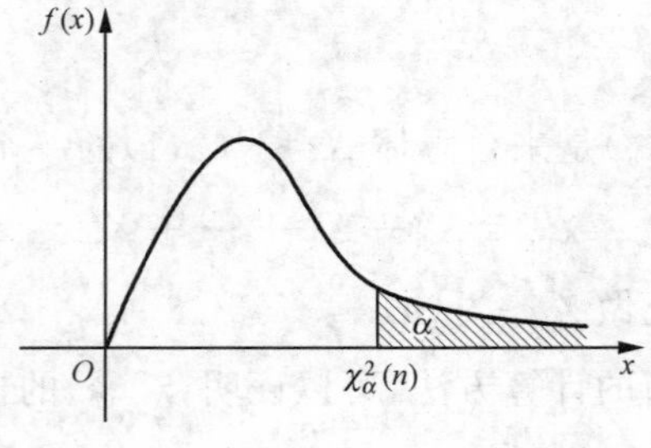

图　6.2

对于不同的 α 和 n，上 α 分位数 $\chi_\alpha^2(n)$ 可在书后附表 2 中查到，如：对于 $\alpha=0.05, n=10$，$\chi_{0.05}^2(10)=18.31$.

当 n 充分大时，费希尔(R. A. Fisher)曾证明

$$\chi_\alpha^2(n) \approx \frac{1}{2}(z_\alpha+\sqrt{2n-1})^2,$$

其中 z_α 是标准正态分布的上 α 分位数.

二、t 分布

定义 3　设 $X \sim N(0,1)$，$Y \sim \chi^2(n)$，且 X 与 Y 相互独立，则称随机变量

$$T=\frac{X}{\sqrt{Y/n}}$$

服从自由度为 n 的 t **分布**，记做 $T\sim t(n)$，t 分布又称为**学生氏**(Student)**分布**.

利用随机变量函数的分布的计算方法，可以证明 t 分布的概率密度为

$$f(x)=\frac{\Gamma\left(\frac{n+1}{2}\right)}{\sqrt{n\pi}\cdot\Gamma\left(\frac{n}{2}\right)}\left(1+\frac{x^2}{n}\right)^{-\frac{n+1}{2}},\quad -\infty<x<+\infty.$$

$f(x)$的图形如图 6.3 所示.

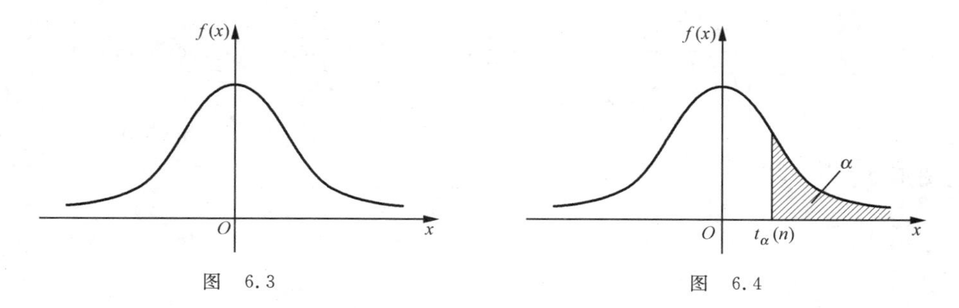

图 6.3　　图 6.4

t 分布有以下基本特点：

(1) $f(x)$关于 $x=0$ 对称.

(2) $f(x)$在点 $x=0$ 处达最大值.

(3) $f(x)$以 x 轴为水平渐近线.

(4) $\lim\limits_{n\to\infty}f(x)=\frac{1}{\sqrt{2\pi}}e^{-\frac{x^2}{2}}$，即当 $n\to\infty$ 时，t 分布近似标准正态分布 $N(0,1)$. 一般地，当 $n>30$ 时，t 分布与 $N(0,1)$非常接近.

(5) 当 n 较小时，t 分布与 $N(0,1)$有较大的差异，且对任意 $t_0\in\mathbf{R}$ 有

$$P(|T|\geqslant t_0)\geqslant P(|X|\geqslant t_0),\quad 其中\ T\sim t(n), X\sim N(0,1).$$

即 t 分布的尾部比 $N(0,1)$的尾部具有更大的概率.

(6) 若 $T\sim t(n)$，则当 $n>1$ 时，$E(T)=0$；当 $n>2$ 时，$D(T)=\frac{n}{n-2}$.

定义 4　对于给定的正数 $\alpha(0<\alpha<1)$，称满足条件 $P(T>t_\alpha(n))=\alpha$ 的点 $t_\alpha(n)$为 $t(n)$分布的**上 α 分位数**(或 **α 分位点**)，如图 6.4 所示.

对于不同的 α 和 n，上 α 分位数 $t_\alpha(n)$可在书后附表 3 中查到，如：对于 $\alpha=0.25, n=5$，$t_{0.25}(5)=0.7267$. 但在附表 3 中只给出了 $\alpha<0.5$ 时的上 α 分位数，如果要求 $\alpha>0.5$ 时的上 α 分位数，就要借助等式

$$t_{1-\alpha}(n)=-t_\alpha(n).$$

如：对于 $\alpha=0.25, n=5, t_{0.75}(5)=-t_{0.25}(5)=-0.7267$.

三、F 分布

定义5　设 $X\sim\chi^2(m), Y\sim\chi^2(n)$，且 X 与 Y 相互独立，则称随机变量

$$F=\frac{X/m}{Y/n}$$

服从自由度为 (m,n) 的 F **分布**，记做 $F\sim F(m,n)$，其中 m 为第一自由度，n 为第二自由度.

利用随机变量函数的分布的计算方法，可以证明 $F(m,n)$ 的概率密度为

$$f(x)=\begin{cases}\dfrac{\Gamma\left(\dfrac{m+n}{2}\right)}{\Gamma\left(\dfrac{m}{2}\right)\Gamma\left(\dfrac{n}{2}\right)}\left(\dfrac{m}{n}\right)\left(\dfrac{m}{n}x\right)^{\frac{m}{2}-1}\left(1+\dfrac{m}{n}x\right)^{-\frac{m+n}{2}}, & x>0. \\ 0, & x\leqslant 0.\end{cases}$$

$f(x)$ 的图形如图6.5所示.

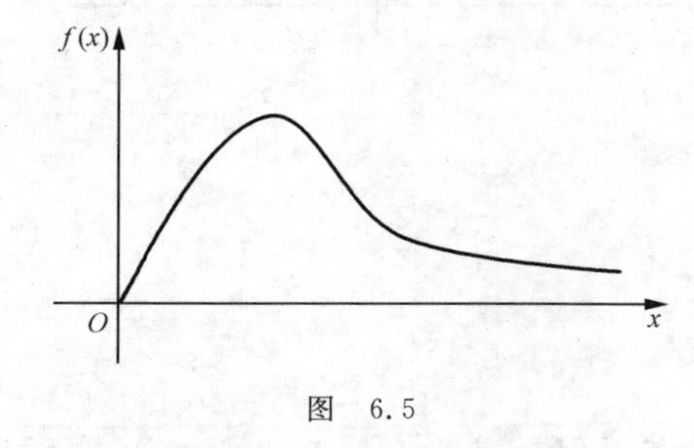

图　6.5

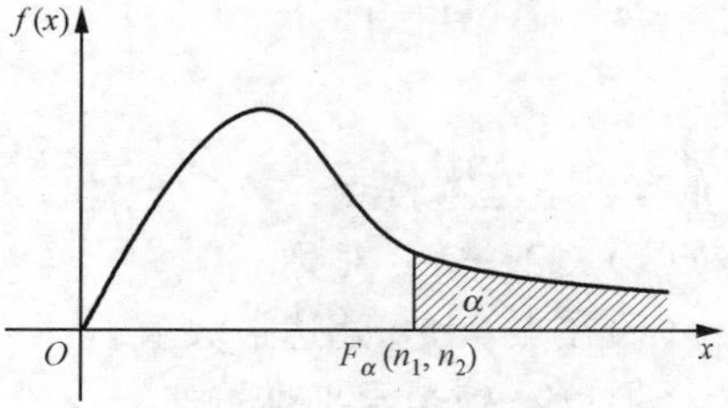

图　6.6

F 分布的基本特点有：

(1) 密度曲线不对称(偏态)；

(2) 若 $F\sim F(m,n)$，则 $\dfrac{1}{F}\sim F(n,m)$；

(3) 若 $T\sim t(n)$，则 $T^2\sim F(1,n)$.

定义6　对于给定的正数 $\alpha(0<\alpha<1)$，称满足条件 $P(F>F_\alpha(n_1,n_2))=\alpha$ 的点 $F_\alpha(n_1,n_2)$ 为 $F(n_1,n_2)$ 分布的**上 α 分位数**(或 **α 分位点**)，如图6.6所示.

对于不同的 α, n_1, n_2，当 α 较小时，上 α 分位数可在书后附表5中查到，如：对于 $\alpha=0.025, n_1=5, n_2=8, F_{0.025}(5,8)=4.82$. 而当 α 较大时，利用公式

$$F_{1-\alpha}(n_1,n_2)=\frac{1}{F_\alpha(n_2,n_1)}$$

并结合查表可求得上 α 分位数，如：$F_{0.975}(8,5)=\dfrac{1}{F_{0.025}(5,8)}=0.2075$.

四、正态总体的样本均值与样本方差的分布

定理 1 设$(X_1,X_2,\cdots,X_n)$为来自总体$X\sim N(\mu,\sigma^2)$的一个样本，$\overline{X}$为样本均值，则

$$\overline{X}\sim N\left(\mu,\frac{\sigma^2}{n}\right).$$

证 由于相互独立的正态分布的线性组合仍是正态分布，故$\overline{X}$服从正态分布. 又

$$E(\overline{X})=\mu,\quad D(\overline{X})=\frac{\sigma^2}{n}.$$

故

$$\overline{X}\sim N\left(\mu,\frac{\sigma^2}{n}\right).$$

定理 2 设$(X_1,X_2,\cdots,X_n)$为来自总体$X\sim N(\mu,\sigma^2)$的一个样本，$\overline{X},S^2$分别为样本均值和样本方差，则

(1) $\frac{(n-1)S^2}{\sigma^2}\sim\chi^2(n-1)$；

(2) $\overline{X}$与S^2独立；

(3) $\frac{\overline{X}-\mu}{S/\sqrt{n}}\sim t(n-1)$.

结合定理 1 及相关定义，容易得到上面的结论，具体证明从略.

定理 3 设$X=(X_1,X_2,\cdots,X_m)$是来自总体$X\sim N(\mu_1,\sigma_1^2)$的一个样本，$Y=(Y_1,Y_2,\cdots,Y_n)$是来自总体$Y\sim N(\mu_2,\sigma_2^2)$的一个样本，且$X$与$Y$相互独立，则

$$F=\frac{S_1^2/\sigma_1^2}{S_2^2/\sigma_2^2}\sim F(m-1,n-1).$$

其中$S_1^2=\frac{1}{m-1}\sum_{i=1}^{m}(X_i-\overline{X})^2,\overline{X}=\frac{1}{m}\sum_{i=1}^{m}X_i,S_2^2=\frac{1}{n-1}\sum_{i=1}^{n}(Y_i-\overline{Y})^2,\overline{Y}=\frac{1}{n}\sum_{i=1}^{n}Y_i$.

证 由χ^2分布的定义，可得

$$\frac{(m-1)S_1^2}{\sigma_1^2}\sim\chi^2(m-1),\quad \frac{(n-1)S_2^2}{\sigma_2^2}\sim\chi^2(n-1).$$

再由F分布的定义，可得

$$F=\frac{\frac{(m-1)S_1^2}{\sigma_1^2}\Big/(m-1)}{\frac{(n-1)S_2^2}{\sigma_2^2}\Big/(n-1)}=\frac{\sigma_2^2S_1^2}{\sigma_1^2S_2^2}\sim F(m-1,n-1).$$

定理 4 设$X_1,X_2,\cdots,X_m$是来自总体$X\sim N(\mu_1,\sigma_1^2)$的一个容量为$m$的样本，$Y_1,Y_2,\cdots,Y_n$是来自总体$Y\sim N(\mu_2,\sigma_2^2)$的一个容量为$n$的样本，且$X$与$Y$相互独立. 当$\sigma_1^2=\sigma_2^2=$

σ^2 时，

$$T=\frac{(\overline{X}-\overline{Y})-(\mu_1-\mu_2)}{\sqrt{(m-1)S_1^2+(n-1)S_2^2}}\sqrt{\frac{mn(m+n-2)}{m+n}}\sim t(m+n-2),$$

其中 $\overline{X},\overline{Y}$ 为样本均值.

证 因为 $\overline{X}\sim N\left(\mu_1,\frac{\sigma^2}{m}\right),\overline{Y}\sim N\left(\mu_2,\frac{\sigma^2}{n}\right)$，且 $\overline{X}$ 与 $\overline{Y}$ 相互独立，所以

$$\overline{X}-\overline{Y}\sim N\left(\mu_1-\mu_2,\frac{\sigma^2}{m}+\frac{\sigma^2}{n}\right),$$

即

$$\frac{(\overline{X}-\overline{Y})-(\mu_1-\mu_2)}{\sigma\sqrt{\frac{1}{m}+\frac{1}{n}}}\sim N(0,1).$$

又 $\frac{(m-1)S_1^2}{\sigma^2}\sim\chi^2(m-1),\frac{(n-1)S_2^2}{\sigma^2}\sim\chi^2(n-1)$，且它们相互独立，由 χ^2 分布的可加性，得

$$\frac{(m-1)S_1^2}{\sigma^2}+\frac{(n-1)S_2^2}{\sigma^2}\sim\chi^2(m+n-2).$$

再由 t 分布的定义，得

$$\frac{\dfrac{(\overline{X}-\overline{Y})-(\mu_1-\mu_2)}{\sigma\sqrt{1/m+1/n}}}{\sqrt{\dfrac{(m-1)S_1^2+(n-1)S_2^2}{\sigma^2}\Big/m+n-2}}$$

$$=\frac{(\overline{X}-\overline{Y})-(\mu_1-\mu_2)}{\sqrt{(m-1)S_1^2+(n-1)S_2^2}}\sqrt{\frac{mn(m+n-2)}{m+n}}\sim t(m+n-2).$$

习 题 6.2

1. 设$(X_1,X_2,\cdots,X_{10})$是来自总体 $X\sim N(0,0.3^2)$的一个容量为 10 的样本，求 $P\left(\sum_{i=1}^{10}X_i^2>1.44\right)$.

2. 设(X_1,X_2,X_3,X_4,X_5)是来自总体 $X\sim N(0,1)$的一个容量为 5 的样本，试求常数 c，使得

$$c\cdot\frac{X_1+X_2}{\sqrt{X_3^2+X_4^2+X_5^2}}$$

服从 t 分布.

3. 设(X_1,X_2,X_3,X_4,X_5)是来自总体 $X\sim N(2,2^2)$的一个容量为 5 的样本，问下列统计量各服从什么分布？

(1) $X_1+2X_2-3X_4$；

(2) $[(X_1-2)^2+(X_2-2)^2+(X_4-2)^2]/4$；

(3) $\dfrac{X_2-2}{\sqrt{(X_3-2)^2}}$；

(4) $\dfrac{(X_1-2)^2+(X_2-2)^2+(X_4-2)^2}{3(X_3-2)^2}$.

4. 设 $X\sim t(n)$，证明 $X^2\sim F(1,n)$.

5. 查附表计算 $z_{0.025}$，$\chi^2_{0.025}(10)$，$t_{0.025}(12)$，$t_{0.975}(12)$，$F_{0.01}(8,5)$，$F_{0.99}(7,6)$.

6. 证明 $F_{1-\alpha}(n_1,n_2)=\dfrac{1}{F_\alpha(n_2,n_1)}$.

7. 设总体 $X\sim N(80,20^2)$，从总体 X 中抽取一个容量为100的样本.求样本均值与总体均值之差的绝对值大于3的概率.

8. 设在总体 $X\sim N(\mu,\sigma^2)$ 中抽取一容量为16的样本，这里 μ,σ^2 未知.求

(1) $P(S^2\leqslant 2.04\sigma^2)$；　(2) $D(S^2)$.

9. 设 $X=(X_1,\cdots,X_{10})$，$Y=(Y_1,\cdots,Y_{15})$ 为来自正态分布 $N(20,3)$ 的两个相互独立的样本.求 $P(|\overline{X}-\overline{Y}|>0.3)$，其中 $\overline{X}=\dfrac{1}{10}\sum\limits_{i=1}^{10}X_i$，$\overline{Y}=\dfrac{1}{15}\sum\limits_{i=1}^{15}Y_i$.

10. 设总体 $X\sim N(3.4,6^2)$，从总体 X 中抽取一个容量为 n 的样本，如果要求样本均值位于区间(1.4,5.4)内的概率不小于0.95，问样本容量 n 至少应该取多大?

第6章小结

对研究对象的某一指标进行试验或观察，试验的全部可能的观测值称为总体，每个观测值称为个体，从中抽取一部分个体，构成一组样本.通过样本了解总体，并通过样本的统计量对总体进行统计推断.

样本均值 $\overline{X}=\dfrac{1}{n}\sum\limits_{i=1}^{n}X_i$ 和样本方差 $S^2=\dfrac{1}{n-1}\sum\limits_{i=1}^{n}(X_i-\overline{X})^2$ 是两个重要的统计量，注意，样本均值的数学期望和方差分别为

$$E(\overline{X})=E(X),\quad D(\overline{X})=\frac{D(X)}{n},$$

这里 X 为总体，$(X_1,X_2,\cdots,X_n)$ 为来自总体的一个样本.

χ^2 分布，t 分布，F 分布是统计学中的三种重要分布，要掌握其定义、概率密度的大致图像，会使用上 α 分位数.

一些重要结论要知道，如设 $(X_1,X_2,\cdots,X_n)$ 为来自正态总体 $X\sim N(\mu,\sigma^2)$ 的一个样本，

$\overline{X}, S^2$ 分别为样本均值和样本方差，则

(1) $E(\overline{X})=\mu, D(\overline{X})=\frac{\sigma^2}{n}, \overline{X} \sim N\left(\mu, \frac{\sigma^2}{n}\right)$；

(2) $\frac{(n-1)S^2}{\sigma^2} \sim \chi^2(n-1)$；

(3) $\overline{X}$ 与 S^2 独立；

(4) $\frac{\overline{X}-\mu}{S/\sqrt{n}} \sim t(n-1)$.

第7章 参数估计

上一章介绍了数理统计的基本概念，这一章我们研究数理统计的重要内容之一——统计推断．所谓统计推断，就是根据从总体中抽取的一个简单随机样本对总体进行分析和推断，即由样本来推断总体，或者说由部分推断总体——这是数理统计学的核心内容．它的基本问题包括两大类，一类是估计理论；另一类是假设检验．而估计理论又分为参数估计与非参数估计，其中，参数估计又分为点估计(point estimation)和区间估计(interval estimation)两种，本章我们主要研究参数估计这一部分内容．

§7.1 参数的点估计

一、问题的提出

在实际问题中我们经常遇到，随机变量 X(即总体 X)的分布函数 $F(x;\theta_1,\theta_2,\cdots,\theta_m)$ 的形式已知，但其中参数 $\boldsymbol{\theta}=(\theta_1,\theta_2,\cdots,\theta_m)$ 未知的情形．当得到了 X 的一个样本值 $(x_1,x_2,\cdots,x_n)$ 后，希望利用样本值来估计总体 X 的分布中的未知参数值；或者利用样本值估计总体 X 的某些数字特征．这类问题称为参数的**点估计问题**．

例 1 已知某电话局在单位时间内收到用户呼唤的次数是一个随机变量 X，它服从参数为 λ 的泊松分布 $P(\lambda)$，即 X 的分布律

$$P(X=k)=\frac{\lambda^k}{k!}\mathrm{e}^{-\lambda}\quad(k=0,1,2,\cdots)$$

的形式已知，但参数 λ 未知．今获得一个样本值 $(x_1,x_2,\cdots,x_n)$，要求估计 $\lambda=E(X)$ 的值，即要求估计在单位时间内平均收到的呼唤次数，进而确定在单位时间内收到 k 次呼唤的概率．

例 2 已知某种灯泡的寿命 $X\sim N(\mu,\sigma^2)$，即 X 的概率密度

$$f(x;\mu,\sigma^2)=\frac{1}{\sqrt{2\pi}\sigma}\mathrm{e}^{-\frac{(x-\mu)^2}{2\sigma^2}}\quad(-\infty<x<+\infty)$$

的形式已知，但参数 μ 和 σ^2 未知.获得一个样本值 $(x_1,x_2,\cdots,x_n)$ 后，要求估计 $\mu=E(X)$，$\sigma^2=D(X)$ 的值，即要求估计灯泡的平均寿命和寿命长度的差异程度，进而确定灯泡寿命 X 落在任何一个区间内的概率.

解决上述参数 $\boldsymbol{\theta}$ 的点估计问题的思路是：设法构造一个合适的统计量 $\hat{\boldsymbol{\theta}}=\hat{\boldsymbol{\theta}}(X_1,X_2,\cdots,X_n)$ 使其能在某种意义上对 $\boldsymbol{\theta}$ 作出合理的估计.在数理统计中，称统计量 $\hat{\boldsymbol{\theta}}=\hat{\boldsymbol{\theta}}(X_1,X_2,\cdots,X_n)$ 为 $\boldsymbol{\theta}$ 的**点估计量**，$\hat{\boldsymbol{\theta}}$ 的观测值 $\hat{\boldsymbol{\theta}}=\hat{\boldsymbol{\theta}}(x_1,x_2,\cdots,x_n)$ 称为 $\boldsymbol{\theta}$ 的**点估计值**.由于对不同的样本值，所得到的估计值一般是不同的，因此，点估计问题主要是解决如何求得未知参数 $\boldsymbol{\theta}$ 的点估计量.目前点估计方法的种类很多，本节介绍最常用的矩估计法和最大似然估计法.

二、矩估计法

矩估计法是由英国统计学家皮尔逊(K. Pearson)在1900年提出的求参数点估计的方法.

由大数定律知道，样本矩依概率收敛于总体矩.这就是说，只要样本容量 n 取得充分大时，用样本矩作为总体矩的估计可以达到任意精确的程度.根据这一原理，矩估计法的**基本思想**是：用样本的 k 阶原点矩 $A_k=\frac{1}{n}\sum\limits_{i=1}^{n}X_i^k$ 去估计总体 X 的 k 阶原点矩 $E(X^k)$，由此得到未知参数的估计量.具体步骤如下.

设总体 X 的分布律为 $P(X=x_i)=P(x_i;\theta_1,\theta_2,\cdots,\theta_m)$（或概率密度为 $f(x;\theta_1,\theta_2,\cdots,\theta_m)$），其中 $\theta_1,\theta_2,\cdots,\theta_m$ 是 m 个待估的未知参数.设对任意的 $k(k=1,2,\cdots,m)$，总体矩 $\mu_k=E(X^k)$ 存在，即

$$\mu_k=E(X^k)=\sum_{i=1}^{\infty}x_i^kP(x_i;\theta_1,\cdots,\theta_m)=\mu_k(\theta_1,\cdots,\theta_m),$$

或

$$\mu_k=E(X^k)=\int_{-\infty}^{+\infty}x^kf(x;\theta_1,\cdots,\theta_m)\mathrm{d}x=\mu_k(\theta_1,\cdots,\theta_m).$$

现用样本矩作为总体矩的估计量，即令

$$A_k=\frac{1}{n}\sum_{i=1}^{n}X_i^k=\mu_k(\theta_1,\theta_2,\cdots,\theta_m),\quad k=1,2,\cdots,m.$$

这便得到含 m 个未知参数 $\theta_1,\theta_2,\cdots,\theta_m$ 的方程组，解该方程组得

$$\hat{\theta}_k=\hat{\theta}_k(X_1,X_2,\cdots,X_n),\quad k=1,2,\cdots,m.$$

则以 $\hat{\theta}_k$ 作为未知参数 θ_k 的估计量，并称 $\hat{\theta}_k$ 为未知参数 θ_k 的**矩估计量**.这种求估计量的方法称为**矩估计法**.

例3 设总体 X 的均值 μ 及方差 σ^2 都存在但均未知，且有 $\sigma^2>0$，又设 $(X_1,X_2,\cdots,X_n)$ 是来自总体 X 的一个样本.试求 μ,σ^2 的矩估计量.

解 因为

$$\mu_1 = E(X) = \mu; \quad \mu_2 = E(X^2) = D(X) + [E(X)]^2 = \sigma^2 + \mu^2.$$

令

$$\mu_1 = A_1, \quad \mu_2 = A_2,$$

即

$$\mu = A_1, \quad \sigma^2 + \mu^2 = A_2.$$

解得

$$\mu = A_1, \quad \sigma^2 = A_2 - A_1^2.$$

所以所求 μ,σ^2 矩估计量分别为

$$\begin{cases} \hat{\mu} = \overline{X}, \\ \hat{\sigma}^2 = \dfrac{1}{n}\sum_{i=1}^{n}(X_i^2) - \overline{X}^2 = \dfrac{1}{n}\sum_{i=1}^{n}(X_i - \overline{X})^2 = B_2. \end{cases}$$

注 上述结果表明,总体均值与方差的矩估计量的表达式不会因总体的分布不同而异;同时,我们又注意到,总体均值是用样本均值来估计的,而总体方差(即总体的二阶中心矩)却不是用样本方差 S^2 来估计的,而是用样本二阶中心矩 B_2 来估计.那么,能否用 S^2 来估计 σ^2 呢?如果能,S^2 与 B_2 哪个更好?下节将再作详细讨论.

例 4 设总体 $X \sim P(\lambda)$,λ 未知,$(X_1, X_2, \cdots, X_n)$是 X 的一个样本.求 λ 的矩估计量.

解 因为 $E(X)=\lambda$,所以 $\hat{\lambda}=A_1=\overline{X}$.

例 5 设 X 服从$[a,b]$上的均匀分布,a,b 未知,$(X_1, X_2, \cdots, X_n)$为 X 的一个样本.求 a,b 的矩估计量.

解 已知

$$\begin{cases} \mu_1 = E(X) = \dfrac{a+b}{2}; \\ \mu_2 = E(X^2) = D(X) + [E(X)]^2 = \dfrac{1}{12}(b-a)^2 + \dfrac{(a+b)^2}{4}. \end{cases}$$

令 $A_1=\mu_1$,$A_2=\mu_2$,代入上述方程组,得

$$\begin{cases} A_1 = \dfrac{a+b}{2}, \\ A_2 = \dfrac{1}{12}(b-a)^2 + \dfrac{(a+b)^2}{4}, \end{cases} \text{即} \begin{cases} a+b = 2A_1, \\ b-a = \sqrt{12(A_2 - A_1^2)}. \end{cases}$$

解上述关于 a,b 的方程组,得

$$\begin{cases} \hat{a} = A_1 - \sqrt{3(A_2 - A_1^2)} = \overline{X} - \sqrt{\dfrac{3}{n}\sum_{i=1}^{n}(X_i - \overline{X})^2}; \\ \hat{b} = A_1 + \sqrt{3(A_2 - A_1^2)} = \overline{X} + \sqrt{\dfrac{3}{n}\sum_{i=1}^{n}(X_i - \overline{X})^2}. \end{cases}$$

三、最大似然估计法

最大似然估计法最初是由德国数学家高斯(Gauss)于1821年提出的,但未得到重视,直到1922年,英国统计学家费希尔(R. A. Fisher)再次提出并探讨了它的性质,随后他又作了进一步发展,使之成为数理统计中最重要,且应用最广泛的方法之一.由于最大似然估计法有许多优良性质,因此,当总体分布形式已知时,最好采用最大似然估计法来估计总体的未知参数.具体步骤如下.

若总体 X 的分布律为 $P(X=x)=p(x;\boldsymbol{\theta})$(或概率密度为 $f(x;\boldsymbol{\theta})$),其中 $\boldsymbol{\theta}=(\theta_1,\theta_2,\cdots,\theta_m)$ 为 m 个待估参数,$(X_1,X_2,\cdots,X_n)$ 是来自总体 X 的一个样本,则样本 $(X_1,X_2,\cdots,X_n)$ 的联合分布律为 $\prod_{i=1}^{n}p(x_i;\boldsymbol{\theta})$(或联合概率密度为 $\prod_{i=1}^{n}f(x_i;\theta)$),当给定样本值 $(x_1,x_2,\cdots,x_n)$ 后,它只是参数 $\boldsymbol{\theta}$ 的函数,记为 $L(\boldsymbol{\theta})$,即

$$L(\boldsymbol{\theta})=L(x_1,x_2,\cdots,x_n;\boldsymbol{\theta})=\prod_{i=1}^{n}p(x_i;\boldsymbol{\theta})\ (\text{或 } L(\boldsymbol{\theta})=L(x_1,x_2,\cdots,x_n;\boldsymbol{\theta})=\prod_{i=1}^{n}f(x_i;\boldsymbol{\theta}))$$

称为样本的**似然函数**.

注 若总体 X 是离散型随机变量,则似然函数是样本的联合分布律;若总体 X 是连续型随机变量,则似然函数是样本的联合概率密度.

最大似然估计法,是建立在最大似然原理基础上的求点估计量的方法.最大似然原理的**直观想法**是:在试验中概率最大的事件最有可能出现.因此,一个试验如有若干个可能结果 $A,B,C,\cdots$,而在一次试验中,结果 A 出现,则一般以为 A 出现的概率最大.下面通过实例来介绍最大似然原理.

例6 设有外形完全相同的两个箱子,甲箱有99个白球,1个黑球,乙箱有1个白球,99个黑球.今随机地抽取一箱,再从取出的箱子中抽取一球,结果取得白球.问这个白球是从哪一个箱子中取出的?

解 从甲箱中抽得白球的概率为

$$P(\text{白球}|\text{甲箱})=\frac{99}{100}.$$

而从乙箱中抽得白球的概率为

$$P(\text{白球}|\text{乙箱})=\frac{1}{100}.$$

由此看到,这个白球从甲箱中抽出的概率比从乙箱中抽出的概率大得多.根据最大似然原理,既然在一次抽样中抽得白球,当然可以认为是从概率大的箱子中抽出的.所以,我们做出统计推断:白球是从甲箱中抽出的.这一推断也符合人们长期的实践经验.

一般地,设总体 X 的分布律为 $P(X=x)=p(x;\boldsymbol{\theta})$,其中 $\boldsymbol{\theta}=(\theta_1,\theta_2,\cdots,\theta_m)$ 为待估参数.设 $(X_1,X_2,\cdots,X_n)$ 是来自总体 X 的一个样本,$(x_1,x_2,\cdots,x_n)$ 是相应于样本的一个样本值,

那么样本$(X_1,X_2,\cdots,X_n)$取到样本值$(x_1,x_2,\cdots,x_n)$的概率为

$$p=P(X_1=x_1,X_2=x_2,\cdots,X_n=x_n)=\prod_{i=1}^{n}p(x_i;\boldsymbol{\theta}).$$

既然在一次试验中得到了样本值$(x_1,x_2,\cdots,x_n)$，那么样本取该样本值的概率应较大.所以就应选取使这一概率达到最大的参数值作为未知参数的估计值，也就是选取使似然函数$L(\theta)$达到最大的参数值作为未知参数的估计值.这种求未知参数点估计的方法称为**最大似然估计法**.

定义1 假定如上，如果似然函数$L(\boldsymbol{\theta})$在$\hat{\boldsymbol{\theta}}=(\hat{\theta}_1,\hat{\theta}_2,\cdots,\hat{\theta}_m)$处达到最大值，则称$\hat{\theta}_1,\hat{\theta}_2,\cdots,\hat{\theta}_m$分别为$\theta_1,\theta_2,\cdots,\theta_m$的**最大似然估计值**.

需要注意的是，最大似然估计值$\hat{\boldsymbol{\theta}}$依赖于样本值，即

$$\hat{\theta}_i=\hat{\theta}_i(x_1,x_2,\cdots,x_n),\quad i=1,2,\cdots,m.$$

若将上式中的样本值$(x_1,x_2,\cdots,x_n)$替换成样本$(X_1,X_2,\cdots,X_n)$，则所得的$\hat{\theta}_i=\hat{\theta}_i(X_1,X_2,\cdots,X_n)$称为参数$\theta_i$的**最大似然估计量**.最大似然估计值与最大似然估计量统称为**最大似然估计**(maximum likelihood estimator，简记MLE).

由于$\ln L(\boldsymbol{\theta})$与$L(\boldsymbol{\theta})$有相同的最大值点，因此，$\hat{\boldsymbol{\theta}}$为最大似然估计量的充分必要条件为

$$\frac{\partial\ln L(\boldsymbol{\theta})}{\partial\theta_i}=0,\quad i=1,2,\cdots,m.$$

称上式为**似然方程**，其中$\boldsymbol{\theta}=(\theta_1,\theta_2,\cdots,\theta_m)$.

根据上面的分析，求最大似然估计量的一般步骤为：

(1) 先求似然函数$L(\boldsymbol{\theta})$；

(2) 一般地，再求出$\ln L(\boldsymbol{\theta})$及似然方程

$$\frac{\partial\ln L(\boldsymbol{\theta})}{\partial\theta_i}=0,\quad i=1,2,\cdots,m;$$

(3) 解似然方程得到最大似然估计值

$$\hat{\theta}_i=\hat{\theta}_i(x_1,x_2,\cdots,x_n),\quad i=1,2,\cdots,m;$$

(4) 最后得到最大似然估计量

$$\hat{\theta}_i=\hat{\theta}_i(X_1,X_2,\cdots,X_n),\quad i=1,2,\cdots,m.$$

例7 设$X\sim B(1,p)$，p为未知参数，$(x_1,x_2,\cdots,x_n)$是一个样本值.求参数p的最大似然估计量.

解 因为总体X的分布律为

$$P(X=x)=p^x(1-p)^{1-x},\quad x=0,1.$$

故似然函数为

$$L(p)=\prod_{i=1}^{n}p^{x_i}(1-p)^{1-x_i}=p^{\sum\limits_{i=1}^{n}x_i}(1-p)^{n-\sum\limits_{i=1}^{n}x_i},\quad x_i=0,1\ (i=1,2,\cdots,n).$$

对上式取对数得

$$\ln L(p)=\left(\sum_{i=1}^{n}x_i\right)\ln p+\left(n-\sum_{i=1}^{n}x_i\right)\ln(1-p).$$

似然方程为

$$[\ln L(p)]'=\frac{\sum\limits_{i=1}^{n}x_i}{p}+\frac{n-\sum\limits_{i=1}^{n}x_i}{p-1}=0,$$

解得 p 的最大似然估计值为 $\hat{p}=\frac{1}{n}\sum\limits_{i=1}^{n}x_i=\bar{x}$,所以 p 的最大似然估计量为

$$\hat{p}=\frac{1}{n}\sum_{i=1}^{n}X_i=\bar{X}.$$

例 8 设 $X\sim N(\mu,\sigma^2)$,μ,σ^2 为未知参数,$(X_1,X_2,\cdots,X_n)$ 为 X 的一个样本,$(x_1,x_2,\cdots,x_n)$ 是对应的一个样本值.求 μ,σ^2 的最大似然估计值及估计量.

解 因为 X 的概率密度为

$$f(x;\mu,\sigma)=\frac{1}{\sqrt{2\pi}\sigma}\mathrm{e}^{-\frac{(x-\mu)^2}{2\sigma^2}},\quad x\in\mathbf{R}.$$

所以似然函数为

$$L(\mu,\sigma^2)=\prod_{i=1}^{n}\frac{1}{\sqrt{2\pi}\sigma}\mathrm{e}^{-\frac{(x_i-\mu)^2}{2\sigma^2}}=(2\pi\sigma^2)^{-\frac{n}{2}}\mathrm{e}^{-\frac{1}{2\sigma^2}\sum\limits_{i=1}^{n}(x_i-\mu)^2}.$$

上式取对数,可得

$$\ln L(\mu,\sigma^2)=-\frac{n}{2}(\ln 2\pi+\ln\sigma^2)-\frac{1}{2\sigma^2}\sum_{i=1}^{n}(x_i-\mu)^2.$$

分别对 μ,σ^2 求导数

$$\begin{cases}\dfrac{\partial}{\partial\mu}(\ln L)=\dfrac{1}{\sigma^2}\sum\limits_{i=1}^{n}(x_i-\mu)=0,\\ \dfrac{\partial}{\partial\sigma^2}(\ln L)=-\dfrac{n}{2\sigma^2}+\dfrac{1}{2\sigma^4}\sum\limits_{i=1}^{n}(x_i-\mu)^2=0.\end{cases}$$

解得

$$\begin{cases}\hat{\mu}=\dfrac{1}{n}\sum\limits_{i=1}^{n}x_i=\bar{x},\\ \hat{\sigma}^2=\dfrac{1}{n}\sum\limits_{i=1}^{n}(x_i-\bar{x})^2.\end{cases}$$

所以,μ,σ^2 的最大似然估计值分别为

$$\hat{\mu}=\frac{1}{n}\sum_{i=1}^{n}x_i=\bar{x},\quad \hat{\sigma^2}=\frac{1}{n}\sum_{i=1}^{n}(x_i-\bar{x})^2.$$

μ,σ^2 的最大似然估计量分别为

$$\hat{\mu}=\frac{1}{n}\sum_{i=1}^{n}X_i=\bar{X},\quad \hat{\sigma^2}=\frac{1}{n}\sum_{i=1}^{n}(X_i-\bar{X})^2=B_2.$$

例 9 设 $X\sim U[a,b]$,a,b 为未知参数,$(x_1,x_2,\cdots,x_n)$是一个样本值. 求 a,b 的最大似然估计值和估计量.

解 由于 X 的概率密度为

$$f(x)=\begin{cases}\dfrac{1}{b-a}, & a\leqslant x\leqslant b.\\ 0, & \text{其他}.\end{cases}$$

则似然函数为

$$L(a,b)=\prod_{i=1}^{n}f(x_i)=\begin{cases}\dfrac{1}{(b-a)^n}, & a\leqslant x_1,x_2,\cdots,x_n\leqslant b,\\ 0, & \text{其他}.\end{cases}$$

通过分析可知,用解似然方程极大值的方法求最大似然估计很难求解(因为无极值点),所以可用直接观察法.

记 $x_{(1)}=\min\limits_{1\leqslant i\leqslant n}\{x_i\}$,$x_{(n)}=\max\limits_{1\leqslant i\leqslant n}\{x_i\}$,有 $a\leqslant x_1,x_2,\cdots,x_n\leqslant b$,进而有 $a\leqslant x_{(1)},x_{(n)}\leqslant b$,则对于满足条件: $a\leqslant x_{(1)},x_{(n)}\leqslant b$ 的任意 a,b 有

$$L(a,b)=\frac{1}{(b-a)^n}\leqslant\frac{1}{(x_{(n)}-x_{(1)})^n},$$

即 $L(a,b)$在 $a=x_{(1)},b=x_{(n)}$ 时取得最大值 $L_{\max}(a,b)=\dfrac{1}{(x_{(n)}-x_{(1)})^n}$,故 a,b 的最大似然估计值为

$$\hat{a}=x_{(1)}=\min_{1\leqslant i\leqslant n}\{x_i\},\quad \hat{b}=x_{(n)}=\max_{1\leqslant i\leqslant n}\{x_i\}.$$

a,b 的最大似然估计量为

$$\hat{a}=X_{(1)}=\min_{1\leqslant i\leqslant n}\{X_i\},\quad \hat{b}=X_{(n)}=\max_{1\leqslant i\leqslant n}\{X_i\}.$$

该例说明用微分法求最大似然估计不一定总是可行的,因而必须学会对某些特殊问题采用特殊的方法去处理. 另外,还必须懂得似然方程$\dfrac{\partial \ln L(\boldsymbol{\theta})}{\partial\theta_i}=0(i=1,2,\cdots,m)$的解可能是极大值点,也可能是极小值点,因此,必须避免使用实际上是极小值的解.

另外,最大似然估计具有如下性质: 设 $\boldsymbol{\theta}$ 的函数 $u=u(\boldsymbol{\theta})$存在单值的反函数,若 $\hat{\boldsymbol{\theta}}$ 是 X 的概率分布中参数 $\boldsymbol{\theta}$ 的最大似然估计,则 $\hat{u}=u(\hat{\boldsymbol{\theta}})$是 $u(\boldsymbol{\theta})$的最大似然估计.

习 题 7.1

1. 设总体 X 的概率密度为：

$$f(x;a)=\begin{cases}\dfrac{2(a-x)}{a^2}, & 0<x<a,\\ 0, & \text{其他}.\end{cases}$$

求未知参数 a 的矩估计量.

2. 设总体 X 的概率密度为

$$f(x;\theta)=\begin{cases}\dfrac{2\theta^2}{(\theta^2-1)x^2}, & x\in(1,\theta),\\ 0, & \text{其他}.\end{cases}$$

求未知参数 θ 的矩估计量.

3. 设总体 X 的概率密度为

$$f(x;\alpha)=\begin{cases}(\alpha+1)x^{\alpha}, & 0<x<1.\\ 0, & \text{其他},\end{cases}$$

其中 $\alpha>-1$ 是未知参数，$(X_1,X_2,\cdots,X_n)$ 是一样本，求：

(1) 参数 α 的矩估计量；　(2) 参数 α 的最大似然估计量.

4. 设总体 X 的概率密度为

$$f(x;\theta,\lambda)=\begin{cases}\dfrac{1}{\lambda}\mathrm{e}^{-\frac{x-\theta}{\lambda}}, & x\geqslant\theta,\\ 0, & x<\theta.\end{cases}$$

$(X_1,X_2,\cdots,X_n)$ 是一样本，求 θ 及 λ 的最大似然估计量.

5. 设与古典概型的随机试验相应的总体 X 以等概率 $\dfrac{1}{\theta}$ 取值 $1,2,\cdots,\theta$，θ 为未知参数，$(X_1,X_2,\cdots,X_n)$ 为来自总体 X 的样本. 求参数 θ 的矩估计量与最大似然估计量，并举例说明矩估计法的结果可能与实际不符.

6. 设总体 X 服从参数为 λ 的泊松分布，$\lambda>0$ 未知，$(X_1,X_2,\cdots,X_n)$ 为 X 的一个样本，求

(1) λ 的最大似然估计量；　(2) $P(X=0)$ 的最大似然估计量.

§7.2 估计量的评价准则

从上一节得到，对于同一参数，用不同的估计方法求出的估计量可能不相同. 也就是说，同一参数可能具有多种估计量，而且原则上讲，其中任何统计量都可以作为未知参数的估计量. 那么采用哪一个估计量为好呢？这就产生了如何评价与比较估计量好坏的问题. 下面从

估计量的数学期望及方差这两个数字特征出发,引入无偏估计、最小方差无偏估计、有效估计和相合估计等概念.

一、无偏性

设 $\hat{\theta}$ 是未知参数 θ 的估计量,则 $\hat{\theta}$ 是一个随机变量,对于不同的样本值就会得到不同的估计值,我们总希望估计值在 θ 的真实值的附近徘徊,而若估计量的数学期望恰等于 θ 的真实值,这就引出估计量的无偏性概念.

定义 1 设 $\hat{\theta}=\hat{\theta}(X_1,X_2,\cdots,X_n)$ 是未知参数 θ 的估计量,若 $E(\hat{\theta})=\theta$,则称 $\hat{\theta}$ 是 θ 的**无偏估计量**,称 $\hat{\theta}$ 具有**无偏性**(unbiasedness).

无偏性是对估计量的一个常见而重要的要求,在科学技术中,$E(\hat{\theta})-\theta$ 称为以 $\hat{\theta}$ 作为 θ 的估计的**系统误差**,无偏估计的实际意义就是无系统误差,只有随机误差.

设$(X_1,X_2,\cdots,X_n)$为 X 的一个样本,$E(X)=\mu$,$D(X)=\sigma^2$,其中 μ 为未知参数,由于

$$E(X_1)=E(\overline{X})=E\left(\frac{1}{2}X_1+\frac{1}{2}X_2\right)=\mu,$$

所以 $X_1,\overline{X},\frac{1}{2}X_1+\frac{1}{2}X_2$ 均是 μ 的无偏估计量.

例 1 设总体 X 的 k 阶中心矩 $\mu_k=E(X^k)(k\geqslant 1)$存在,$(X_1,X_2,\cdots,X_n)$是 X 的一个样本.证明:不论 X 服从什么分布,$A_k=\frac{1}{n}\sum_{i=1}^{n}X_i^k$ 总是 μ_k 的无偏估计量.

证 因为 $X_1,X_2,\cdots,X_n$ 与 X 同分布,所以 $E(X_i^k)=E(X^k)=\mu_k$,$i=1,2,\cdots,n$,因此

$$E(A_k)=\frac{1}{n}\sum_{i=1}^{n}E(X_i^k)=\mu_k.$$

特别地,不论 X 服从什么分布,只要 $E(X)$存在,$\overline{X}$ 总是 $E(X)$的无偏估计量.

例 2 设总体 X 的 $E(X)=\mu$,$D(X)=\sigma^2$ 都存在,且 $\sigma^2>0$,若 μ,σ^2 均为未知参数,则 σ^2 的估计量

$$\hat{\sigma}^2=\frac{1}{n}\sum_{i=1}^{n}(X_i-\overline{X})^2$$

不是无偏估计量.

证 因为 $\hat{\sigma}^2=\frac{1}{n}\sum_{i=1}^{n}(X_i-\overline{X})^2=\frac{1}{n}\sum_{i=1}^{n}X_i^2-\overline{X}^2$,所以

$$E(\hat{\sigma}^2)=\frac{1}{n}\sum_{i=1}^{n}E(X_i^2)-E(\overline{X}^2)=\frac{1}{n}\sum_{i=1}^{n}E(X^2)-[D\overline{X}+(E\overline{X})^2]$$

$$=(\sigma^2+\mu^2)-\left(\frac{\sigma^2}{n}+\mu^2\right)=\frac{n-1}{n}\sigma^2.$$

故 $\hat{\sigma}^2=\dfrac{1}{n}\sum\limits_{i=1}^{n}(X_i-\overline{X})$ 不是无偏估计量.

进一步,若在 $\hat{\sigma}^2$ 的两边同乘以$\dfrac{n}{n-1}$,则所得到的估计量就是无偏的了,即

$$E\left(\frac{n}{n-1}\hat{\sigma}^2\right)=\frac{n}{n-1}E(\hat{\sigma}^2)=\sigma^2,$$

而$\dfrac{n}{n-1}\hat{\sigma}^2$ 恰恰就是样本方差 $S^2=\dfrac{1}{n-1}\sum\limits_{i=1}^{n}(X_i-\overline{X})^2$.

可见,样本方差 S^2 可以作为 σ^2 的估计量,而且是无偏估计量.因此,从无偏的角度考虑,S^2 比 B_2 作为 σ^2 的估计好.可常用 S^2 作为方差 σ^2 的估计量.

例 3 设总体 $X\sim E(\theta)$,概率密度为

$$f(x;\theta)=\begin{cases}\dfrac{1}{\theta}e^{-\frac{x}{\theta}}, & x>0,\\ 0, & \text{其他},\end{cases} \quad \text{其中 } \theta>0 \text{ 为未知参数}.$$

又$(X_1,X_2,\cdots,X_n)$是 X 的一样本,则 $\overline{X}$ 和 $n(\min\{X_1,X_2,\cdots,X_n\})$都是 θ 的无偏估计量.

证 因为 $E(\overline{X})=E(X)=\theta$,所以 $\overline{X}$ 是 θ 的无偏估计量.

令 $Z=\min\{X_1,X_2,\cdots,X_n\}$,则 Z 服从参数为$\dfrac{\theta}{n}$的指数分布,其概率密度为

$$f_{\min}(z;\theta)=\begin{cases}\dfrac{n}{\theta}e^{-\frac{nz}{\theta}}, & z>0,\\ 0, & \text{其他}.\end{cases}$$

所以,$E(Z)=\dfrac{\theta}{n}$,从而有 $E(nZ)=\theta$,即 nZ 是 θ 的无偏估计量.

事实上,样本$(X_1,X_2,\cdots,X_n)$中的每一个 $X_i(i=1,\cdots,n)$均可作为 θ 的无偏估计量.那么,究竟哪个无偏估计量更好、更合理,这就看哪个估计量的观测值更接近真实值,即估计量的观测值更密集的分布在真实值的附近.我们知道,方差是反映随机变量取值的分散程度,所以无偏估计量以方差最小者为最好、最合理.为此引入了估计量的有效性概念.

二、有效性

定义 2 设 $\hat{\theta}_1=\hat{\theta}_1(X_1,X_2,\cdots,X_n)$与 $\hat{\theta}_2=\hat{\theta}_2(X_1,X_2,\cdots,X_n)$都是 θ 的无偏估计量,若有

$$D(\hat{\theta}_1)<D(\hat{\theta}_2),$$

则称 $\hat{\theta}_1$ **比** $\hat{\theta}_2$ **有效**(efficiency).若对 θ 的任一无偏估计量 $\hat{\theta}$ 都有

$$D(\hat{\theta}_0)\leqslant D(\hat{\theta}),$$

则称 $\hat{\theta}_0$ 为 θ 的**最小方差无偏估计量**.

例 4 设$(X_1,X_2,\cdots,X_n)$为 X 的一个样本,$\hat{\mu}_1=X_1$,$\hat{\mu}_2=\overline{X}$ 是总体均值 μ 的两个无偏估

计量. 证明 $\hat{\mu}_2$ 比 $\hat{\mu}_1$ 有效.

证 $\hat{\mu}_1$ 和 $\hat{\mu}_2$ 的方差分别为

$$D(X_1)=\sigma^2,\quad D(\overline{X})=\sigma^2/n.$$

因为 $n\geqslant 1$,所以 $D(\hat{\mu}_2)\leqslant D(\hat{\mu}_1)$,$\hat{\mu}_2$ 比 $\hat{\mu}_1$ 有效.

三、一致性(相合性)

估计量的无偏性和有效性是在样本容量固定的条件下提出的,然而我们不仅希望一个估计量是无偏的,而且是有效的,自然希望伴随样本容量的增大,估计值能稳定于待估参数的真值,为此引入一致性概念.

定义 3 设 $\hat{\theta}$ 是 θ 的估计量,若对任意 $\varepsilon>0$,有 $\lim\limits_{n\to\infty}P(|\hat{\theta}-\theta|<\varepsilon)=1$,则称 $\hat{\theta}$ 是 θ 的**一致性估计量**(或称**相合**(consistency)**估计量**).

例如,在任何分布中,$\overline{X}$ 是 $E(X)$的相合估计量,而 S^2 与 B_2 都是 $D(X)$的相合估计量.

在实际应用中,一个未知参数的估计量如何选取,根据经验和已有知识一般都有确定的选择对象,它并不需要我们每次都验证这三条性质. 同时,在实际使用时也并不是所有场合都需要三条性质都满足时才能使用,往往满足一两种性质就行了.

习 题 7.2

1. 设 $\hat{\theta}$ 是参数 θ 的无偏估计量,且有 $D(\hat{\theta})>0$. 试证 $\hat{\theta}^2$ 不是 θ^2 的无偏估计量.

2. 设总体 $X\sim N(\mu,\sigma^2)$,$(X_1,X_2,\cdots,X_n)$是来自总体的一个样本. 试确定常数 c,使 $c\sum\limits_{i=1}^{n-1}(X_{i+1}-X_i)^2$ 为 σ^2 的无偏估计量.

3. 设(X_1,X_2)为总体 X 的样本,则下列无偏估计量中,最有效的是(　　).

(A) $\frac{1}{4}X_1+\frac{3}{4}X_2$　　(B) $\frac{1}{3}X_1+\frac{2}{3}X_2$　　(C) $\frac{1}{2}X_1+\frac{1}{2}X_2$　　(D) $\frac{1}{5}X_1+\frac{4}{5}X_2$

4. 设从均值为 μ,方差为 $\sigma^2>0$ 的总体 X 中,分别抽取容量为 n_1,n_2 的两个独立样本 $X_1,X_2,\overline{X}_1,\overline{X}_2$ 分别是这两个样本的均值. 试证,对于任意常数 a,b,满足 $a+b=1$,估计量 $Y=a\overline{X}_1+b\overline{X}_2$都是 μ 的无偏估计量,并确定常数 a,b 使 $D(Y)$达到最小.

5. 设分别从总体 $N(\mu_1,\sigma^2)$和 $N(\mu_2,\sigma^2)$中抽取容量为 n_1,n_2 的两个独立样本,其样本方差分别为 S_1^2,S_2^2. 试证,对于任意常数 a,b,满足 $a+b=1$,估计量 $Z=aS_1^2+bS_2^2$ 都是 σ^2 的无偏估计量,并确定常数 a,b 使 $D(Z)$达到最小.

§7.3 区 间 估 计

上节中我们讨论了参数的点估计,它用一个统计量去估计未知参数,即用一组样本值计算出对应参数的估计值，而这个估计值不一定就是参数的真值. 实际上，即使它是参数的真值，我们也无法肯定它们相等. 因此，我们希望知道这个估计值与参数真值间的误差、估计值的范围以及可靠程度. 为弥补点估计这方面的不足，因而产生了区间估计的概念. 区间估计是估计理论的另一种重要形式，它是由奈曼(J. Neyman)于1934年引入，此项统计思想几十年来被高度的重视与广泛应用. 下面我们首先介绍置信区间的定义.

一、置信区间的概念

定义1 设$(X_1,X_2,\cdots,X_n)$为X的一个样本，θ为总体分布所包含的未知参数，若对于给定的常数$\alpha(0<\alpha<1)$，存在两个统计量$\underline{\theta}_1(X_1,X_2\cdots,X_n)$，$\overline{\theta}_2(X_1,X_2\cdots,X_n)$，满足

$$P(\underline{\theta}_1 \leqslant \theta \leqslant \overline{\theta}_2) = 1-\alpha, \tag{3.1}$$

则称$[\underline{\theta}_1,\overline{\theta}_2]$为$\theta$的置信水平为$1-\alpha$的**置信区间**(confidence interval)，$1-\alpha$称为**置信度**或**置信水平**(confidence level)，$\underline{\theta}_1$和$\overline{\theta}_2$分别称为双侧置信区间的**置信下限**和**置信上限**.

当X是连续型随机变量时，对于给定的常数α，我们总是可以按要求$P(\underline{\theta}_1\leqslant\theta\leqslant\overline{\theta}_2)=1-\alpha$求出置信区间；而当$X$是离散型随机变量时，对于给定的常数$\alpha$，我们常常找不到区间$[\underline{\theta}_1,\overline{\theta}_2]$使得$P(\underline{\theta}_1\leqslant\theta\leqslant\overline{\theta}_2)$恰为$1-\alpha$，此时我们取区间$[\underline{\theta}_1,\overline{\theta}_2]$使得$P(\underline{\theta}_1\leqslant\theta\leqslant\overline{\theta}_2)$至少为$1-\alpha$且尽可能接近$1-\alpha$.

(3.1)式的意义在于：若反复抽样多次，每个样本值确定一个区间$[\underline{\theta},\overline{\theta}]$，每个这样的区间要么包含$\theta$的真值，要么不包含$\theta$的真值，据伯努利大数定律，在这样多的区间中，包含$\theta$真值的约占$1-\alpha$，不包含$\theta$真值的约占$\alpha$. 比如，当$\alpha=0.005$时，反复抽样1000次，则得到的1000个区间中不包含θ真值的区间大约为5个.

类似地，有如下单侧置信限的概念：

定义2 假定如上，若$P(\theta>\theta_1)=1-\alpha$，则称$\theta_1$为$\theta$的置信水平为$1-\alpha$的**单侧置信下限**；若$P(\theta<\theta_2)=1-\alpha$，则称$\theta_2$为$\theta$的置信水平为$1-\alpha$的**单侧置信上限**.

接下来我们以一个实例来介绍构造置信区间的步骤.

例1 设总体$X\sim N(\mu,\sigma^2)$，σ^2为已知，μ为未知，$(X_1,X_2\cdots,X_n)$是来自X的一个样本. 求μ的置信水平为$1-\alpha$的置信区间.

解 由于$\overline{X}$是μ的无偏估计量，且有$U=\dfrac{\overline{X}-\mu}{\sigma/\sqrt{n}}\sim N(0,1)$，据标准正态分布的上$\alpha$分位数的定义有$P(|U|\leqslant z_{\frac{\alpha}{2}})=1-\alpha$，即

$$P\left(\overline{X}-\frac{\sigma}{\sqrt{n}}z_{\frac{\alpha}{2}}\leqslant\mu\leqslant\overline{X}+\frac{\sigma}{\sqrt{n}}z_{\frac{\alpha}{2}}\right)=1-\alpha.$$

所以μ的置信水平为$1-\alpha$的置信区间为

$$\left[\overline{X}-\frac{\sigma}{\sqrt{n}}z_{\frac{\alpha}{2}},\overline{X}+\frac{\sigma}{\sqrt{n}}z_{\frac{\alpha}{2}}\right],\quad 简写成\left[\overline{X}\pm\frac{\sigma}{\sqrt{n}}z_{\frac{\alpha}{2}}\right].$$

比如,当 $\alpha=0.05$ 时,查附表2得 $z_{\frac{\alpha}{2}}=z_{0.025}=1.96$,又当 $\sigma=1,n=16,\bar{x}=5.4$ 时,则得到一个置信水平为0.95的置信区间 $\left[5.4\pm\frac{1}{\sqrt{16}}\times1.96\right]$,即 $[4.91,5.89]$.

注意到,置信区间不唯一.在本例中,当 $\alpha=0.05$ 时,$P\left(-z_{0.04}<\frac{\overline{X}-\mu}{\sigma/\sqrt{n}}<z_{0.01}\right)=1-\alpha$,从而

$$P\left(\overline{X}-\frac{\sigma}{\sqrt{n}}z_{0.01}\leqslant\mu\leqslant\overline{X}+\frac{\sigma}{\sqrt{n}}z_{0.04}\right)=1-\alpha.$$

所以 μ 的置信水平为 $1-\alpha$ 的置信区间为

$$\left[\overline{X}-\frac{\sigma}{\sqrt{n}}z_{0.01},\ \overline{X}+\frac{\sigma}{\sqrt{n}}z_{0.04}\right].$$

又当 $\sigma=1,n=16,\bar{x}=5.4$ 时,则得到一个置信水平为0.95的置信区间为

$$\left[5.4-\frac{1}{\sqrt{16}}\times2.33,\ 5.4+\frac{1}{\sqrt{16}}\times1.75\right],\ 即\ [4.8175,\ 5.8375].$$

比较上述两个置信区间的长度可知,前者比后者短,而置信区间的长度表示估计的精度高或低,因此,前一个置信区间比后一个置信区间更优.由于正态分布的概率密度的图形是单峰且关于 y 轴对称,对固定的 n 及相同的 $1-\alpha$,自然选择置信区间为 $\left[\overline{X}\pm\frac{\sigma}{\sqrt{n}}z_{\frac{\alpha}{2}}\right]$.

通过例1,我们得到寻求未知参数 θ 的置信区间的一般步骤为:

(1) 寻求一个关于样本 $(X_1,X_2,\cdots,X_n)$ 的函数 $T(X_1,X_2,\cdots,X_n;\theta)$.它包含待估参数 θ,而不包含其他未知参数,并且 T 有一个确定的不依赖于任何未知参数的分布;

(2) 对于给定的置信水平 $1-\alpha$,确定出两个常数 a,b,使

$$P(a\leqslant T\leqslant b)=1-\alpha;\tag{3.2}$$

(3) 对于常数 a,b,由(3.2)式写出对应的等价形式

$$P(\underline{\theta}\leqslant\theta\leqslant\bar{\theta})=1-\alpha,$$

其中 $\underline{\theta}=\underline{\theta}(X_1,X_2\cdots,X_n)$,$\bar{\theta}=\bar{\theta}(X_1,X_2\cdots,X_n)$ 都是统计量,则 $[\underline{\theta},\bar{\theta}]$ 就是 θ 的一个置信水平为 $1-\alpha$ 的置信区间.

二、单个正态总体均值与方差的区间估计

1. 均值 μ 的置信区间

(1) 方差 σ^2 已知的情形

设 $(X_1,X_2,\cdots,X_n)$ 为来自总体 $X\sim N(\mu,\sigma^2)$ 的一个样本,μ 未知,σ^2 已知.求 μ 的置信水

平为 $1-\alpha$ 的置信区间.

由例 1 我们知道,μ 的置信水平为 $1-\alpha$ 的置信区间是 $\left[\overline{X}-\frac{\sigma}{\sqrt{n}}z_{\frac{\alpha}{2}},\ \overline{X}+\frac{\sigma}{\sqrt{n}}z_{\frac{\alpha}{2}}\right]$.

事实上,不论 X 服从什么分布,只要 $E(X)=\mu, D(X)=\sigma^2$,当样本容量足够大时,根据中心极限定理,$U=\frac{\overline{X}-\mu}{\sigma/\sqrt{n}}$ 近似服从标准正态分布,因此 μ 的置信水平为 $1-\alpha$ 的置信区间为

$$\left[\overline{X}-\frac{\sigma}{\sqrt{n}}z_{\frac{\alpha}{2}},\ \overline{X}+\frac{\sigma}{\sqrt{n}}z_{\frac{\alpha}{2}}\right]. \tag{3.3}$$

至于 n 取多大才算充分大,没有绝对标准,一般认为 n 不应小于 50,最好大于 100.

例 2　某车间生产的滚珠直径 X 服从正态分布 $N(\mu,0.06)$,现从某天生产的产品中抽取 6 个,测得直径(单位: mm)分别为

$$14.6,\quad 15.1,\quad 14.9,\quad 14.8,\quad 15.2,\quad 15.1.$$

试求平均直径的置信水平为 95%的置信区间.

解　已知置信水平 $1-\alpha=0.95$,则 $\alpha=0.05$,查附表 2 得 $z_{\frac{\alpha}{2}}=z_{0.025}=1.96$,又由样本值得样本均值为 $\bar{x}=14.95$,又 $n=6$,$\sigma=\sqrt{0.06}$. 从而有

$$\bar{x}-\frac{\sigma}{\sqrt{n}}z_{\frac{\alpha}{2}}=14.95-1.96\sqrt{\frac{0.06}{6}}=14.75,$$

$$\bar{x}+\frac{\sigma}{\sqrt{n}}z_{\frac{\alpha}{2}}=14.95+1.96\sqrt{\frac{0.06}{6}}=15.15.$$

由(3.3)式得平均直径的置信水平为 95%的置信区间为[14.75,15.15].

(2) 方差 σ^2 未知的情形

设 $(X_1,X_2,\cdots,X_n)$ 为来自总体 $X\sim N(\mu,\sigma^2)$ 的一个样本,μ,σ^2 均未知. 求 μ 的置信水平为 $1-\alpha$ 的置信区间.

据抽样分布有

$$T=\frac{\overline{X}-\mu}{S/\sqrt{n}}\sim t(n-1),\quad \text{其中 } S^2 \text{ 为样本方差}.$$

由自由度为 $n-1$ 的 t 分布的上分位数的定义有

$$P(|T|\leqslant t_{\frac{\alpha}{2}}(n-1))=1-\alpha,$$

即

$$P\left(\overline{X}-\frac{S}{\sqrt{n}}t_{\frac{\alpha}{2}}(n-1)\leqslant\mu\leqslant\overline{X}+\frac{S}{\sqrt{n}}t_{\frac{\alpha}{2}}(n-1)\right)=1-\alpha.$$

所以 μ 的置信水平为 $1-\alpha$ 的置信区间为

$$\left[\overline{X}-\frac{S}{\sqrt{n}}t_{\frac{\alpha}{2}}(n-1),\overline{X}+\frac{S}{\sqrt{n}}t_{\frac{\alpha}{2}}(n-1)\right]. \tag{3.4}$$

例 3 某糖厂用自动包装机装糖,设每包糖的重量服从正态分布 $N(\mu,\sigma^2)$,某日开工后测得 9 包糖的重量(单位:kg)分别为:

99.3, 98.7, 100.5, 101.2, 98.3, 99.7, 99.5, 102.1, 100.5.

试求每包糖平均重量的置信水平为 95%的置信区间.

解 已知置信水平 $1-\alpha=0.95$,则 $\alpha=0.05$,查附表 3 得 $t_{\frac{\alpha}{2}}(n-1)=t_{0.025}(8)=2.306$,又由样本值得样本均值和方差分别为

$$\bar{x}=99.978,\quad s^2=1.47.$$

从而有

$$\bar{x}-\frac{s}{\sqrt{n}}t_{\frac{\alpha}{2}}(n-1)=99.978-2.306\sqrt{\frac{1.47}{9}}=99.046.$$

$$\bar{x}+\frac{s}{\sqrt{n}}t_{\frac{\alpha}{2}}(n-1)=99.978+2.306\sqrt{\frac{1.47}{9}}=100.91.$$

由(3.4)式得每包糖平均重量的置信水平为 95%的置信区间为[99.046,100.91].

2. **方差 σ^2 的置信区间**

设$(X_1,X_2,\cdots,X_n)$为来自总体 $X\sim N(\mu,\sigma^2)$的一个样本,μ 和 σ^2 均未知. 求 σ^2 的置信水平为 $1-\alpha$ 的置信区间.

据抽样分布有

$$\chi^2=\frac{(n-1)S^2}{\sigma^2}=\frac{\sum\limits_{i=1}^{n}(X_i-\bar{X})^2}{\sigma^2}\sim\chi^2(n-1),\quad \text{其中 } S^2 \text{ 为样本方差.}$$

由自由度为 $n-1$ 的 χ^2 分布的上分位数的定义有

$$P(\chi^2_{1-\frac{\alpha}{2}}(n-1)\leqslant\chi^2\leqslant\chi^2_{\frac{\alpha}{2}}(n-1))=1-\alpha,$$

即

$$P\left(\frac{(n-1)S^2}{\chi^2_{\frac{\alpha}{2}}(n-1)}\leqslant\sigma^2\leqslant\frac{(n-1)S^2}{\chi^2_{1-\frac{\alpha}{2}}(n-1)}\right)=1-\alpha,$$

或

$$P\left[\sqrt{\frac{(n-1)S^2}{\chi^2_{\frac{\alpha}{2}}(n-1)}}\leqslant\sigma\leqslant\sqrt{\frac{(n-1)S^2}{\chi^2_{1-\frac{\alpha}{2}}(n-1)}}\right]=1-\alpha.$$

所以 σ^2 的一个置信水平为 $1-\alpha$ 的置信区间为

$$\left[\frac{(n-1)S^2}{\chi^2_{\frac{\alpha}{2}}(n-1)},\frac{(n-1)S^2}{\chi^2_{1-\frac{\alpha}{2}}(n-1)}\right].\tag{3.5}$$

而 σ 的置信水平为 $1-\alpha$ 的置信区间为

$$\left[\frac{\sqrt{n-1}S}{\sqrt{\chi^2_{\frac{\alpha}{2}}(n-1)}},\frac{\sqrt{n-1}S}{\sqrt{\chi^2_{1-\frac{\alpha}{2}}(n-1)}}\right].$$

注 当分布不对称时,如 χ^2 分布和 F 分布,习惯上仍然取其对称的分位点,来确定置信区间,但所得区间不是最短的.

例 4 从自动机床加工的同类零件中抽取 16 件,测得长度(单位: cm)分别为

12.15, 12.12, 12.01, 12.08, 12.09, 12.16, 12.06, 12.13,
12.07, 12.11, 12.08, 12.01, 12.03, 12.01, 12.03, 12.06.

假设零件长度服从正态分布 $N(\mu,\sigma^2)$,分别求零件长度的方差 σ^2 和标准差 σ 的置信水平为 95%的置信区间.

解 已知置信水平 $1-\alpha=0.95$,则 $\alpha=0.05$,查附表 4 得 $\chi^2_{0.025}(15)=27.49$,$\chi^2_{0.975}(15)=6.26$,又由样本值得样本均值和样本方差分别为

$$\bar{x}=12.08,\quad (n-1)s^2=0.037.$$

从而有

$$\frac{(n-1)s^2}{\chi^2_{\frac{\alpha}{2}}(n-1)}=\frac{0.037}{27.49}\approx 0.0013,$$

$$\frac{(n-1)s^2}{\chi^2_{1-\frac{\alpha}{2}}(n-1)}=\frac{0.037}{6.26}\approx 0.059.$$

由(3.5)式得 σ^2 的置信区间为[0.0013,0.0059],σ 的置信区间为[0.036,0.077].

三、两个正态总体的情形

在实际中常遇到下面的问题:已知产品的某一质量指标服从正态分布,但由于原料、设备条件、操作人员不同,或工艺过程的改变等因素,引起总体均值、总体方差有所改变.我们需要知道这些变化有多大,这就要考虑两个正态总体均值差或方差比的估计问题.

设总体 $X\sim N(\mu_1,\alpha_1^2)$,$Y\sim N(\mu_2,\sigma_2^2)$,$X$ 与 Y 相互独立,$(X_1,X_2,\cdots,X_m)$为来自 X 的一个样本,$(Y_1,Y_2,\cdots,Y_n)$为来自 Y 的一个样本,给定置信水平为 $1-\alpha$,设 $\bar{X}$,$\bar{Y}$ 和 S_1^2,S_2^2 分别为总体 X 与 Y 的样本均值与样本方差.

1. 求 $\mu_1-\mu_2$ 的置信区间

(1) 方差 $\sigma_1^2=\sigma_2^2$ 但未知的情形

令 $S_w^2=\dfrac{(m-1)S_1^2+(n-1)S_2^2}{m+n-2}$,据抽样分布可知

$$T=\frac{(\bar{X}-\bar{Y})-(\mu_1-\mu_2)}{\sqrt{\dfrac{1}{m}+\dfrac{1}{n}}\cdot S_w}\sim t(m+n-2).$$

由 t 分布的上分位数的定义有

$$P(|T|\leqslant t_{\frac{\alpha}{2}}(m+n-2))=1-\alpha.$$

从而可得 $\mu_1-\mu_2$ 的置信水平为 $1-\alpha$ 的置信区间为

$$\left[(\overline{X}-\overline{Y})-t_{\frac{\alpha}{2}}(m+n-2)S_w\sqrt{\frac{1}{m}+\frac{1}{n}},(\overline{X}-\overline{Y})+t_{\frac{\alpha}{2}}(m+n-2)S_w\sqrt{\frac{1}{m}+\frac{1}{n}}\right].\tag{3.6}$$

(2) 方差 σ_1^2,σ_2^2 均为已知的情形

与(1)类似,不难得到 $\mu_1-\mu_2$ 的置信水平为 $1-\alpha$ 的置信区间为

$$\left[\overline{X}-\overline{Y}-z_{\frac{\alpha}{2}}\sqrt{\frac{\sigma_1^2}{m}+\frac{\sigma_2^2}{n}},\overline{X}-\overline{Y}+z_{\frac{\alpha}{2}}\sqrt{\frac{\sigma_1^2}{m}+\frac{\sigma_2^2}{n}}\right].\tag{3.7}$$

例 5 为比较甲、乙两种型号步枪子弹的枪口速度,随机地取甲型子弹 10 发,得到枪口平均速度为 $\bar{x}_1=500(\text{m/s})$,标准差为 $s_1=1.10(\text{m/s})$;取乙型子弹 20 发,得到枪口平均速度为 $\bar{x}_2=496(\text{m/s})$,标准差为 $s_2=1.20(\text{m/s})$,假设两总体都可认为近似地服从正态分布,且由生产过程可认为它们的方差相等.求两总体均值差 $\mu_1-\mu_2$ 的置信水平为 0.95 的置信区间.

解 已知置信水平 $1-\alpha=0.95$,则 $\alpha/2=0.025$.又 $m=10,n=20$,则 $m+n-2=28$,查附表 3 得 $t_{0.025}(28)=2.0484$,则 $s_w^2=\dfrac{9\times1.1^2+19\times1.2^2}{28}$,所以 $s_w=\sqrt{s_w^2}=1.1688$.由(3.6)式知,$\mu_1-\mu_2$ 的置信水平为 0.95 的置信区间为

$$\left[(\bar{x}_1-\bar{x}_2)-s_w\cdot t_{0.025}(28)\cdot\sqrt{\frac{1}{10}+\frac{1}{20}},(\bar{x}_1-\bar{x}_2)+s_w\cdot t_{0.025}(28)\cdot\sqrt{\frac{1}{10}+\frac{1}{20}}\right].$$

代入数据,可得

$$[3.07,4.93].$$

2. 求 σ_1^2/σ_2^2 的置信区间(μ_1,μ_2 均未知)

据抽样分布知

$$F=\frac{S_1^2/\sigma_1^2}{S_2^2/\sigma_2^2}\sim F(m-1,n-1).$$

由 F 分布的上分位数定义及其特点有

$$P(F_{1-\frac{\alpha}{2}}(m-1,n-1)<F<F_{\frac{\alpha}{2}}(m-1,n-1))=1-\alpha.$$

可得 σ_1^2/σ_2^2 的置信水平为 $1-\alpha$ 的置信区间为

$$\left[\frac{S_1^2}{S_2^2}\cdot\frac{1}{F_{\frac{\alpha}{2}}(m-1,n-1)},\frac{S_1^2}{S_2^2}\cdot\frac{1}{F_{1-\frac{\alpha}{2}}(m-1,n-1)}\right].\tag{3.8}$$

例 6 为了考察温度对某物体断裂强力的影响,在 70℃与 80℃分别重复作了 8 次试验,测得断裂强力(单位:MPa)的数据如下:

70℃:20.5, 18.8, 19.8, 20.9, 21.5, 19.5, 21.0. 21.2;

80℃:17.7, 20.3, 20.0, 18.8, 19.0, 20.1, 20.2, 19.1.

假定 70℃与 80℃下的断裂强力分别用 X 和 Y 表示,且 $X\sim N(\mu_1,\alpha_1^2)$,$Y\sim N(\mu_2,\sigma_2^2)$,$X$ 与 Y

相互独立. 试求方差比 σ_1^2/σ_2^2 的置信水平为90%的置信区间.

解 由样本值计算得

$$m=8,\quad \bar{x}=20.4,\quad s_1^2=0.8857,$$
$$n=8,\quad \bar{y}=19.4,\quad s_2^2=0.8286.$$

已知置信水平 $1-\alpha=0.90$,则 $\alpha=0.10$,查附表5得 $F_{0.05}(7,7)=3.79$,则 $F_{0.95}(7,7)=\dfrac{1}{F_{0.05}(7,7)}=0.2639$. 由(3.8)式知 σ_1^2/σ_2^2 的置信水平为90%的置信区间为

$$\left[0.2639\times\frac{0.8857}{0.8286},3.79\times\frac{0.8857}{0.8286}\right],\text{ 即 }[0.2821,4.0512].$$

习 题 7.3

1. 设由来自总体 $X\sim N(\mu,0.9^2)$ 容量为9的简单随机样本得样本均值 $\bar{x}=5$,则未知参数 μ 的置信水平为0.95的置信区间是______.

2. 假如0.50,1.25,0.80,2.00是来自总体 X 的样本值,已知 $Y=\ln X$ 服从正态分布 $N(\mu,1)$.

(1) 求 $E(X)$(记 $E(X)=b$);

(2) 求 μ 的置信水平为0.95的置信区间;

(3) 利用上述结果,求 b 的置信水平为0.95的置信区间.

3. 某单位职工每天的医疗费(单位: 元)服从 $N(\mu,\sigma^2)$,现抽查25天,得样本均值 $\bar{x}=170$ 元,样本方差 $s=30$ 元. 试求 μ 的置信水平为0.95的置信区间.

4. 一批零件的20个样品的直径(单位: cm)分别为

4.98, 5.11, 5.20, 5.20, 5.11, 5.00, 5.61, 4.88, 5.27, 5.38,

5.46, 5.27, 5.23, 4.96, 5.35, 5.15, 5.35, 4.77, 5.38, 5.54.

设零件的直径服从正态分布,求:

(1) 零件直径总体均值 μ 的置信水平为0.95的置信区间;

(2) 零件直径总体标准差 σ 的置信水平为0.95的置信区间.

5. 为了比较甲、乙两种型号的灯泡寿命(单元: h),随机地抽取甲种灯泡5只,测得平均寿命 $\bar{x}=1000$ h,样本标准差 $s_1=28$ h;随机地抽取乙种灯泡7只,测得平均寿命 $\bar{y}=980$ h,样本标准差 $s_2=32$ h. 假定这两种灯泡寿命都服从正态分布且方差相同,求 $\mu_1-\mu_2$ 的置信水平为0.95的置信区间.

6. 有两位化验员 A,B 独立地对某种聚合物的含氮量用同样的方法分别作10次和11次测定,测定的方差分别为 $s_1^2=0.519$,$s_2^2=0.6065$. 设 A,B 两位化验员的测定值服从正态分布,其总体方差分别为 σ_1^2,σ_2^2,求方差比 σ_1^2/σ_2^2 在置信水平为0.9下的置信区间.

7. A random sample of $n=25$ taken from a normal population has $\bar{x}=50$ and $s=8$.

Form a 95% confidence interval for μ.

第 7 章小结

1. 当总体的分布类型已知，但分布中含有未知参数，如何根据样本来估计未知参数，这就是参数估计问题. 本章介绍了点估计的概念，给出了矩估计法和最大似然估计法，介绍了估计量的评价准则，介绍了区间估计、置信水平和置信区间的概念，最后给出了正态总体均值和方差的置信区间.

2. 估计量是$(X_1,X_2,\cdots,X_n)$的函数，它是随机变量；而估计值是用样本值$(x_1,x_2,\cdots,x_n)$计算得到的，它是一个数值. 将估计值中的样本值$(x_1,x_2,\cdots,x_n)$对应换成$(X_1,X_2,\cdots,X_n)$便得到了估计量.

3. 用矩估计法和最大似然估计法分别对参数 θ 进行点估计，思想与步骤完全不同，得到的估计量可能相同，也可能不同.

4. 区间估计以点估计为基础，又有别于点估计. 常用的正态总体均值和方差的区间估计结果归纳如下表：

	待估参数	统计量	置信区间
单总体	μ	$U=\dfrac{\overline{X}-\mu}{\sigma/\sqrt{n}}$($\sigma^2$ 已知)	$\left[\overline{X}\pm\dfrac{\sigma}{\sqrt{n}}z_{\alpha/2}\right]$
		$T=\dfrac{\overline{X}-\mu}{S/\sqrt{n}}$($\sigma^2$ 未知)	$\left[\overline{X}\pm\dfrac{S}{\sqrt{n}}t_{\alpha/2}(n-1)\right]$
	σ^2	$\chi^2=\dfrac{(n-1)S^2}{\sigma^2}$	$\left[\dfrac{(n-1)S^2}{\chi^2_{\frac{\alpha}{2}}(n-1)},\dfrac{(n-1)S^2}{\chi^2_{1-\frac{\alpha}{2}}(n-1)}\right]$
双总体	$\mu_1-\mu_2$	$T=\dfrac{(\overline{X}-\overline{Y})-(\mu_1-\mu_2)}{\sqrt{\dfrac{1}{m}+\dfrac{1}{n}}\cdot S_w}$($\sigma_1^2=\sigma_2^2$ 但未知)	$\left[(\overline{X}-\overline{Y})\pm t_{\alpha/2}(m+n-2)\cdot S_w\cdot\sqrt{\dfrac{1}{m}+\dfrac{1}{n}}\right]$
		$U=\dfrac{(\overline{X}-\overline{Y})-(\mu_1-\mu_2)}{\sqrt{\dfrac{\sigma_1^2}{m}+\dfrac{\sigma_2^2}{n}}}$($\sigma_1^2,\sigma_2^2$ 均已知)	$\left[\overline{X}-\overline{Y}\pm z_{\alpha/2}\sqrt{\dfrac{\sigma_1^2}{m}+\dfrac{\sigma_2^2}{n}}\right]$
	$\dfrac{\sigma_1^2}{\sigma_2^2}$	$F=\dfrac{S_1^2/\sigma_1^2}{S_2^2/\sigma_2^2}$($\mu_1,\mu_2$ 均未知)	$\left[\dfrac{S_1^2}{S_2^2}\cdot\dfrac{1}{F_{\alpha/2}(m-1,n-1)},\dfrac{S_1^2}{S_2^2}\cdot\dfrac{1}{F_{1-\alpha/2}(m-1,n-1)}\right]$

第8章

假设检验

上一章讨论的参数估计问题，是在总体的参数未知时，根据观测数据找出参数的估计，从而确定相应的总体. 如果对参数的信息有所了解，但又存在怀疑或猜测而需要证实，则应用假设检验(hypothesis test)来处理，这是统计推断的又一基本问题，在统计理论和实际应用中具有重要地位，对诸如处理实验数据、建立产品验收方案、比较所关心的某个数量指标等都有一定的指导作用. 这一章中，主要介绍正态总体的均值和方差的假设检验问题.

§8.1　假设检验的基本思想

一、假设检验所要解决的问题

假设检验就是根据来自总体的样本，对关于该总体分布的某些论断的正确性进行检验. 这些论断以后统一称为**统计假设**，简称**假设**，以字母 H 表示. 论断(即“假设”)的类型是多种多样的，它们可能产生于对随机现象的实际观察，也可能产生于对随机现象的理论分析，常有一定的实际背景.

通过下面的例子可以粗略地了解假设检验所要解决的问题.

例1　设某厂生产一种灯管，其寿命(单位：小时)服从正态分布，从过去的生产情况看，其均值为1500小时，标准差为400小时，今采用新工艺后，从产品中抽取25只测得平均寿命为1675小时. 试问新工艺对灯管寿命是否有显著影响?

在该例中，我们关心的问题是新工艺对灯管的寿命是否有显著影响，即 $\mu=1500$ 是否成立，如果成立，则新工艺没有显著影响，如果不成立，则新工艺有显著影响. 可以把它作为假设，即

$$H_0: \mu = 1500 \longleftrightarrow H_1: \mu \neq 1500.$$

根据样本判断这个假设是否成立.

例2　某工厂产品的次品率记为 p，按规定：若 $p\leqslant 0.03$，则这批产

品可以外销,否则降价处理.但由于检查这种产品是破坏性的,因此,不能对每个产品都检查.现从大批产品中抽查 50 件,发现其中有 2 件次品.问这批产品能否外销?

这里关心的问题是这批产品的次品率 $p\leqslant 0.03$ 是否成立,即提出了假设 $H_0: p\leqslant 0.03$.根据抽查结果判断这个假设是否成立.

例 3 机床加工精度可以用其加工的产品的某指标的方差来度量.欲比较甲、乙两个机床的加工精度,从这两个机床加工的产品中分别抽取 n_1, n_2 个样品,测量这些样品的直径得到样本观测值为

$$甲: x_1, x_2, \cdots, x_{n_1}; \quad 乙: y_1, y_2, \cdots, y_{n_2}.$$

如果我们已知产品的直径服从正态分布,问如何根据样本观测值判断这两个机床的加工精度是否一样?

这里关心的问题是这两个机床的方差是否相同,即提出了假设 $H_0: \sigma_{甲}^2=\sigma_{乙}^2$.根据样本判断这个假设是否成立.

上面只是介绍了假设检验的几个问题,以便于对假设检验所能解决的问题有所了解.事实上,假设检验的内容和方法是很多的.

二、与假设检验有关的基本概念

1. 原假设和备择假设

完整的统计假设一般包括两部分:原假设 H_0 和备择假设 H_1.**原假设**(null hypothesis)又叫**零假设**或**基本假设**,习惯上用 H_0 表示.它常常是根据历史资料,或根据周密考虑后确定的.通常原假设在研究过程中是受到保护的,若没有充分的根据,原假设是不被轻易否定的.**备择假设**(alternative hypothesis)是与原假设对立的假设,又称**对立假设**,用 H_1 表示.

虽然原假设 H_0 的提出是有一定道理的,但并不是说 H_0 绝对正确永远不能被否定.当根据抽样调查的资料有充分的理由否定 H_0 时,我们就应该尊重现实,否定 H_0 而接受与其对立的假设 H_1,即 H_0 与 H_1 二者之中只有一个是真实的,我们通过假设检验的方法鉴别它们,要么认为 H_0 真实,H_1 不真,要么认为 H_1 真实,H_0 不真.在检验过程中,由于某些技术上的原因,H_0 与 H_1 的地位是不平等的,客观上 H_0 受到保护.所以在处理具体问题时,H_0 的选取比较慎重,通常把需要着重考察的比较稳定、保守的假设作为零假设.例如,例 1 中,$H_0: \mu=1500$;例 2 中,$H_0: p\leqslant 0.03$;例 3 中,$H_0: \sigma_{甲}^2=\sigma_{乙}^2$.

2. 双边检验(two-tailed test)和单边检验(one-tailed test)

在例 1 中,我们给出的假设检验是 $H_0: \mu=1500 \longleftrightarrow H_1: \mu\neq 1500$,这类假设检验的备择假设 H_1 分布在原假设 H_0 的两侧,则对形式如 $H_0: \mu=\mu_0 \longleftrightarrow H_1: \mu\neq\mu_0$ 的假设检验称为**双边假设检验**.

在例 2 中,假设检验的备择假设 $H_1: p>0.03$ 分布在原假设 $H_0: p\leqslant 0.03$ 的右侧,则对形式如 $H_0: \mu\leqslant\mu_0 \longleftrightarrow H_1: \mu>\mu_0$ 的假设检验称为**右侧单边检验**;而对形如 $H_0: \mu\geqslant\mu_0$

$\longleftrightarrow H_1: \mu<\mu_0$ 的假设检验称为**左侧单边检验**.左侧单边检验和右侧单边检验统称为**单边检验**.

三、假设检验的基本原理

假设检验的基本原理是**小概率原理**,即"**概率很小的事件在一次试验中几乎不会发生**".这个原理是人们通过大量社会实践经验发现的,而且人们在社会生活中经常广泛地使用这个原理.

例如,上街遇到车祸是小概率事件,人们深信在一次外出活动中几乎遇不上车祸,因而街上行人总是安然地来来往往.再如,假定某种商品的次品率很小,则买到的一件商品几乎不可能正好是次品.反之,如果买到的是一件次品,则人们一定会认为这商品的次品率很高.

从概率论角度来解释:根据大数定律,在大量重复试验中,事件出现的频数(以接近于 1 的概率)接近于它们的概率.倘若某事件 A 的概率 α 甚小,则在大量重复试验中出现的频率应该很小.例如,若 $\alpha=0.001$,则平均来说,1000 次试验中 A 才出现一次.因此,概率很小的事件在一次试验中实际上不大可能出现.在概率论的应用中,称这样的事件为**实际不可能事件**.

在统计检验中,我们根据实际问题提出一个假设 H_0(即原假设),并取定一个小正常数 $\alpha(0<\alpha<1)$,通常取 $\alpha=0.01,0.05,0.10$.在 H_0 成立时,若某事件 A 是小概率事件,$P(A)\leqslant\alpha$,则认为 A 是一个实际不可能事件.若试验的结果为事件 A 没有发生,我们认为 H_0 是成立的.反之,如果试验的结果为事件 A 发生了,这就违反了小概率事件原理,因而推知 A 不是小概率事件,这与"H_0 成立"相矛盾,于是断言 H_0 不成立.

四、假设检验的显著性水平及两类错误

假设检验的目的是要根据样本信息做出决策,也就是做出是否拒绝原假设而倾向于备择假设的决策.显然,我们总希望能做出正确的决策,但是由于决策是建立在样本信息的基础之上,而样本又是随机的,因而就有可能犯错误.假设检验过程中可能发生以下两类错误:

弃真错误:H_0 为真但拒绝了 H_0,又叫**第一类错误**(type Ⅰ error).

取伪错误:H_0 不真但接受了 H_0,又叫**第二类错误**(type Ⅱ error).

习惯上,把犯第一类错误的概率记为 α,犯第二类错误的概率记为 β.即

$$P(\text{拒绝 } H_0 \mid H_0 \text{ 为真}) = \alpha, \quad P(\text{接受 } H_0 \mid H_0 \text{ 为假}) = \beta.$$

在选定检验准则时,应力求犯两类错误的概率都最小.然而,当样本容量 n 固定时,建立犯两类错误的概率都最小的检验准则一般是不可能的.因此,习惯上以及历史上处理这类问题通常只对犯第一类错误的概率加以限制(不考虑犯第二类错误的概率大小),即对犯第一类错误的概率取定一个上界 $\alpha(0<\alpha<1)$.对于给定的样本容量 n 和犯第一类错误的概率 α 来选定检验的法则,使 H_0 成立时犯第一类错误的概率不超过 α.在这种原则下所制定的假

设检验称为**显著性检验**，α 称为**显著性水平**.

由此可知，显著性水平 α 实际上就是犯第一类错误(弃真错误)的概率，又称**弃真概率**. 一般地，随着样本容量 n 的增大，能够得到更多关于总体的信息，从而犯弃真错误的概率更小.

五、假设检验的步骤

下面我们通过例 1 的求解过程给出假设检验的步骤.

解 设采用新工艺生产的产品的寿命为总体 $X\sim N(\mu,\sigma^2)$，根据经验，标准差一般没有变化还是 400，新工艺对灯管寿命是否有显著影响，那就相当于提出了假设

$$H_0: \mu=\mu_0=1500 \longleftrightarrow H_1: \mu\neq\mu_0=1500.$$

由于要判断的是总体均值 μ 是否等于 μ_0，所以我们选用样本均值 $\overline{X}$ 来进行判断. $\overline{X}$ 的观测值 $\overline{x}$ 的大小在一定程度上反映了 μ 的大小. 因此，如果原假设 H_0 为真，则 $|\overline{X}-\mu_0|$ 一般不应偏大，若 $|\overline{X}-\mu_0|$ 过分大，我们就怀疑 H_0 的正确性而拒绝 H_0. 又 $|\overline{X}-\mu_0|$ 的大小可以用 $\dfrac{|\overline{X}-\mu_0|}{\sigma/\sqrt{n}}$ 来衡量，因此选定一个常数 k，当 $\dfrac{|\overline{X}-\mu_0|}{\sigma/\sqrt{n}}\geqslant k$ 时，拒绝 H_0；当 $\dfrac{|\overline{X}-\mu_0|}{\sigma/\sqrt{n}}<k$ 时，接受 H_0. 然而，即使 H_0 实际上是对的，我们也可能拒绝 H_0，即犯了第一类错误. 若犯第一类错误的概率为 α，则

$$P(\text{拒绝 } H_0 \mid H_0 \text{ 为真})=P\left(\frac{|\overline{X}-\mu_0|}{\sigma/\sqrt{n}}\geqslant k\right)=\alpha.$$

根据抽样分布知，当 H_0 为真时，统计量 $U=\dfrac{\overline{X}-\mu_0}{\sigma/\sqrt{n}}\sim N(0,1)$，而由标准正态分布的上 α 分位数的定义知

$$P\left(\frac{|\overline{X}-\mu_0|}{\sigma/\sqrt{n}}\geqslant z_{\alpha/2}\right)=\alpha,\ \text{即 } k=z_{\alpha/2}.$$

因此，当 $\dfrac{|\overline{X}-\mu_0|}{\sigma/\sqrt{n}}\geqslant z_{\alpha/2}$ 时，就拒绝 H_0；当 $\dfrac{|\overline{X}-\mu_0|}{\sigma/\sqrt{n}}<z_{\alpha/2}$ 时，就接受 H_0.

若取 $\alpha=0.05$，则 $z_{\alpha/2}=z_{0.025}=1.96$，由已知条件 $\sigma=400, n=25, \overline{x}=1675, \mu_0=1500$，可得

$$\frac{|\overline{x}-\mu_0|}{\sigma/\sqrt{n}}=\frac{175}{80}=2.18>1.96=z_{\alpha/2}.$$

从而拒绝 H_0，而认为 H_1 是正确的，即认为新工艺对灯管寿命有显著影响.

本例使用的统计量 $U=\dfrac{\overline{X}-\mu_0}{\sigma/\sqrt{n}}$ 称为**检验统计量**.

拒绝原假设 H_0 的区域称为检验的**拒绝域**(rejection region)，拒绝域的边界点叫**临界点**(represents critical value). 如本例中，H_0 的拒绝域为 $\dfrac{|\overline{X}-\mu_0|}{\sigma/\sqrt{n}}\geqslant z_{\alpha/2}$，临界点为 $z_{\alpha/2}$.

本节最后，归纳一下假设检验的步骤：

(1) 根据实际问题的要求提出原假设 H_0 及备择假设 H_1；

(2) 确定检验统计量及其分布；

(3) 给定显著性水平 α，确定拒绝域；

(4) 由样本观测值计算检验统计量的值；

(5) 根据检验统计量的值落入拒绝域还是未落入拒绝域中，作出拒绝还是接受 H_0 的判断.

习 题 8.1

1. 某乐器厂以往生产乐器采用的是一种镍合金弦线，这种弦线的平均抗拉强度(单位：MPa)不超过 1035 MPa. 现产品开发小组研究了一种新型弦线，考虑新型弦线平均抗拉强度是否超过 1035 MPa，对这种问题进行假设检验时采取哪种形式？

2. 研究人员发现，当禽类被拘禁在一个很小的空间内时，就会发生同类相残的现象. 一位孵化并出售小鸡的商人想检验某一品种的小鸡因为同类的相残而导致的死亡率是否小于 0.04. 试帮助这位商人定义检验参数并建立适当的原假设和备择假设.

3. 简述假设检验原理.

4. 设$(X_1, X_2, \cdots, X_{10})$是一组来自总体 $X \sim B(1,p)(0<p<1)$的样本，考虑如下假设检验问题：

$$H_0: p = 0.2 \longleftrightarrow H_1: p = 0.4.$$

若拒绝域为：$\overline{X} \geqslant 0.5$，求该检验犯两类错误的概率.

5. 设$(X_1, X_2, \cdots, X_{16})$是一组来自正态总体 $X \sim N(\mu, 4)$的样本，考虑如下假设检验问题：

$$H_0: \mu = 6 \longleftrightarrow H_1: \mu \neq 6.$$

若拒绝域为：$|\overline{X}-6| \geqslant c$，试求常数 c 使得假设检验的显著性水平为 0.05，并求该假设检验在 $\mu=6.5$ 处犯第二类错误的概率.

§8.2 正态总体均值的假设检验

一、单正态总体的均值检验

当假设检验是关于正态总体均值 μ 的假设时，该总体中的另一个参数，即方差 σ^2 是否已知，会影响到对于检验统计量的选择，故下面分两种情形进行讨论.

1. 方差 σ^2 已知的情形

设总体 $X \sim N(\mu, \sigma^2)$，其中总体方差 σ^2 已知，$(X_1, X_2, \cdots, X_n)$是取自 X 的一个样本，$\overline{X}$

为样本均值.假设检验为

$$H_0: \mu = \mu_0 \longleftrightarrow H_1: \mu \neq \mu_0.$$

由本章第1节的例1,我们可以知道取检验统计量$U=\dfrac{\overline{X}-\mu_0}{\sqrt{\sigma^2/n}}$,此时拒绝域为(见图8.1)

$$|U| = \left|\frac{\overline{X}-\mu_0}{\sigma/\sqrt{n}}\right| \geqslant z_{\alpha/2}.$$

这种检验我们又称为U**检验**.

根据一次抽样后得到的样本观测值$x_1,x_2,\cdots,x_n$计算出U的观测值u.若$|u|\geqslant z_{\alpha/2}$,则拒绝原假设$H_0$,即认为总体均值$\mu$与$\mu_0$有显著差异;若$|u|<z_{\alpha/2}$,则接受原假设$H_0$,即认为总体均值$\mu$与$\mu_0$无显著差异.

类似地,对单边检验有:

(1) 右侧单边检验$H_0: \mu\leqslant\mu_0 \longleftrightarrow H_1: \mu>\mu_0$,其中$\mu_0$为已知常数,可得拒绝域为(见图8.2)

$$U = \frac{\overline{X}-\mu_0}{\sigma/\sqrt{n}} \geqslant z_\alpha;$$

(2) 左侧单边检验$H_0: \mu\geqslant\mu_0 \longleftrightarrow H_1: \mu<\mu_0$,其中$\mu_0$为已知常数,可得拒绝域为(见图8.3)

$$U = \frac{\overline{X}-\mu_0}{\sigma/\sqrt{n}} \leqslant -z_\alpha.$$

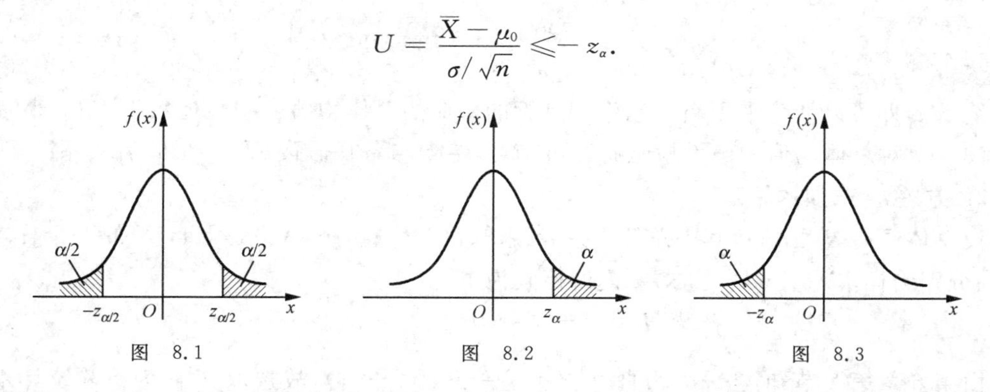

图 8.1　　图 8.2　　图 8.3

例1 一台包装机装洗衣粉,额定标准重量为500 g,根据以往经验,包装机的实际装袋重量服从正态分布$N(\mu,\sigma_0^2)$,其中$\sigma_0=15$ g.为检验包装机工作是否正常,随机抽取9袋,称得洗衣粉净重(单位:g)数据如下:

497, 506, 518, 524, 488, 517, 510, 515, 516.

若取显著性水平$\alpha=0.05$,问这台包装机工作是否正常?

解 本题归结于双边假设检验$H_0: \mu=500 \longleftrightarrow H_1: \mu\neq500$.

选取统计量$U=\dfrac{\overline{X}-500}{15/\sqrt{9}}$,由正态分布表可知:$z_{\alpha/2}=z_{0.025}=1.96$,因此拒绝域为

$$|U|=\frac{\overline{X}-500}{15/\sqrt{9}}\geqslant 1.96.$$

又 $\overline{x}=510.11$，得

$$|u|=\frac{\overline{x}-500}{15/\sqrt{9}}=2.022\geqslant 1.96.$$

故拒绝 H_0，即这台包装机工作不正常.

例 2 已知某工厂生产的某种灯管的寿命 $X\sim N(1500,200^2)$（单位：小时）. 为了提高灯管的寿命，工厂试用了新的工艺，设新工艺生产灯管的寿命 $X\sim N(\mu,200^2)$. 测试了用新工艺生产的 25 只灯管的寿命，算出平均值为 $\overline{x}=1575$ 小时. 问新工艺是否明显地优于原来的工艺，即是否可认为采用新工艺生产的灯管寿命的总体均值 μ 明显地大于 1500 小时（$\alpha=0.05$）?

解 本题归结于右侧单边检验 $H_0:\mu\leqslant 1500\longleftrightarrow H_1:\mu>1500$.

选取统计量 $U=\dfrac{\overline{X}-1500}{200/\sqrt{25}}$，由正态分布表可知：$z_\alpha=z_{0.05}=1.645$，因此拒绝域为

$$U=\frac{\overline{X}-1500}{200/\sqrt{25}}\geqslant 1.645.$$

又 $\overline{x}=1575$，得

$$u=\frac{\overline{x}-1500}{200/\sqrt{25}}=1.875\geqslant 1.645.$$

故拒绝 H_0，即可以认为采用新工艺生产灯管的寿命的总体均值 μ 明显地大于 1500 小时.

注 从对总体均值的假设检验研究可知，拒绝域与备择假设 H_1 的形式有关系.

2. 方差 σ^2 未知的情形

设总体 $X\sim N(\mu,\sigma^2)$，其中总体方差 σ^2 未知，$(X_1,X_2,\cdots,X_n)$ 是取自 X 的一个样本，$\overline{X}$ 与 S^2 分别为样本均值与样本方差. 假设检验为

$$H_0:\mu=\mu_0\longleftrightarrow H_1:\mu\neq\mu_0.$$

由第 6 章第 2 节知，当 H_0 为真时，$T=\dfrac{\overline{X}-\mu_0}{S/\sqrt{n}}\sim t(n-1)$，故选取 T 作为检验统计量，记其观测值为 t. 相应的检验称为 **t 检验**.

由于 $\overline{X}$ 是 μ 的无偏估计量，S^2 是 σ^2 的无偏估计量，当 H_0 成立时，$|t|$ 不应太大；而当 H_1 成立时，$|t|$ 有偏大的趋势，故拒绝域的形式为

$$|T|=\left|\frac{\overline{X}-\mu_0}{S/\sqrt{n}}\right|\geqslant k\,(k\text{ 待定}).$$

对于给定的显著性水平 α，查 t 分布表得 $k=t_{\alpha/2}(n-1)$，则

$$P(|T|\geqslant t_{\alpha/2}(n-1))=\alpha.$$

由此即得拒绝域为

$$|T| = \left|\frac{\overline{X}-\mu_0}{S/\sqrt{n}}\right| \geqslant t_{\alpha/2}(n-1).$$

根据一次抽样后得到的样本观测值 $x_1, x_2, \cdots, x_n$ 计算出 T 的观测值 t. 若 $|t| \geqslant t_{\alpha/2}(n-1)$，则拒绝原假设 H_0，即认为总体均值 μ 与 μ_0 有显著差异；若 $|t| < t_{\alpha/2}(n-1)$，则接受原假设 H_0，即认为总体均值 μ 与 μ_0 无显著差异.

类似地，对单边检验有：

(1) 右侧单边检验 $H_0: \mu \leqslant \mu_0 \longleftrightarrow H_1: \mu > \mu_0$，其中 μ_0 为已知常数，可得拒绝域为

$$T = \frac{\overline{X}-\mu_0}{S/\sqrt{n}} \geqslant t_\alpha(n-1);$$

(2) 左侧单边检验 $H_0: \mu \geqslant \mu_0 \longleftrightarrow H_1: \mu < \mu_0$，其中 μ_0 为已知常数. 可得拒绝域为

$$T = \frac{\overline{X}-\mu_0}{S/\sqrt{n}} \leqslant -t_\alpha(n-1).$$

例 3 某型号灯泡的寿命 X(单位：小时)服从正态分布. 从一批灯泡中任意取出 10 只，测得其寿命分别为

1490, 1440, 1680, 1610, 1500, 1750, 1550, 1420, 1800, 1580.

能否认为这批灯泡的平均寿命为 1600 小时($\alpha=0.05$)？

解 本题归结于双边假设检验

$$H_0: \mu = 1600 \longleftrightarrow H_1: \mu \neq 1600.$$

由于方差 σ^2 未知，故选择统计量 $T=\frac{\overline{X}-\mu_0}{S/\sqrt{n}}$，由所给的样本值求得 $\bar{x}=1582, s^2=16528.89$，查 t 分布表得临界点为 $t_{\alpha/2}(n-1)=t_{0.025}(9)=2.2622$，故

$$|t| = \left|\frac{1582-1600}{\sqrt{16528.89/10}}\right| = 0.443 < 2.2622.$$

因此可以接受 H_0，即可以认为这批灯泡的平均寿命为 1600 小时.

例 4 设某工厂每天的用水量 X(单位：立方米)服从正态分布. 正常情况下，平均每天的用水量 $\mu \geqslant 500$ 立方米. 为了节约用水，欲对用水设备改造. 在改造的试验阶段，进行了 $n=16$ 次测定，所得样本均值 $\bar{x}=470$ 立方米，样本方差 $s^2=6400$ 立方米. 问这种改造是否有实际效益($\alpha=0.10$)？

解 本题归结于左侧单边检验

$$H_0: \mu \geqslant 500 \longleftrightarrow H_1: \mu < 500.$$

由于方差 σ^2 未知，故选择检验统计量 $T=\frac{\overline{X}-\mu_0}{S/\sqrt{n}}$，由所给的样本值求得 $\bar{x}=470, s^2=6400$，查 t 分布表得临界点为 $t_\alpha(n-1)=t_{0.1}(15)=1.3406$，故

$$t=\frac{470-500}{\sqrt{6400}}\sqrt{16}=-1.5<-1.3406.$$

因此拒绝 H_0，即认为这种改造有实际效益.

二、两正态总体的均值检验

设总体 $X\sim N(\mu_1,\sigma_1^2)$，$Y\sim N(\mu_2,\sigma_2^2)$，$X$ 与 Y 相互独立，$(X_1,X_2,\cdots,X_n)$ 为来自 X 的一个容量为 n 的样本，$(Y_1,Y_2,\cdots,Y_m)$ 为来自 Y 的一个容量为 m 的样本，设 $\overline{X}$，$\overline{Y}$ 和 S_1^2，S_2^2 分别为总体 X 与 Y 的样本均值和样本方差，对给定的显著性水平 α，假设检验为

$$H_0:\mu_1-\mu_2=0\longleftrightarrow H_1:\mu_1-\mu_2\neq 0.$$

1. 方差 σ_1^2，σ_2^2 已知的情形

由于 $\overline{X}$ 和 $\overline{Y}$ 是相互独立的正态分布，由正态分布的可加性知，$\overline{X}-\overline{Y}$ 服从正态分布，则

$$E(\overline{X}-\overline{Y})=\mu_1-\mu_2,\quad D(\overline{X}-\overline{Y})=\frac{\sigma_1^2}{n}+\frac{\sigma_2^2}{m}.$$

故

$$\overline{X}-\overline{Y}\sim N\left(\mu_1-\mu_2,\frac{\sigma_1^2}{n}+\frac{\sigma_2^2}{m}\right).$$

因此选取统计量为 $U=\dfrac{(\overline{X}-\overline{Y})-(\mu_1-\mu_2)}{\sqrt{\sigma_1^2/n+\sigma_2^2/m}}$，在 H_0 成立条件下，$U\sim N(0,1)$. 这是一个双边假设检验问题，故拒绝域为

$$|U|=\left|\frac{\overline{X}-\overline{Y}}{\sqrt{\sigma_1^2/n+\sigma_2^2/m}}\right|\geqslant z_{\alpha/2}.$$

2. 方差 $\sigma_1^2=\sigma_2^2$ 但未知的情形

选取统计量 $T=\dfrac{(\overline{X}-\overline{Y})-(\mu_1-\mu_2)}{\sqrt{1/m+1/n}\cdot S_w}$，其中 $S_w^2=\dfrac{(m-1)S_1^2+(n-1)S_2^2}{m+n-2}$，在 H_0 成立条件下，据抽样分布可知

$$T=\frac{(\overline{X}-\overline{Y})}{\sqrt{\dfrac{1}{m}+\dfrac{1}{n}}\cdot S_w}\sim t(m+n-2).$$

这是一个双边假设检验问题，故拒绝域为

$$|T|=\left|\frac{(\overline{X}-\overline{Y})}{\sqrt{1/m+1/n}\cdot S_w}\right|\geqslant t_{\frac{\alpha}{2}}(n+m-2).$$

例 5 两台车床生产同一种滚珠，滚珠直径(单位：mm)服从正态分布，现分别从中抽取 8 个和 9 个产品，数据如下：

甲车床：15.0,14.5,15.2,15.5,14.8,15.1,15.2,14.8；

乙车床：15.2,15.0,14.8,15.2,15.0,14.8,15.1,14.8,15.0.

比较两台车床生产的滚珠直径是否有明显差异($\alpha=0.05$)?

解 本题归结于双边假设检验

$$H_0: \mu_1 = \mu_2 \longleftrightarrow H_1: \mu_1 \neq \mu_2.$$

选取统计量为 $T=\dfrac{(\overline{X}-\overline{Y})-(\mu_1-\mu_2)}{\sqrt{\dfrac{1}{n_1}+\dfrac{1}{n_2}}\cdot S_w}$，其中 $S_w^2=\dfrac{(n_1-1)S_1^2+(n_2-1)S_2^2}{n_1+n_2-2}$，由所给的数据求得 $\bar{x}=15.0125$，$s_1=0.3291$，$\bar{y}=14.9888$，$s_2=0.1616$，代入 S_ω 中，可得

$$s_\omega=\sqrt{\frac{(n_1-1)s_1^2+(n_2-1)s_2^2}{n_1+n_2-2}}=\sqrt{\frac{0.6688+0.2089}{15}}=0.2419.$$

在 H_0 成立条件下，$T\sim t(n_1+n_2-2)$，查 t 分布表得临界点为 $t_{0.025}(15)=2.1315$，则

$$\frac{|\bar{x}-\bar{y}|}{s_\omega\sqrt{\dfrac{1}{n_1}+\dfrac{1}{n_2}}}=\frac{0.0237}{0.2419\times 0.4859}=0.2016<2.1315.$$

故接受 H_0，即认为两台车床生产的滚珠直径无明显差异.

习 题 8.2

1. 设某种产品的重量(单位：g)服从正态分布，其均值为 12 g，标准差为 1 g，更新设备后，从所生产的产品中随机取出 100 个，测得样本均值 $\bar{x}=12.5$ g. 问设备更新前后产品的平均重量是否有变化($\alpha=0.05$)?

2. 某工厂生产的铜丝的折断力(单位：N)服从正态分布 $N(\mu,8^2)$，某日抽取 10 根铜丝进行折断力试验，测得结果如下：

578, 572, 570, 568, 572, 570, 572, 596, 584, 570.

若要求 $\mu=576$，问是否可以认为该日生产的铜丝合格($\alpha=0.01$)?

3. 某种元件，要求其使用寿命(单位：小时)不得低于 1000 小时，现在从这批元件中随机地抽取 25 件，测得其寿命均值是 950 小时. 已知这种元件寿命服从标准差为 100 小时的正态分布. 试确定这批元件是否合格($\alpha=0.05$)?

4. 微波炉在炉门关闭时的辐射量是一个重要的质量指标. 某厂生产微波炉的该指标服从正态分布 $N(\mu,\sigma^2)$，长期以来 $\sigma=0.1$，且均值都符合要求，即不超过 0.12. 为检查近期产品的质量，抽查了 25 台，得其在炉门关闭时辐射量的均值 $\bar{x}=0.1203$. 试问：该厂生产的微波炉在炉门关闭时，辐射量是否升高了($\alpha=0.05$)?

5. 设考生在某次考试的成绩(单位：分)服从正态分布. 从中随机地抽取 36 位考生的成绩，算得平均成绩为 66.5 分，标准差为 15 分. 问是否可以认为这次考试全体考生的平均成

绩为 70 分($\alpha=0.05$)?

6. 按规定,每 100 g 的罐头,番茄汁维生素 C(VC)的含量(单位:mg)不得少于 21 mg. 现从某厂生产的一批罐头中随机地抽取 17 个,得 VC 的含量如下:

$$16, 22, 21, 20, 23, 21, 19, 15, 13,$$
$$23, 17, 20, 29, 18, 22, 16, 25.$$

已知 VC 的含量服从正态分布,试问该批罐头的 VC 含量是否合格($\alpha=0.025$)?

7. 某厂的铸造车间为提高缸体的耐磨性而试制了一种镍合金铸件,以取代一种铜合金铸件. 现从两种铸件中各抽一个样本进行硬件测试(一种表示耐磨性的考核指标),其结果如下:

镍合金铸件(X):72.0, 69.5, 74.0, 70.5, 71.8;

铜合金铸件(Y):69.8, 70.0, 72.0, 68.5, 73.0, 70.0.

根据以往经验,两种铸件硬度 $X\sim N(\mu_1, 2^2)$, $Y\sim N(\mu_2, 2^2)$,试比较两种铸件的硬度有无显著差异($\alpha=0.05$)?

8. 从某锌矿的东、西两支矿脉中,各抽取样本容量分别为 9 和 8 的样本,分析后,算得其样本含锌(%)平均数及方差如下:

东支:$\bar{x}_1 = 0.230$, $s_1^2 = 0.1337$;

西支:$\bar{x}_2 = 0.269$, $s_2^2 = 0.1736$.

若东、西两支矿脉含锌量都服从正态分布,问东、西两支矿脉含锌量的平均值是否可看做一样($\alpha=0.05$)?

9. The average cost of a hotel room in New York is said to be \$168 per night. A random sample of 25 hotels resulted in $\bar{x}=\$172.50$ and $s=\$15.40$. Test at the $\alpha=0.05$ level. (Assume the population distribution is normal)

10. You are a financial analyst for a brokerage firm. Is there a difference in dividend yield between stocks listed on the NYSE & NASDAQ? You collect the following data:

	NYSE	NASDAQ
Number	21	25
Sample mean	3.27	2.53
Sample std dev	1.30	1.16

Assuming both populations are approximately normal with equal variances, is there a difference in average yield ($\alpha=0.05$)?

§8.3 正态总体方差的假设检验

一、单正态总体的方差检验

设总体 $X \sim N(\mu,\sigma^2)$，其中总体均值 μ 未知，$(X_1,X_2,\cdots,X_n)$ 是取自 X 的一个样本，$\overline{X}$ 与 S^2 分别为样本均值与样本方差. 考虑假设检验问题：

$$H_0: \sigma^2 = \sigma_0^2 \longleftrightarrow H_1: \sigma^2 \neq \sigma_0^2.$$

选取检验统计量为

$$\chi^2 = \frac{(n-1)S^2}{\sigma^2} = \frac{\sum_{i=1}^{n}(X_i - \overline{X})^2}{\sigma^2},$$

在 H_0 成立条件下，据抽样分布可知

$$\chi^2 = \frac{(n-1)S^2}{\sigma_0^2} \sim \chi^2(n-1).$$

因 χ^2 分布的概率密度的图形不对称，所以对给定的显著性水平 $\alpha(0<\alpha<1)$，一般选取临界点 $\chi^2_{\alpha/2}(n-1)$ 和 $\chi^2_{1-\alpha/2}(n-1)$，使得

$$P(\chi^2 \geqslant \chi^2_{\alpha/2}(n-1)) = P(\chi^2 \leqslant \chi^2_{1-\alpha/2}(n-1)) = \frac{\alpha}{2}.$$

由此可得假设检验的拒绝域为(见图 8.4)

$$\chi^2 \geqslant \chi^2_{\alpha/2}(n-1) \text{ 或 } \chi^2 \leqslant \chi^2_{1-\alpha/2}(n-1).$$

这种检验称为 χ^2 **检验**.

根据一次抽样后得到的样本观测值 $x_1,x_2,\cdots,x_n$ 计算出 χ^2 的观测值 χ^2，若

$$\chi^2 \geqslant \chi^2_{\alpha/2}(n-1) \text{ 或 } \chi^2 \leqslant \chi^2_{1-\alpha/2}(n-1),$$

则拒绝原假设 H_0，即认为总体方差 σ^2 与 σ_0^2 有显著差异；若

$$\chi^2_{1-\frac{\alpha}{2}}(n-1) < \chi^2 < \chi^2_{\frac{\alpha}{2}}(n-1),$$

则接受原假设 H_0，即认为总体方差 σ^2 与 σ_0^2 无显著差异.

例 1 某种导线的电阻(单位：Ω)服从正态分布 $N(\mu,0.005^2)$，今从新生产的导线中抽取 9 根，测其电阻的标准差 $s=0.008$ Ω. 问能否认为这批导线的电阻的标准差仍为 0.005 $(\alpha=0.05)$？

解 本题归结为双边假设检验

$$H_0: \sigma = 0.005 \longleftrightarrow H_1: \sigma \neq 0.005.$$

选取检验统计量

$$\chi^2 = \frac{(n-1)S^2}{\sigma_0^2},$$

又 $n=9, s=0.008, \alpha=0.05, \sigma_0=0.005$，查 χ^2 分布表得临界点为 $\chi^2_{0.025}(8)=17.535, \chi^2_{0.975}(8)=2.18$，则

$$\frac{(n-1)s^2}{\sigma_0^2} = \frac{8\times 6.4\times 10^{-5}}{2.5\times 10^{-5}} = 20.48 > 17.535.$$

故拒绝 H_0，即认定这批导线电阻的标准差不为 0.005.

类似地，对单边检验有：

(1) 右侧单边检验 $H_0: \sigma \leqslant \sigma_0 \leftrightarrow H_1: \sigma > \sigma_0$，可得拒绝域为(见图 8.5)

$$\chi^2 = \frac{(n-1)S^2}{\sigma_0^2} \geqslant \chi^2_\alpha(n-1);$$

(2) 左侧单边检验 $H_0: \sigma \geqslant \sigma_0 \leftrightarrow H_1: \sigma < \sigma_0$，可得拒绝域为(见图 8.6)

$$\chi^2 = \frac{(n-1)S^2}{\sigma_0^2} \leqslant \chi^2_{1-\alpha}(n-1).$$

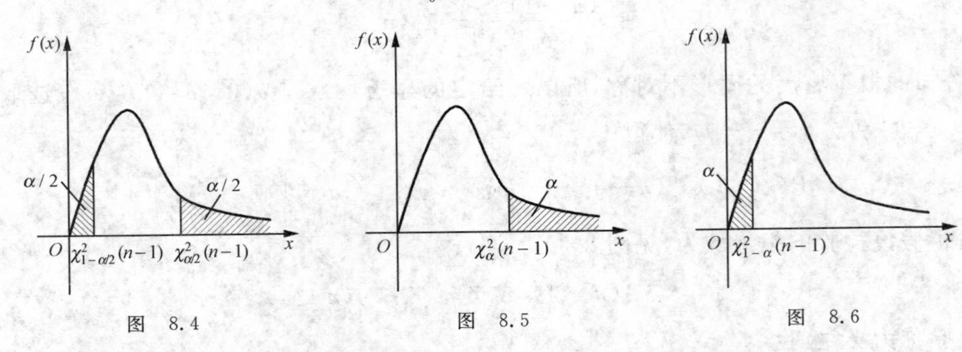

图 8.4　　图 8.5　　图 8.6

例 2 设某工厂生产的某种电缆的抗断强度(单位：kg)服从正态分布 $N(\mu,\sigma_0^2)$，其标准差 $\sigma_0 = 240$ kg，这种电缆的制造方法改变以后取 8 根电缆，测得样本抗断强度的标准差为 205 kg. 试问改变制造方法后，电缆抗断强度是否显著变小($\alpha=0.05$)？

解 本题归结为左侧单边检验

$$H_0: \sigma \geqslant \sigma_0 = 240 \leftrightarrow H_1: \sigma < \sigma_0 = 240.$$

选取检验统计量为

$$\chi^2 = \frac{(n-1)S^2}{\sigma_0^2},$$

又 $n=8, s=205, \alpha=0.05, \sigma_0^2=240$，查 χ^2 分布表得临界点 $\chi^2_{1-0.05}(7)=2.167$，则

$$\frac{(n-1)s^2}{\sigma_0^2} = \frac{7\times 205^2}{240^2} = 5.107 > 2.167.$$

故接受 H_0，即认为标准差没有显著变小.

二、两正态总体的方差检验

设总体 $X \sim N(\mu_1, \sigma_1^2)$，$Y \sim N(\mu_2, \sigma_2^2)$，$\mu_1, \mu_2$ 均未知，X 与 Y 相互独立，$(X_1, X_2, \cdots, X_n)$ 为来自 X 的一个容量为 n 的样本，$(Y_1, Y_2, \cdots, Y_m)$ 为来自 Y 的一个容量为 m 的样本，设 $\overline{X}$，$\overline{Y}$ 和 S_1^2, S_2^2 分别为总体 X 与 Y 的样本均值和样本方差，对给定显著性水平 $\alpha(0<\alpha<1)$，假设检验为

$$H_0: \sigma_1^2 = \sigma_2^2 \longleftrightarrow H_1: \sigma_1^2 \neq \sigma_2^2.$$

选取检验统计量

$$F = \frac{(n-1)S_1^2}{\sigma_1^2(n-1)} \Big/ \frac{(m-1)S_2^2}{\sigma_2^2(m-1)} = \frac{S_1^2/S_2^2}{\sigma_1^2/\sigma_2^2},$$

在 H_0 成立条件下，据抽样分布可知

$$F = \frac{S_1^2}{S_2^2} \sim F(n-1, m-1).$$

因 F 分布的概率密度的图形不对称，所以对给定的 α，一般选取临界点 $F_{\alpha/2}(n-1, m-1)$ 和 $F_{1-\alpha/2}(n-1, m-1)$，使得

$$P(F \geqslant F_{\alpha/2}(n-1, m-1)) = P(F \leqslant F_{1-\alpha/2}(n-1, m-1)) = \frac{\alpha}{2}.$$

由此可得假设检验的拒绝域为

$$F \geqslant F_{\alpha/2}(n-1, m-1), \text{ 或 } F \leqslant F_{1-\alpha/2}(n-1, m-1).$$

例 3 甲、乙两台机床同时独立地加工某种轴，轴的直径(单位：mm)分别服从正态分布 $N(\mu_1, \sigma_1^2)$，$N(\mu_2, \sigma_2^2)$，其中 μ_1, μ_2 未知. 今从甲机床加工的轴中随机地抽取 6 根，测量它们的直径为 $x_1, x_2, \cdots, x_6$；从乙机床加工的轴中随机地抽取 9 根，测量它们的直径为 $y_1, y_2, \cdots, y_9$，经计算得知

$$\sum_{i=1}^{6} x_i = 204.6, \quad \sum_{i=1}^{6} x_i^2 = 6978.9;$$

$$\sum_{i=1}^{9} y_i = 370.8, \quad \sum_{i=1}^{9} y_i^2 = 15280.2.$$

问两台机床加工的轴，它们直径的方差是否有显著差异($\alpha=0.05$)？

解 本题归结为双边检验假设

$$H_0: \sigma_1^2 = \sigma_2^2 \longleftrightarrow H_1: \sigma_1^2 \neq \sigma_2^2.$$

选取检验统计量

$$F = \frac{S_1^2}{S_2^2}.$$

根据所给的数据，经过计算可以得到 $s_1^2=0.408$，$s_2^2=0.405$，查 F 分布表得临界点

$$F_{0.025}(5,8) = 4.82, \quad F_{0.975}(5,8) = 1/F_{0.025}(8,5) = 1/6.76 = 0.1479,$$

因此

$$0.1479 < F = \frac{S_1^2}{S_2^2} = \frac{0.408}{0.405} = 1.0074 < 4.82.$$

故接受 H_0,即认为方差没有显著差异.

习 题 8.3

1. 某纺织厂生产的维尼纶的纤维强度(用 X 表示),在生产稳定的情况下,服从正态分布.按以往资料,标准差为 $\sigma_0=0.048$,今从某批维尼纶中抽测 5 根纤维,得纤维强度数据为

$$1.32, 1.55, 1.36, 1.40, 1.44.$$

试问:这批维尼纶的纤维强度的方差有无显著变化($\alpha=0.10$)?

2. 从一台车床加工的一批轴料中,抽取 15 件测其椭圆度,计算得样本方差 $s^2=0.025^2$.问该批轴料椭圆度的总体方差 σ^2 与规定的方差 $\sigma_0^2=0.0004$ 有无显著差别($\alpha=0.05$,假定椭圆度服从正态分布)?

3. 某电工器材厂生产一种保险丝,测量其熔化时间,依通常情况方差为 400.今从某天生产的保险丝中抽取容量为 25 的样本,测量其熔化时间并计算得 $\bar{x}=62.24, s^2=404.77$.问这天生产的保险丝的熔化时间与通常的情况有无显著差异($\alpha=0.05$,假定熔化时间服从正态分布)?

4. 测定某种溶液的水分,由它的 10 个测定值给出样本方差 $s^2=(0.037\%)^2$,设测定值总体服从正态分布,σ^2 为总体方差.试在显著性水平 $\alpha=0.05$ 下检验假设:

$$H_0: \sigma \geqslant 0.04\% \longleftrightarrow H_1: \sigma < 0.04\%.$$

5. 测得 A,B 两批电子器材 X,Y 的样本电阻(单位:Ω)分别为:

A 批:0.140, 0.138, 0.143, 0.142, 0.144, 0.137;

B 批:0.135, 0.140, 0.142, 0.136, 0.138, 0.140.

设这两批电子器材的电阻分别服从正态分布 $N(\mu_1,\sigma_1^2)$,$N(\mu_2,\sigma_2^2)$,参数未知,且样本相互独立.试以显著性水平 $\alpha=0.05$ 检验假设:

(1) $H_0: \sigma_1^2=\sigma_2^2$; (2) $H_0: \mu_1=\mu_2$.

6. 甲、乙两台机床加工同一种零件,分别依次取 6 个和 9 个零件,测得其长度,并计算得样本方差 $s_{甲}^2=0.245, s_{乙}^2=0.357$.假设该种零件长期服从正态分布,问是否可以认为甲机床加工精度比乙机床高($\alpha=0.05$)?

7. You are a financial analyst for a brokerage firm. You want to compare dividend yields between stocks listed on the NYSE & NASDAQ. You collect the following data:

	NYSE	NASDAQ
Number	21	25
Mean	3.27	2.53
Std dev	1.30	1.16

Is there a difference in the variances between the NYSE & NASDAQ at the $\alpha=0.05$ level?

§8.4 其他分布或参数的假设检验

在上两节中,我们讨论了正态总体的均值与方差的假设检验,但在实际问题中,总体不一定都服从正态分布,检验的也未必是均值和方差,为此下面来讨论部分其他的假设检验.

一、一个总体均值的大样本假设检验

设总体为 X,$E(X)=\mu$,$D(X)=\sigma^2$,σ^2 已知,$(X_1,X_2,\cdots,X_n)$是取自 X 的一个样本,$n\geqslant 30$,$\overline{X}$ 为样本均值,假设检验问题为:

$$H_0:\mu=\mu_0\longleftrightarrow H_1:\mu\neq\mu_0.$$

由于要判断的是总体均值是否等于 μ_0,所以我们选用样本均值 $\overline{X}$ 这一统计量来进行判断. $\overline{X}$ 的观测值 $\bar{x}$ 的大小在一定程度上反映了 μ 的大小. 因此,若原假设 H_0 为真,则 $|\overline{X}-\mu_0|$ 一般不应偏大;若 $|\overline{X}-\mu_0|$ 过分大,我们就怀疑原假设 H_0 的正确性而拒绝 H_0. 又 $|\overline{X}-\mu_0|$ 的大小可以用 $\dfrac{|\overline{X}-\mu_0|}{\sigma/\sqrt{n}}$ 来衡量,若犯第一类错误的概率为 α,则选取常数 k,使

$$P(\text{拒绝 } H_0 \mid H_0 \text{ 为真})=P\left(\frac{|\overline{X}-\mu_0|}{\sigma/\sqrt{n}}\geqslant k\right)=\alpha.$$

总体为非正态分布,但当样本为大样本时,由中心极限定理可知,样本平均数的抽样分布近似服从正态分布,即当 H_0 成立时,检验统计量 $U=\dfrac{\overline{X}-\mu_0}{\sigma/\sqrt{n}}$ 近似服从标准正态分布 $N(0,1)$,故选取 $k=z_{\alpha/2}$,当 $\dfrac{|\overline{X}-\mu_0|}{\sigma/\sqrt{n}}\geqslant z_{\alpha/2}$ 时,就拒绝 H_0;当 $\dfrac{|\overline{X}-\mu_0|}{\sigma/\sqrt{n}}<z_{\alpha/2}$ 时,就接受 H_0.

例 1 一种罐装饮料采用自动生产线生产,每罐的容量是 225 ml,标准差为 5 ml. 为检验每罐容量是否符合要求,质检人员在某天生产的饮料中随机抽取了 40 罐进行检验,测得平均容量为 255.8 ml. 取显著性水平 $\alpha=0.05$,检验该天生产的饮料容量是否符合标准要求?

解 本题归结为双边假设检验

$$H_0:\mu=225\longleftrightarrow H_1:\mu\neq 225.$$

选取检验统计量

$$U=\frac{\overline{X}-225}{5/\sqrt{40}}.$$

由题知，样本均值 $\bar{x}=255.8$，查标准正态分布表得 $z_{\alpha/2}=z_{0.025}=1.96$，因此

$$|U|=\left|\frac{\overline{X}-225}{5/\sqrt{40}}\right|=\left|\frac{255.8-225}{5/\sqrt{40}}\right|=1.01<1.96,$$

故接受 H_0，即认为该天生产的饮料容量符合标准要求.

注 一个总体均值的大样本的单边检验与单正态总体均值的单边检验方法相同.

二、χ^2 拟合检验法

χ^2 拟合检验法是在总体的分布未知时，根据样本 $X_1,\cdots,X_n$ 来检验关于总体分布的假设

$$H_0：总体\ X\ 的分布函数为\ F(x)\longleftrightarrow H_1：总体\ X\ 的分布函数不是\ F(x)$$

的一种方法.

注 (1) 当总体 X 为离散型随机变量时，H_0 相当于：总体 X 的分布律为 $P(X=x_i)=p_i,i=1,2,\cdots$.

(2) 当总体 X 为连续型随机变量时，H_0 相当于：总体 X 的概率密度为 $f(x)$.

根据 H_0 中所假设的 X 的分布函数 $F(x)$ 是否含未知参数，采用 χ^2 拟合检验法进行假设检验时，需分情形讨论.

1. H_0 中所假设总体 X 的分布函数 $F(x)$ 不含未知参数的情形

当 H_0 中所假设的 X 的分布函数 $F(x)$ 不含未知参数时，选取检验统计量的具体步骤如下：

(1) 在 H_0 为真时，把随机变量 X 的可能取值的全体 Ω 分成 k 个互不相交的区间 $A_1=[a_0,a_1)$，$A_2=[a_1,a_2)$，$\cdots$，$A_k=[a_{k-1},a_k)$，这些区间不一定有相同的长度.

(2) 设 $x_1,\cdots,x_n$ 是容量为 n 的一组样本观测值，n_i 为样本观测值 x_i 落入 A_i 的频数 $(i=1,\cdots,k)$，$\sum\limits_{i=1}^{k}n_i=n$，则在 n 次事件中，A_i 出现的频率为 $\frac{n_i}{n}$.

(3) 设在原假设 H_0 成立时，总体 X 落入区间 A_i 的概率为 p_i，即 $p_i=P(A_i)=F(a_i)-F(a_{i-1})$，$i=1,\cdots,k$. 此时 n 个观测值 $x_1,x_2,\cdots,x_n$ 中，恰有 n_1 个值落入 A_1 内、n_2 个观测值落入 A_2 内、$\cdots$、n_k 个观测值落入 A_k 内的概率为

$$\frac{n!}{n_1!n_2!\cdots n_k!}p_1^{n_1}p_2^{n_2}\cdots p_k^{n_k}.$$

(4) 按大数定律，在 H_0 为真时，频率 $\frac{n_i}{n}$ 与概率 p_i 的差异不应太大. 根据这个思想，皮尔逊构造了一个统计量

$$\chi^2 = \sum_{i=1}^{k} \frac{(n_i - np_i)^2}{np_i} = \sum_{i=1}^{k} \frac{n_i^2}{np_i} - n.$$

称做**皮尔逊 χ^2 统计量**，简称 **χ^2 统计量**. 用 χ^2 表示这一统计量不是没有原因的，因为它的极限分布就是自由度为 $k-1$ 的 χ^2 分布.

2. H_0 中所假设总体 X 的分布函数 $F(x)$ 含未知参数的情形

当 H_0 中所假设的 X 的分布函数 $F(x)$ 包含未知参数时，需要先利用样本求出未知参数的最大似然估计（在 H_0 下），以估计值作为参数值；然后根据 H_0 中所假设的分布函数，求出 p_i 的估计值 $\hat{p}_i$，在 χ^2 统计量中，以 $\hat{p}_i$ 代替 p_i，即取

$$\chi^2 = \sum_{i=1}^{k} \frac{n_i^2}{n\hat{p}_i} - n.$$

综上两种情形，为了能够用 χ^2 统计量作检验统计量，我们必须知道它的抽样分布，先讨论 $k=2$ 的简单情形.

在 H_0 成立下，总体 X 落入区间 A_1 和 A_2 的概率分别为

$$P(A_1) = p_1, \quad P(A_2) = p_2,$$

其中 $p_1 + p_2 = 1$. 这时，频数 $n_1 + n_2 = n$，我们考察 χ^2 统计量

$$\chi^2 = \frac{(n_1 - np_1)^2}{np_1} + \frac{(n_2 - np_2)^2}{np_2}.$$

令 $Y_1 = n_1 - np_1$，$Y_2 = n_2 - np_2$，显然

$$Y_1 + Y_2 = n_1 + n_2 - n(p_1 + p_2) = 0.$$

由此可见，Y_1 与 Y_2 不是线性独立的，且 $Y_1 = -Y_2$，于是

$$\chi^2 = \frac{Y_1^2}{np_1} + \frac{Y_2^2}{np_2} = \frac{Y_1^2}{np_1 p_2} = \left[\frac{n_1 - np_1}{\sqrt{np_1(1-p_1)}}\right]^2.$$

根据棣莫弗-拉普拉斯极限定理，当 n 充分大时，随机变量 $\frac{n_1 - np_1}{\sqrt{np_1(1-p_1)}}$ 的分布是接近于正态分布的，从而推得 χ^2 统计量在 $k=2$ 情形的分布，即当 n 充分大时，χ^2 统计量的分布是接近于自由度为 1 的 χ^2 分布.

对于一般情形有如下的定理.

定理 1 若 n 充分大（$n \geqslant 50$），则当 H_0 为真时，总体 X 的分布函数不含未知参数的检验统计量 $\chi^2 = \sum_{i=1}^{k} \frac{n_i^2}{np_i} - n$ 近似地服从 $\chi^2(k-1)$ 分布；而总体 X 的分布函数含未知参数的检验统计量 $\chi^2 = \sum_{i=1}^{k} \frac{n_i^2}{n\hat{p}_i} - n$ 近似地服从 $\chi^2(k-r-1)$ 分布，其中 r 是被估参数的个数.

根据以上的讨论，当 H_0 为真时，前面所示的检验统计量 χ^2 不应太大，如果过大就拒绝

H_0.故拒绝域的形式为

$$\chi^2 \geqslant G \quad (G\text{为正常数}).$$

对于给定的显著性水平 α,确定 G 使

$$P(\text{拒绝 } H_0 \mid H_0 \text{ 为真}) = P(\chi^2 \geqslant G) = \alpha.$$

又 $P(\chi^2 \geqslant \chi_\alpha^2(k-r-1))=\alpha$,故拒绝域为

$$\chi^2 \geqslant \chi_\alpha^2(k-r-1).$$

即若样本观测值使 $\chi^2 \geqslant \chi_\alpha^2(k-r-1)$ 成立,则在显著性水平 α 下拒绝 H_0,否则就接受 H_0.这就是 χ^2 拟合检验法.

注 (1) 当 H_0 中所假设的分布函数不含未知参数时,$r=0$.

(2) χ^2 拟合检验法使用时必须注意样本容量 n 要足够大,使得 np_i 或 $n\hat{p}_i$ 不能太小.一般地,$n\geqslant 50$,每个 np_i 或 $n\hat{p}_i$ 都不小于5,否则可以通过适当合并 A_i 以满足要求.

例2 在一实验中,每隔一定时间观察一次由某种铀所放射的到达计数器上的 α 粒子数 X,共观察了100次,结果如下表所示:

铀放射的到达计数器上的 α 粒子数的实验记录

i	0	1	2	3	4	5	6	7	8	9	10	11	$\geqslant 12$
频数 n_i	1	5	16	17	26	11	9	9	2	1	2	1	0
A_i	A_0	A_1	A_2	A_3	A_4	A_5	A_6	A_7	A_8	A_9	A_{10}	A_{11}	A_{12}

在显著性水平 $\alpha=0.05$ 下,假设检验

$$H_0:\text{总体 } X \text{ 服从泊松分布 } P(X=k)=\frac{\lambda^k e^{-\lambda}}{k!}, \quad k=0,1,2,\cdots.$$

解 因在 H_0 中参数 λ 未具体给出,所以先估计 λ.由最大似然估计法,得 $\hat{\lambda}=\bar{x}=4.2$.在 H_0 假设下,即在 X 服从泊松分布的假设下,X 所有可能取的值为 $\Omega=\{0,1,2,\cdots\}$,将 Ω 分成如上表所示的两两不相交的子集 $A_0,A_1,\cdots,A_{12}$,则 $P(X=i,i=0,1,\cdots)$ 有估计 $\hat{p}_i=\hat{P}(X=i,i=0,1,\cdots)=\dfrac{4.2^i e^{-4.2}}{i!}$,$i=0,1,\cdots$.计算结果如下表所示,其中有些 $n\hat{p}_i<5$ 的组予以适当合并,使每组均有 $n\hat{p}_i\geqslant 5$,$i=0,1,\cdots$.此外,合并组后 $k=8$,又在计算中估计了一个参数,故 $r=1$,$\chi_{0.05}^2(k-r-1)=\chi_{0.05}^2(6)=12.592$,而

$$\chi^2 = 106.281-100=6.281<12.592.$$

故接受 H_0,即认为总体 X 服从泊松分布.

A_i	n_i	$\hat{p}_i$	$n\hat{p}_i$	$n_i^2/n\hat{p}_i$
A_0	1 } 6	0.015 } 0.078	1.5 } 7.8	4.615
A_1	5	0.063	6.3	
A_2	16	0.132	13.2	19.394
A_3	17	0.185	18.5	15.622
A_4	26	0.194	19.4	34.845
A_5	11	0.163	16.3	7.423
A_6	9	0.114	11.4	7.105
A_7	9	0.069	6.9	11.739
A_8	2 } 6	0.036 } 0.065	3.6 } 6.5	5.538
A_9	1	0.017	1.7	
A_{10}	2	0.007	0.7	
A_{11}	1	0.003	0.3	
A_{12}	0	0.002	0.2	$\sum = 106.281$

例 3 自 1965 年 1 月 1 日至 1971 年 2 月 9 日共 2231 天中,全世界记录到里氏震级 4 级及 4 级以上地震共 162 次,统计如下:

相继两次地震间隔天数 x	0～4	5～9	10～14	15～19	20～24	25～29	30～34	35～39	≥40
出现的频数	50	31	26	17	10	8	6	6	8

试检验相继两次地震间隔的天数 X 是否服从指数分布($\alpha=0.05$).

解 按题意需检验假设

$$H_0: X \text{ 的概率密度为 } f(x) = \begin{cases} \dfrac{1}{\theta}\mathrm{e}^{-x/\theta}, & x > 0, \\ 0, & x \leqslant 0. \end{cases}$$

在这里参数 θ 未给出,先由最大似然估计法求得 θ 的估计为 $\hat{\theta}=\bar{x}=\dfrac{2231}{162}=13.77$. 在 H_0 假设下,X 所有可能取的值为 $\Omega=[0,\infty)$,将 Ω 分成 $k=9$ 个两两不相交的子集 $A_1=[0,4.5]$, $A_2=(4.5,9.5]$,…,$A_9=(39.5,\infty)$. 若 H_0 为真,则 X 的分布函数的估计为

$$\hat{F}(x) = \begin{cases} 1-\mathrm{e}^{-x/13.77}, & x > 0, \\ 0, & x \leqslant 0. \end{cases}$$

由上式可得 $p_i=P(A_i)$ 的估计为

$$\hat{p}_i = \hat{P}(A_i) = \hat{F}(a_{i+1}) - \hat{F}(a_i), \quad i = 1,\cdots,9.$$

计算结果列表如下:

A_i	n_i	$\hat{p}_i$	$n\hat{p}_i$	$n_i^2/n\hat{p}_i$
A_1: $0\leqslant x\leqslant 4.5$	50	0.2788	45.1656	55.3519
A_2: $4.5< x\leqslant 9.5$	31	0.2196	35.5752	27.0132
A_3: $9.5< x\leqslant 14.5$	26	0.1527	24.7374	27.3270
A_4: $14.5< x\leqslant 19.5$	17	0.1062	17.2044	16.7980
A_5: $19.5< x\leqslant 24.5$	10	0.0739	11.9718	8.3530
A_6: $24.5< x\leqslant 29.5$	8	0.0514	8.3268	7.6860
A_7: $29.5< x\leqslant 34.5$	6	0.0358	5.7996	6.2073
A_8: $34.5< x\leqslant 39.5$	6 } 14	0.0248 } 0.0816	4.0176 } 13.2192	14.8269
A_9: $39.5< x<\infty$	8	0.0568	9.2016	
				$\sum=163.5633$

由于 $\chi^2_{0.05}(k-r-1)=\chi^2_{0.05}(6)=12.592$，且

$$\chi^2=163.5633-162=1.5633<12.592.$$

故接受 H_0，即认为总体 X 服从指数分布.

习　题　8.4

1. 某建筑公司宣称其麾下的建筑工地平均每天发生安全事故不超过 0.6 起，现记录了该建筑公司麾下的建筑工地 200 天的安全生产情况，事故数记录如下：

一天发生的事故数	0	1	2	3	4	5	≥6	合计
天数	102	59	30	8	0	1	0	200

试检验该建筑公司的宣称是否成立(假设一天发生的事故数服从泊松分布，$\alpha=0.05$)？

2. 有人对 $\pi=3.1415926\cdots$ 的小数点后 800 位数字中的数字 0,1,2,…,9 出现的次数进行了统计，结果如下：

数字	0	1	2	3	4	5	6	7	8	9
次数	74	92	83	79	80	73	77	75	76	91

问能否认为每个数字出现概率相同($\alpha=0.05$)？

3. 检查了一本书的 100 页，记录各页中的印刷错误的个数，其结果如下：

错误个数	0	1	2	3	4	5	≥6
页数	35	40	19	3	2	1	0

问能否认为一页的印刷错误个数服从泊松分布($\alpha=0.05$)？

4. 在一批灯泡中抽取 300 只作寿命试验，其结果如下：

寿命(单位：h)	<100	$[100,200)$	$[200,300)$	$\geqslant 300$
灯泡数	121	78	43	58

在显著性水平为 0.05 下能否认为灯泡寿命服从参数为 200 的指数分布？

第 8 章小结

1. 为推断总体的某些未知特性(参数或分布类型)，先提出某些关于总体的假设，然后根据样本所提供的信息及适当统计量，对提出的假设做出接受或拒绝的决策，这就是假设检验. 本章先介绍了与假设检验有关的概念：原假设、备择假设、检验统计量、拒绝域、显著性水平，假设检验中出现的两类错误及假设检验的基本步骤；最后给出了正态总体的方差和均值的假设检验.

2. 确定原假设和备择假设时，要注意：先确定备择假设，再取对立假设作为原假设. 通常备择假设在形式上一般没有"="，如：双边检验 $H_1: \mu\neq\mu_0$；左侧单边检验 $H_1: \mu<\mu_0$；右侧单边检验 $H_1: \mu>\mu_0$.

3. 假设检验的结论及其后果有四种情况，如下表所示：

决策结果	H_0 为真	H_0 为假
未拒绝 H_0	正确决策	第二类错误
拒绝 H_0	第一类错误	正确决策

4. 正态总体的假设检验

应用 U 检验法、χ^2 检验法、t 检验法和 F 检验法对正态总体的均值和方差进行假设检验，汇总于表 8.1 和表 8.2.

表 8.1 一个正态总体参数的显著性检验表

	检验参数	假设 H_1		统计量	拒绝域
单总体	μ	σ^2 已知	$H_1: \mu\neq\mu_0$	$U=\dfrac{\overline{X}-\mu_0}{\sqrt{\sigma^2/n}}$	$\lvert u\rvert=\left\lvert\dfrac{\overline{x}-\mu_0}{\sqrt{\sigma^2/n}}\right\rvert\geqslant z_{\alpha/2}$
			$H_1: \mu<\mu_0$		$u\leqslant -z_\alpha$
			$H_1: \mu>\mu_0$		$u\geqslant z_\alpha$
		σ^2 未知	$H_1: \mu\neq\mu_0$	$T=\dfrac{\overline{X}-\mu_0}{S/\sqrt{n}}$	$\lvert t\rvert=\left\lvert\dfrac{\overline{x}-\mu_0}{s/\sqrt{n}}\right\rvert\geqslant t_{\alpha/2}(n-1)$
			$H_1: \mu<\mu_0$		$t\leqslant -t_\alpha(n-1)$
			$H_1: \mu>\mu_0$		$t\geqslant t_\alpha(n-1)$
	σ	$H_1: \sigma^2\neq\sigma_0^2$		$\chi^2=\dfrac{(n-1)S^2}{\sigma_0^2}$	$\chi^2\geqslant\chi^2_{\alpha/2}(n-1)$ 或 $\chi^2\leqslant\chi^2_{1-\alpha/2}(n-1)$
		$H_1: \sigma^2<\sigma_0^2$			$\chi^2\leqslant\chi^2_{1-\alpha}(n-1)$
		$H_1: \sigma^2>\sigma_0^2$			$\chi^2\geqslant\chi^2_\alpha(n-1)$

表 8.2 两正态总体参数的假设检验

	检验参数	假设 H_1		统计量	拒绝域
双总体	μ_1,μ_2	σ_1^2,σ_2^2 已知	$H_1:\mu_1-\mu_2\neq 0$	$U=\dfrac{\overline{X}-\overline{Y}}{\sqrt{\dfrac{\sigma_1^2}{n}+\dfrac{\sigma_1^2}{m}}}$	$\lvert u\rvert=\left\lvert\dfrac{\overline{x}-\overline{y}}{\sqrt{\sigma_1^2/n+\sigma_2^2/m}}\right\rvert\geqslant z_{\frac{\alpha}{2}}$
			$H_1:\mu_1-\mu_2>0$		$u\geqslant z_\alpha$
			$H_1:\mu_1-\mu_2<0$		$u\leqslant -z_\alpha$
		σ_1^2,σ_2^2 未知	$H_1:\mu_1-\mu_2\neq 0$	$T=\dfrac{(\overline{X}-\overline{Y})}{\sqrt{\dfrac{1}{m}+\dfrac{1}{n}}\cdot S_w}$	$\lvert t\rvert\geqslant t_{\frac{\alpha}{2}}(n+m-2)$
			$H_1:\mu_1-\mu_2>0$		$t\geqslant t_\alpha(n+m-2)$
			$H_1:\mu_1-\mu_2<0$		$t\leqslant -t_\alpha(n+m-2)$
	σ_1^2,σ_2^2	μ_1,μ_2 未知	$H_1:\sigma_1^2\neq\sigma_2^2$	$F=\dfrac{S_1^2}{S_2^2}$	$F\geqslant F_{\alpha/2}(n-1,m-1)$ 或 $F\leqslant F_{1-\alpha/2}(n-1,m-1)$
			$H_1:\sigma_1^2>\sigma_2^2$		$F\geqslant F_\alpha(n-1,m-1)$
			$H_1:\sigma_1^2<\sigma_2^2$		$F\leqslant F_{1-\alpha}(n-1,m-1)$

第9章

方差分析及回归分析初步

方差分析及回归分析都是数理统计中具有广泛应用的内容.方差分析是解决影响试验指标的因素在什么水平时所起的作用最显著的一种常用数理统计方法;回归分析是研究随机变量的相关关系的一种数学工具,它可以从一些变量的取值预测另一些变量的取值.本章对其最基本的单因素试验的方差分析和一元线性回归做简单介绍.

§9.1　单因素试验的方差分析

家电广告宣传中有的强调节电,有的强调时尚,有的强调使用方便,有的强调低碳环保;饮料推广中有的主打健康,有的主打营养,有的主打天然,有的主打价格.商家不同的宣传口号都是为了同一个目的——成功的市场推广,即利用自己显著的特点打动消费者,吸引消费者.

一般地,在科学试验和生产实践中,影响一事物某种指标的因素往往有很多个.每个因素的改变都可能对这一指标产生影响,其中有的因素影响较大,有的影响较小,因此找出对这一指标有显著影响的那些因素就有着重大的现实意义.方差分析正是处理这种问题的一种有效的统计分析方法,目的是用这类资料的样本信息来推断各处理组间多个总体均值的差别有无统计学意义.

在试验中,我们把要考察的目标称为**试验指标**,把影响试验指标的各种条件称为**因素**或**因子**(factor),因素所处的状态称为该因素的**水平**或**处理**(treatment),其中只有一个因素在改变的试验称为**单因素试验**.

方差分析的基本思想是:通过分析研究不同来源的变异对总变异的贡献大小,从而确定可控因素(可以在某范围内任意指定的因素)对研究结果影响力的大小,其理论主要涉及多个正态总体的均值有无显著差异的检验问题,常用到**平方和**(sum of square,简记 SS)这一概念.

一、单因素方差分析的数学模型

为了说明方差分析的基本思想先看一个例子.

例 1 为考察 4 种不同肥料对棉花亩产量是否有影响，现将土壤条件相同的土地分成 16 块，每 4 块地施同一种肥料，测得棉花亩产量数据如下：

肥料	亩产量(单位：kg)			
A_1	78.5	76.4	71.0	62.4
A_2	45.2	49.2	36.8	39.0
A_3	59.2	45.2	62.8	51.4
A_4	71.0	50.9	58.4	66.5

本例中，我们的目的就是考察 4 种不同的肥料对棉花亩产量有没有显著影响. 如果亩产量差异较大，说明某种肥料对棉花亩产量有显著影响，在以后的实际生产中施用使亩产量高的肥料来提高棉花产量.

这里，棉花亩产量是试验指标，肥料是影响棉花亩产量的因素，4 种肥料就是 4 个水平. 假设除了肥料不同，其他条件(如土壤条件、棉花品种、天气等)都相同，那么这就是有 4 个水平的单因素试验.

4 种不同肥料就是因素(肥料)的 4 个不同水平，记为 A_1,A_2,A_3,A_4，在每一个水平 $A_i(i=1,2,3,4)$下独立进行 4 次试验，试验结果是一个随机变量 X_i，各水平下的试验结果 $x_{ij}(j=1,2,3,4)$便是来自各个总体 X_i 的容量为 4 的样本，各个总体均值为 μ_1,μ_2,μ_3,μ_4，我们需要做如下假设检验：

$$H_0: \mu_1=\mu_2=\mu_3=\mu_4 \longleftrightarrow H_1: \mu_1,\mu_2,\mu_3,\mu_4 \text{ 不全相等}.$$

我们假设各个总体都是服从正态分布的随机变量，且各个总体的方差相同，即每个总体 $X_i(i=1,2,3,4)$都服从 $N(\mu_i,\sigma^2)$. 问题转化为验证同方差的多个正态总体的均值是否相等.

一般情况下，设因素 A 有 r 个水平 $A_1,A_2,\cdots,A_r$，在每一个水平下试验结果都服从正态分布，并在各水平下做了一些试验. 可得一般的数学模型 $X_i\sim N(\mu_i,\sigma^2),i=1,2,\cdots,r$，独立的从总体中抽取一个样本，如下表所示：

总体	样本	样本均值	总体均值
X_1	$x_{11},x_{12},\cdots,x_{1n_1}$	$\overline{x}_1$	μ_1
X_2	$x_{21},x_{22},\cdots,x_{2n_2}$	$\overline{x}_2$	μ_2
$\vdots$	$\vdots$	$\vdots$	$\vdots$
X_r	$x_{r1},x_{r2},\cdots,x_{rn_r}$	$\overline{x}_r$	μ_r

由于 $x_{ij}\sim N(\mu_i,\sigma^2),i=1,\cdots,r,j=1,\cdots,n_i$，则模型可以写为

$$x_{ij}=\mu_i+\varepsilon_{ij},\quad i=1,\cdots,r,j=1,\cdots,n_i.$$

其中 $\varepsilon_{ij}\sim N(0,\sigma^2)$，各 ε_{ij} 相互独立.

二、总离差平方和分解

通常从总离差平方和分解着手导出检验统计量. 总离差平方和

$$\mathrm{SST}=\sum_{i=1}^{r}\sum_{j=1}^{n_i}(x_{ij}-\bar{x})^2$$

也称为**总变差**，其中 $\bar{x}=\frac{1}{n}\sum_{i=1}^{r}\sum_{j=1}^{n_i}x_{ij}$ 称为**数据总平均**，$n=\sum_{i=1}^{r}n_i$. 记 $\bar{x}_i$ 为水平 $A_i(i=1,\cdots,r)$ 下的样本均值，则 SST 可分解为

$$\begin{aligned}\mathrm{SST}&=\sum_{i=1}^{r}\sum_{j=1}^{n_i}(x_{ij}-\bar{x})^2=\sum_{i=1}^{r}\sum_{j=1}^{n_i}(x_{ij}-\bar{x}_i+\bar{x}_i-\bar{x})^2\\&=\sum_{i=1}^{r}\sum_{j=1}^{n_i}(x_{ij}-\bar{x}_i)^2+\sum_{i=1}^{r}\sum_{j=1}^{n_i}(\bar{x}_i-\bar{x})^2+2\sum_{i=1}^{r}\sum_{j=1}^{n_i}(x_{ij}-\bar{x}_i)(\bar{x}_i-\bar{x})\\&=\mathrm{SSE}+\mathrm{SSA},\end{aligned}$$

其中 $2\sum_{i=1}^{r}\sum_{j=1}^{n_i}(x_{ij}-\bar{x}_i)(\bar{x}_i-\bar{x})=0$（读者可自行证明）. $\mathrm{SSE}=\sum_{i=1}^{r}\sum_{j=1}^{n_i}(x_{ij}-\bar{x}_i)^2$ 称为**组内平方和**，它是由误差引起的离差平方和；$\mathrm{SSA}=\sum_{i=1}^{r}\sum_{j=1}^{n_i}(\bar{x}_i-\bar{x})^2$ 称为**组间平方和**，它是由因素引起的离差平方和.

SST 反映了全部数据之间的差异；SSE 表示各子样 x_{ij} 对该水平 A_i 内样本均值 $\bar{x}_i$ 的离差平方和；SSA 表示各组样本均值 $\bar{x}_i$ 对总体均值 $\bar{x}$ 的偏差平方和，反映了因素 A 不同水平的差异. 直观上来看，若 H_0 成立，则 SSA 将很小；否则比较大. 由统计学知识可以得到如下结论.

若 H_0 为真时，检验统计量 F 服从如下分布：

$$F=\frac{\mathrm{SSA}/(r-1)}{\mathrm{SSE}/(n-r)}\sim F(r-1,n-r).$$

因此，在给定的显著性水平 α 下，如果由样本计算出来的检验统计量 F 的值满足

$$F>F_\alpha(r-1,n-r),$$

则拒绝 H_0，可以认为在显著性水平 α 下，因素的不同水平对试验结果有显著的影响；否则接受 H_0，认为不同水平对试验结果无显著影响.

为了方便起见，整个计算过程可列成如表 9.1 的单因素方差分析表.

表 9.1 单因素方差分析表

变异来源	平方和	自由度	均方	F 值
组间(因素 A)	SSA	$r-1$	$\overline{S}_A=\frac{\text{SSA}}{r-1}$	$F=\frac{\text{SSA}/(r-1)}{\text{SSE}/(n-r)}=\frac{\overline{S}_A}{\overline{S}_E}$
组内(误差 E)	SSE	$n-r$	$\overline{S}_E=\frac{\text{SSE}}{(n-r)}$	
总变差 T	SST	$n-1$		

三、未知参数的估计

参数 σ^2 和 μ_i 有如下的无偏估计：

$$\hat{\sigma}^2=\frac{\text{SSE}}{n-r};\quad \hat{\mu}_i=\overline{x}_i,\quad i=1,2,\cdots,r.$$

对于上述的例 1 有

变异来源	平方和	自由度	均方	F 值
组间(因素 A)	1845.83	3	615.2767	10.9268
组内(误差 E)	675.71	12	56.3092	
总变差 T	2521.54	15		

其中 $F=10.9268>F_{0.05}(3,12)=3.49$，所以拒绝原假设 H_0，认为不同的肥料对棉花亩产量有显著影响，并且

$$\hat{\mu}_1=\overline{x}_1=72.0750,\quad \hat{\mu}_2=\overline{x}_2=42.5500,$$

$$\hat{\mu}_3=\overline{x}_3=54.6500,\quad \hat{\mu}_4=\overline{x}_4=61.7000.$$

因为 μ_1 最大，所以我们认为肥料 A_1 的效果最好.

习 题 9.1

1. 在单因素方差分析中，因素 A 有三个水平，每个水平各做了 4 次重复试验. 请完成下列方差分析表，并在显著性水平 $\alpha=0.05$ 下，对因素 A 是否显著作出检验.

来源	平方和	自由度	均方	F 值
组间(因素 A)	4.2			
组内(误差 E)	2.5			
总变差 T	6.7			

2. 某工厂用不同工艺生产的某类型产品，抽取样本得到寿命情况如下：

工艺	寿命 1	寿命 2	寿命 3	寿命 4	寿命 5
1	46	40	38	44	42
2	34	26	30	32	28
3	40	39	43	50	48

问不同工艺对产品寿命是否有显著影响？（设产品寿命服从正态分布，$\alpha=0.01$.）

§9.2 一元线性回归

一切运动着的事物都是相互联系、相互制约的，从而描述事物和事物运动的变量也是相互联系、相互制约的. 其关系大致可分为：函数关系和相关关系. 回归分析就是处理变量之间相关关系的一种数学方法. 还是从一个简单的例子开始.

例 1 测得 16 名成年女子的身高与腿长所得数据如下：

身高(cm)	143	145	146	147	149	150	153	154	155	156	157	158	159	160	162	164
腿长(cm)	88	85	88	91	92	93	93	95	96	98	97	96	98	99	100	102

根据上述数据以身高 x 为横坐标，以腿长 y 为纵坐标将这些数据点(x_i, y_i)在平面直角坐标系上用"+"标出，如图 9.1 所示.

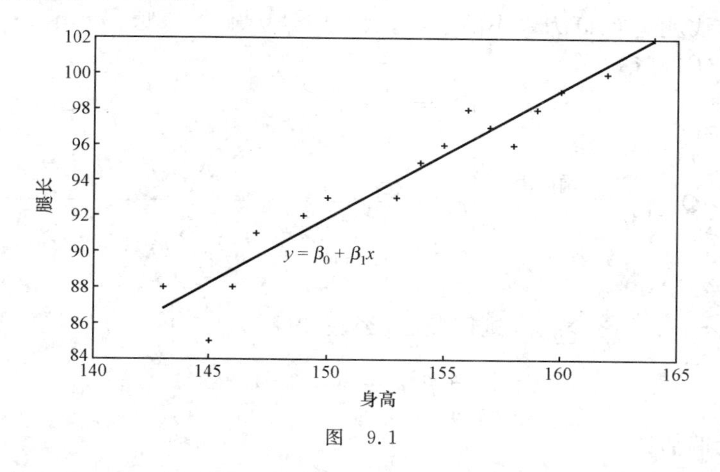

图 9.1

从图 9.1 可以看到 16 个点近似分布在一条直线上，设此直线方程为 $y=\beta_0+\beta_1 x$（β_0, β_1 待定）. 但是很明显，不是所有的点(x_i, y_i)都严格落在一条直线上面，并且无论怎么选择 β_0，β_1，总是不能使得所有的点都落在直线上，也就是说，存在误差

$$\varepsilon_i = y_i - (\beta_0 + \beta_1 x_i), \quad i = 1, \cdots, 16.$$

一般地，称由 $y=\beta_0+\beta_1 x+\varepsilon$ 确定的模型为**一元线性回归模型**，记为

$$y = \beta_0 + \beta_1 x + \varepsilon,$$

其中 $E(\varepsilon)=0, D(\varepsilon)=\sigma^2$，固定的未知参数 β_0, β_1 称为**回归系数**，自变量 x 称为**回归变量**，$y=\beta_0+\beta_1 x$ 称为 y 对 x 的**回归直线方程**.

一元线性回归分析的主要任务是：

(1) 用试验值(样本值)对 β_0, β_1 和 σ^2 作点估计；

(2) 对回归系数 β_0, β_1 作假设检验；

(3) 在 $x=x_0$ 处对 y 作预测，并对 y 作区间估计.

一、回归系数的最小二乘估计

有 n 组独立观测值 $(x_1, y_1), (x_2, y_2), \cdots, (x_n, y_n)$，设

$$y_i = \beta_0 + \beta x_i + \varepsilon_i,$$

其中 ε_i 为残差，它满足 $E(\varepsilon_i)=0, D(\varepsilon_i)=\sigma^2, i=1,2,\cdots,n$，且 $\varepsilon_1, \varepsilon_2, \cdots, \varepsilon_n$ 相互独立. 记

$$Q = Q(\beta_0, \beta_1) = \sum_{i=1}^{n} \varepsilon_i^2 = \sum_{i=1}^{n} (y_i - \beta_0 - \beta_1 x_i)^2,$$

它表示观测值 y_i 与计算值 $\beta_0 + \beta x_1$ 的偏差平方和. **最小二乘法**就是选择 (β_0, β_1) 的估计 $(\hat{\beta}_0, \hat{\beta}_1)$，使得

$$Q(\hat{\beta}_0, \hat{\beta}_1) = \min_{\beta_0, \beta_1} Q(\beta_0, \beta_1).$$

即所求的回归直线就是使 Q 为最小的直线，因此归结为求使 Q 取最小值的 β_0, β_1. 由高等数学中求最值的方法，可得

$$\begin{cases} \dfrac{\partial Q}{\partial \beta_0} = 0, \\ \dfrac{\partial Q}{\partial \beta_1} = 0, \end{cases} \quad \text{解得} \quad \begin{cases} \hat{\beta}_0 = \bar{y} - \hat{\beta}_1 \bar{x}, \\ \hat{\beta}_1 = \dfrac{\overline{xy} - \bar{x}\,\bar{y}}{\overline{x^2} - \bar{x}^2} = \dfrac{\sum\limits_{i=1}^{n} (x_i - \bar{x})(y_i - \bar{y})}{\sum\limits_{i=1}^{n} (x_i - \bar{x})^2}. \end{cases}$$

其中 $\bar{x} = \dfrac{1}{n}\sum\limits_{i=1}^{n} x_i, \bar{y} = \dfrac{1}{n}\sum\limits_{i=1}^{n} y_i$. 则**回归(或经验)方程**为

$$\hat{y} = \hat{\beta}_0 + \hat{\beta}_1 x = \bar{y} + \hat{\beta}_1 (x - \bar{x}).$$

二、σ^2 的无偏估计

记 $Q_e = Q(\hat{\beta}_0, \hat{\beta}_1) = \sum\limits_{i=1}^{n} (y_i - \hat{\beta}_0 - \hat{\beta}_1 x_i)^2 = \sum\limits_{i=1}^{n} (y_i - \hat{y}_i)^2$，称 Q_e 为**残差平方和或剩余平方和**. 则 σ^2 的无偏估计 $\hat{\sigma}_e^2 = Q_e/(n-2) \sim \chi^2(n-2)$，称 $\hat{\sigma}_e^2$ 为**剩余方差(或残差方差)**，$\hat{\sigma}_e^2$ 分别与 $\hat{\beta}_0, \hat{\beta}_1$ 独立. $\hat{\sigma}_e$ 称为**剩余标准差**.

注 这里直接给出 σ^2 的无偏估计，详细过程可以参考有关的统计教材.

三、回归直线方程的显著性检验

对回归直线方程 $y=\beta_0+\beta_1 x$ 的显著性检验,归结为双边假设检验

$$H_0:\beta_1=0 \longleftrightarrow H_1:\beta_1\neq 0.$$

若原假设 $H_0:\beta_1=0$ 被拒绝,则回归显著,认为 y 与 x 存在线性关系,所求的线性回归方程有意义;否则回归不显著,y 与 x 的关系不能用一元线性回归模型来描述,所得的回归方程也无意义.

常用的检验方法有以下三种:

(1) F 检验法

当 H_0 成立时,检验统计量 $F=\dfrac{U}{Q_e/(n-2)}\sim F(1,n-2)$,其中 $U=\sum\limits_{i=1}^{n}(\hat{y}_i-\bar{y})^2$(称为**回归平方和**).故当 $F>F_{1-\alpha}(1,n-2)$ 时,拒绝 H_0;否则就接受 H_0.

(2) t 检验法

当 H_0 成立时,检验统计量 $T=\dfrac{\sqrt{L_{xx}}\hat{\beta}_1}{\hat{\sigma}_e}\sim t(n-2)$,其中 $L_{xx}=\sum\limits_{i=1}^{n}(x_i-\bar{x})^2$.故当 $|T|>t_{1-\alpha/2}(n-2)$ 时,拒绝 H_0;否则就接受 H_0.

(3) r 检验法

记检验统计量

$$r=\frac{\sum\limits_{i=1}^{n}(x_i-\bar{x})(y_i-\bar{y})}{\sqrt{\sum\limits_{i=1}^{n}(x_i-\bar{x})^2\sum\limits_{i=1}^{n}(y_i-\bar{y})^2}}.$$

当 $|r|>r_{1-\alpha}=\sqrt{\dfrac{1}{1+(n-2)/F_{1-\alpha}(1,n-2)}}$ 时,拒绝 H_0;否则就接受 H_0.

四、回归系数的置信区间

β_0 和 β_1 的置信水平为 $1-\alpha$ 的置信区间分别为

$$\left[\hat{\beta}_0-t_{1-\alpha/2}(n-2)\hat{\sigma}_e\sqrt{\frac{1}{n}+\frac{\bar{x}^2}{L_{xx}}}\,,\ \hat{\beta}_0+t_{1-\alpha/2}(n-2)\hat{\sigma}_e\sqrt{\frac{1}{n}+\frac{\bar{x}^2}{L_{xx}}}\right],$$

$$\left[\hat{\beta}_1-t_{1-\alpha/2}(n-2)\hat{\sigma}_e/\sqrt{L_{xx}}\,,\ \hat{\beta}_1+t_{1-\frac{\alpha}{2}}(n-2)\hat{\sigma}_e/\sqrt{L_{xx}}\right],$$

其中 $L_{xx}=\sum\limits_{i=1}^{n}(x_i-\bar{x})^2$.

σ^2 的置信水平为 $1-\alpha$ 的置信区间为

$$\left[\frac{Q_e}{\chi^2_{1-\alpha/2}(n-2)}\,,\ \frac{Q_e}{\chi^2_{\alpha/2}(n-2)}\right].$$

五、预测与控制

(1) 预测

用 y_0 的回归值 $\hat{y}_0=\hat{\beta}_0+\hat{\beta}_1 x_0$ 作为 y_0 的预测值. y_0 的置信水平为 $1-\alpha$ 的预测区间为

$$[\hat{y}_0-\delta(x_0),\ \hat{y}_0+\delta(x_0)],$$

其中 $\delta(x_0)=\hat{\sigma}_e t_{1-\alpha/2}(n-2)\sqrt{1+\frac{1}{n}+\frac{(x_0-\overline{x})^2}{L_{xx}}}$. 特别地,当 n 很大,且 x_0 在 $\overline{x}$ 附近取值时,y 的置信水平为 $1-\alpha$ 的预测区间近似为

$$[\hat{y}-\hat{\sigma}_e u_{1-\alpha/2},\ \hat{y}+\hat{\sigma}_e u_{1-\alpha/2}].$$

例 2 考察温度 x 对产量 y 的影响,测得下列 10 组数据:

温度(℃)	20	25	30	35	40	45	50	55	60	65
产量(kg)	13.2	15.1	16.4	17.1	17.9	18.7	19.6	21.2	22.5	24.3

求 y 关于 x 的线性回归方程,检验回归效果是否显著,并预测 $x=42$℃时的产量($\alpha=0.05$).

解 利用观测数据可得回归系数(β_0,β_1)的估计为

$$\begin{cases}\hat{\beta}_0=\overline{y}-\hat{\beta}_1\overline{x}=9.1212,\\ \hat{\beta}_1=\dfrac{\overline{xy}-\overline{x}\,\overline{y}}{\overline{x^2}-\overline{x}^2}=0.2230.\end{cases}$$

所以回归直线方程为

$$y=9.1212+0.2230x.$$

使用 F 检验法对回归直线方程进行显著性检验,则有

$$F=\frac{U}{Q_e/(n-2)}=439.8311>F_{1-0.05}(1,8)=5.32.$$

所以认为回归效果显著,并当 $x=42$℃, $y=9.1212+0.2230\times42=18.4872$.

(2) 控制

要求 $y=\beta_0+\beta_1 x+\varepsilon$ 的值以 $1-\alpha$ 的概率落在指定区间(y',y''). 只要控制 x 满足以下两个不等式

$$\hat{y}-\delta(x)\geqslant y',\quad \hat{y}+\delta(x)\leqslant y'',$$

即要求 $y''-y'\geqslant2\delta(x)$. 若 $\hat{y}-\delta(x)=y'$,$\hat{y}+\delta(x)=y''$分别有解 x'和 x'',即

$$\hat{y}-\delta(x')=y',\quad \hat{y}+\delta(x'')=y''.$$

则(x',x'')就是所求的 x 的控制区间.

习 题 9.2

1. 以家庭为单位,某种商品年需求量 y(单位: kg)与商品价格 x(单位: 元)之间的一组调查数据如下表所示:

x(kg)	5	2	2	2.3	2.5	2.6	2.8	3	3.3	3.5
y(元)	1	3.5	3	2.7	2.4	2.5	2	1.5	1.2	1.2

(1) 求回归方程 $\hat{y}=\hat{\beta}_0+\hat{\beta}_1 x$；

(2) 检验线性关系的显著性($\alpha=0.05$,用 F 检验法).

2. 请联系词条"高尔顿(F. Galton)"、"皮尔逊(K. Pearson)",通过查阅资料进一步了解本节所说"回归"的来历与含义.

第9章小结

1. 单因素方差分析选取的检验统计量为

$$F=\frac{\mathrm{SSA}/(r-1)}{\mathrm{SSE}/(n-r)}=\frac{\sum_{i=1}^{r}\sum_{j=1}^{n_i}(\overline{x}_i-\overline{x})^2/(r-1)}{\sum_{i=1}^{r}\sum_{j=1}^{n_i}(\overline{x}_{ij}-\overline{x}_i)^2/(n-r)}\sim F(r-1,n-1).$$

其中 r 为水平数，$n=\sum_{i=1}^{r}n_i$ 为样本总量.

2. 一元回归分析

模型

$$y=\beta_0+\beta_1 x+\varepsilon,\quad 其中\ E(\varepsilon)=0,\quad D(\varepsilon)=\sigma^2.$$

回归系数(β_0,β_1)的最小二乘估计$(\hat{\beta}_0,\hat{\beta}_1)$为

$$\begin{cases}\hat{\beta}_0=\overline{y}-\hat{\beta}_1\overline{x},\\ \hat{\beta}_1=\dfrac{\overline{xy}-\overline{x}\,\overline{y}}{\overline{x^2}-\overline{x}^2}=\dfrac{\sum_{i=1}^{n}(x_i-\overline{x})(y_i-\overline{y})}{\sum_{i=1}^{n}(x_i-\overline{x})^2}.\end{cases}$$

第 10 章 数学软件与数学实验

Matlab(matrix laboratory，矩阵实验室的缩写)是国际控制界公认的标准计算软件，是美国 Math Works 公司生产的一个为科学和工程计算专门设计的交互式大型软件，是一个可以完成各种精确计算和数据处理的、可视化的、强大的计算工具.它集图示和精确计算于一身，在应用数学、物理、化工、机电工程、医药、经济金融和其他需要进行复杂数值计算的领域得到了广泛应用.它不仅是一个在各类工程设计中便于使用的计算工具，而且也是一个在数学、数值分析和工程计算等课程教学中的优秀的教学工具，在世界各地的高等院校中十分流行，在各类工业应用中更有不俗的表现.Matlab 作为线性系统的一种分析和仿真工具，是理工科大学生应该掌握的技术工具.

在本章中，将主要介绍在 Matlab 中运用概率论和数理统计的方法.在三个数学实验中，分别介绍如何在 Matlab 中运用相关知识，限于篇幅，只简单介绍 Matlab 的基础知识，对于具体的背景知识，请读者查看相关的书籍.

§10.1 Matlab 简介

Matlab 有数百个核心内部函数，数十个形形色色的工具箱.工具箱包括：控制系统、信号处理、模糊逻辑、神经网络、小波分析、统计、优化、金融预测等等，无一不是非常优秀的运算工具.这些工具都可以添加自己根据需要编写的函数，用户可以不断更新自己的工具箱，使之更适合于自己的研究和计算.本节将对 Matlab 作简要概述，只为引出下面的内容做铺垫.

一、变量命名规则

Matlab 中变量的命名规则是：

(1) 变量名中不得含空格、标点、运算符,但可以包含下划线;

(2) 变量名对英文字母区分大小写;

(3) 变量名必须以英文字母打头,之后可以是任意英文字母、数字或下划线,但最多不超过19个字符.

在 Matlab 中有一些特殊变量,如下表10.1所列.每当 Matlab 启动时,这些变量就自动产生.这些变量都有特殊含义和用途,在编写指令和程序时,应尽可能不对它们重新赋值,以免产生混淆.

表10.1 Matlab 中最常用的特殊变量

特殊变量	取值
ans	用于计算结果缺省默认的变量名
pi	圆周率 π
i 或 j	虚单位 $i=j=\sqrt{-1}$

二、数学运算符号及标点符号

在 Matlab 中,算术运算符的表达方式如表10.2所列.

表10.2 Matlab 表达式的基本运算符

+	加法运算,适用于两个数、两个数组或两个同阶矩阵相加
−	减法运算,适用于两个数、两个数组或两个同阶矩阵相减
*	乘法运算
.*	点乘运算,适用于两个数、两个数组或两个同阶矩阵相乘
/	除法运算
./	点除运算,适用于两个数、两个数组或两个同阶矩阵相除
^	乘幂运算

在 Matlab 中,不同的标点符号具有不同的运算含义,下面对常见标点符号作说明:

(1) Matlab 的每条命令后,若为逗号","或无标点符号,则显示命令的结果;若命令后为分号";",则该命令结束,且禁止显示结果;

(2) 注释号"%"后面所有文字为注释;

(3) 续行号"…"表示下行是该行的继续,构成整体.

三、M 文件

M 文件包含有:M 函数文件和 M 脚本文件.

Matlab 的内部函数是有限的,有时为了研究某一个函数的各种性态,需要为 Matlab 定义新函数,为此必须编写 M **函数文件**. M 函数文件是文件名后缀为 M 的文件,这类文件的第一行必须是以特殊字符“function”开始，格式为：

function 因变量名=函数名(自变量名).

函数值的获得必须通过具体的运算实现，并赋给因变量.注意，M函数文件存盘的时候，文件名必须与函数名一致.

有时候为了实现某算法，我们需要编写一大段程序，并且较复杂的程序一般需要进行反复的调试，这时可以建立一个M **脚本文件**，就可以将许多命令按照某种先后顺序组合存储起来，方便修改、调试以及随时调用.

四、数组与矩阵

(1) 数组的创建

在Matlab中，有下列几种创建数组的方式：

x=[a b c d e f]　　创建包含指定元素的行向量

x=first：last　　创建从first开始，加1计数，到last结束的行向量

x=first：increment：last　　创建从first开始，加increment计数，到last结束的行向量

x=linspace(first,last,n)　　创建从first开始，到last结束，有n个元素的行向量

(2) 矩阵的创建

逗号或空格用于分隔某一行的元素，分号用于区分不同的行. 除了分号，在输入矩阵时，按Enter键也表示开始新一行. 输入矩阵时，严格要求所有行有相同的列.

```
m=[1 2 3 4;5 6 7 8;9 10 11 12]
p=[1 2 3  4
   5 6  7  8
   9 10 11 12]     m与p为两个相同的矩阵
c=ones(m,n)        产生一个m行n列的元素全为1的矩阵
b=zeros(m,n)       产生一个m行n列的零矩阵
```

五、Matlab 画图

Matlab画图是通过描点、连线来实现的，故在画一个曲线图形之前，必须先取得该图形上的一系列的点的坐标(即横坐标和纵坐标)，然后将该点集的坐标传给Matlab函数画图.

在Matlab中，二维曲线和三维曲线在画法上有较大的差别，相对而言，画二维曲线比三维曲线要简单. 本书只介绍二维曲线的画法.

在Matlab中，画二维曲线的基本命令为plot，画图命令如下：

(1) plot(X,Y,‘S’),

其中X,Y是相同维数的向量，分别表示点集的横坐标和纵坐标，S代表曲线的颜色、线型、数据点形，如下表10.3所示；

表 10.3 Matlab 中曲线属性的设置

颜　色	蓝	绿	红	青	品红	黄	黑	白
符　号	b	g	r	c	m	y	k	w
线　型	实线	虚线	点画线	双画线				
符　号	—	:	—.	——				
数据点形	实心黑点	空心圆圈	星号	叉字符	十字符号			
符　号	.	。	*	×	+			

(2) plot(X,Y1,'S1',X,Y2,'S2',…,X,Yn,'Sn'),

此命令将多条曲线画在一起,这些曲线之间没有相互的约束.

例 1 在区间$[0,2\pi]$上用红色实线画 $\sin x$,用绿色空心圆圈画 $\cos x$.

在命令窗口中输入:

```
≫ x=linspace(0,2*pi,100);
%生成第一个元素为0,最后一个元素为2π,相邻元素等距的100维的向量
≫ y=sin(x);              %计算在 x 处的正弦值
≫ z=cos(x);              %计算在 x 处的余弦值
≫ plot(x,y,'r',x,z,'go')  %画图
```

按“Enter”键,就可以得到相应的结果,如图 10.1 所示.

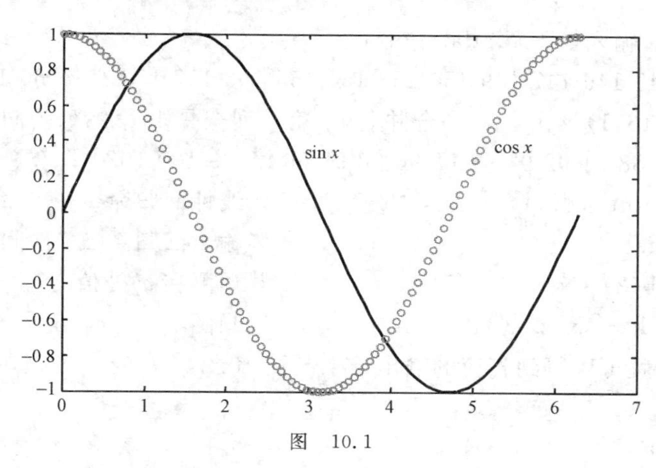

图 10.1

§10.2 数学实验1：一元线性回归

目的与要求

(1) 了解一元线性回归的基本原理,掌握 Matlab 命令实现的方法;

(2) 练习用一元线性回归解决实际问题.

一、一元线性回归的 Matlab 命令

求回归系数的点估计和区间估计，并检验回归模型.其相应的调用命令如下：

[b, bint,r,rint,stats]=regress(Y,X,alpha)，

其中输入参数为：$Y=(y_1,y_2,\cdots,y_n)'$，$X=\begin{bmatrix}1 & x_1\\1 & x_2\\\vdots & \vdots\\1 & x_n\end{bmatrix}$；输出参数为：b 代表回归系数，bint 代表回归系数的区间估计，r 代表残差，rint 代表置信区间，stats 代表用于检验回归模型的统计量，即相关系数的平方 r^2、F 值、与 F 对应的概率 p. 这三个数值的意义：r^2 越接近 1，说明回归方程就越显著；$F>F_{1-\alpha}(k,n-k-1)$ 时拒绝 H_0，F 越大，说明回归方程越显著；与 F 对应的概率 $p<\alpha$ 时拒绝 H_0，回归模型成立. alpha 代表显著性水平(缺省时为 0.05).

二、实验内容

例 1　第 9 章第 2 节中的例 1.

三、实验过程及结果分析

在命令窗口中，输入如下 Matlab 命令：

```
>> x=[143 145 146 147 149 150 153 154 155 156 157 158 159 160 162 164]';
>> X=[ones(16,1) x];         %合并矩阵,第一列全是1,第二列为向量x
>> Y=[88 85 88 91 92 93 93 95 96 98 97 96 98 99 100 102]';
>> [b,bint,r,rint,stats]=regress(Y,X)      %线性回归命令
>> b,bint,stats                             %输出回归系数, 区间估计,统计量
>> z=b(1)+b(2)*x                            %预测在x处值
>> plot(x,Y,'k+',x,z,'r')                   %画图
```

按“Enter”键，就可以得到相应的输出结果及图 10.2：

```
b=
   -16.0730
   0.7194
bint=
      -33.7071      1.5612
      0.6047        0.8340
stats=
      0.9282   180.9531   0.0000
```

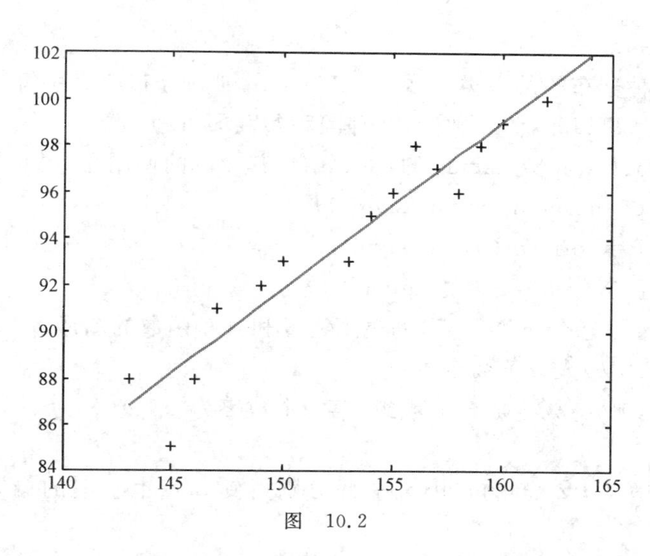

图 10.2

结果分析：回归系数分别为 $\hat{\beta}_0=-16.073$，$\hat{\beta}_1=0.7194$；$\hat{\beta}_0$ 的置信区间为[−33.7017，1.5612]，$\hat{\beta}_1$ 的置信区间为[0.6047，0.834]；统计量为 $r^2=0.9282$，$F=180.9531$，$p=0.0000<0.05$. 根据计算的结果：r^2 较接近于1，F 比较大，p 较小，我们可以拒绝原假设 H_0：$\beta_1=0$，认为回归方程 $y=-16.073+0.7194x$ 有意义. 从上图10.2中也可以看到身高和体重所对应的点确实大致地分布在直线周围.

§10.3 数学实验2：数据统计

目的与要求

(1) 会用 Matlab 命令实现数据统计；

(2) 练习用这些方法解决实际问题.

一、数据统计的 Matlab 命令

对随机变量 X，计算其基本统计量的命令如下：

均值：mean(x)， 中位数：median(x)， 标准差：std(x)，
方差：var(x)， 偏度：skewness(x)， 峰度：kurtosis(x).

常见的几种分布的命令字符为：

正态分布：norm， 指数分布：exp， 泊松分布：poiss， β分布：beta，
韦布尔分布：weib， χ^2 分布：chi2， t分布：t， F分布：F.

Matlab 工具箱对每一种分布都提供5类函数，其命令字符为：

概率密度：pdf， 分布函数：cdf， 逆概率分布：inv， 均值与方差：stat，

随机数生成：rnd.

注 当需要一种分布的某一类函数时，将以上所列的分布命令字符与函数命令字符接起来，并输入自变量(可以是标量、数组或矩阵)和参数即可.

如对均值为 mu、标准差为 sigma 的正态分布，其相应的调用命令如下：

1. 概率密度：p＝normpdf(x,mu,sigma)；

2. 概率分布：P＝normcdf(x,mu,sigma).

注 当为标准正态分布时，参数 sigma 可缺省.

例1 画出标准正态分布 $N(0,1)$ 的概率密度和分布函数的图形.

解 在 Matlab 中输入以下命令：

≪ x＝－6：0.01：6；%生成 x 的数组，第一个数字为－6，步长为 0.01，最后一个数不超过 6

≪ y＝normpdf(x)；z＝normcdf(x)；%分别得到 x 点上对应的概率密度和分布函数的值

≪ plot(x,y,'－',x,z,'：') %将概率密度和分布函数画在一个图上

按"Enter"键，就可以得到相应的结果，如图 10.3 所示.

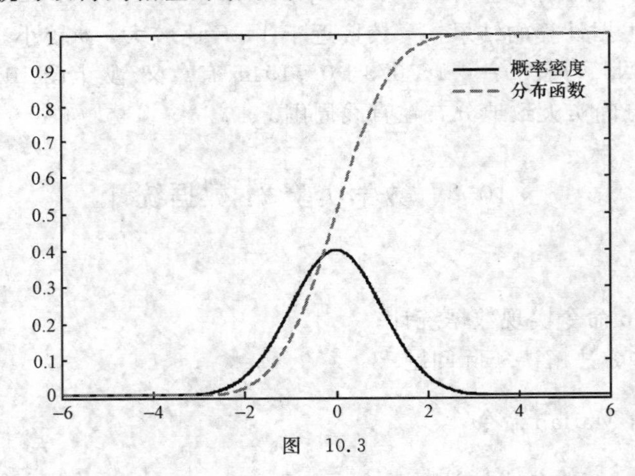

图 10.3

3. 逆概率分布的调用命令如下：

x＝norminv(P,mu,sigma)，

即求出 x，使得 P(X＜x)＝P. 此命令可用来求上分位数.

例2 取 $\alpha=0.05$，求分位数 $u_{1-\alpha/2}$.

解 $u_{1-\alpha/2}$ 的含义是：$X\sim N(0,1)$，$P(X<u_{1-\alpha/2})=1-\frac{\alpha}{2}$.

命令为：$u_{0.975}$＝norminv(0.975).

结果为：$u_{0.975}$＝1.96.

$\alpha=0.05$ 时，$P=0.975$.

4. 均值与方差的调用命令如下：

[m,v]=normstat(mu,sigma).

例 3 求正态分布 $N(3,5^2)$ 的均值与方差.

解 命令为：[m,v]=normstat(3,5).

结果为：m=3,v=25.

5. 直方图的描绘

(1) 数组 data 的频数表的调用命令为：

[N,X]=hist(data,k).

此命令将区间[min{data},max{data}]分为 k 个小区间(缺省为 10)，返回数组 data 落在每一个小区间的频数 N 和每一个小区间的中点 X.

(2) 描绘数组 data 的频数直方图的调用命令为：

hist(data,k).

6. 分布的正态性检验

数据矩阵 x 的正态概率图的调用命令为：

normplot(x).

如果数据来自于正态分布，则图形显示出直线形态，而来自于其他概率分布的数据则显示出曲线形态.

7. 正态总体的参数估计

设总体服从正态分布，则其点估计和区间估计可同时由以下命令获得：

[muhat,sigmahat,muci,sigmaci]=normfit(X,alpha).

此命令在显著性水平 alpha(缺省时设定为 0.05)下估计数据 X 的参数，返回值 muhat 是 X 的均值的点估计值，sigmahat 是标准差的点估计值，muci 是均值的区间估计，sigmaci 是标准差的区间估计.

8. 假设检验

(1) 总体方差已知时，总体均值的检验使用 z 检验，调用命令如下：

[h,sig,ci]=ztest(x,m,sigma,alpha,tail).

此命令检验数据 x 的关于均值的某一假设是否成立，其中 sigma 为已知方差，alpha 为显著性水平(缺省时设定为 0.05)，究竟假设检验是什么取决于 tail 的取值(缺省值时设定为 0)：

$$\text{tail}=\begin{cases}0, & \text{假设检验 } H_0:\{x\text{ 的均值等于 } m\};\\ 1, & \text{假设检验 } H_0:\{x\text{ 的均值大于 } m\};\\ -1, & \text{假设检验 } H_0:\{x\text{ 的均值小于 } m\}.\end{cases}$$

返回值 h 为一个布尔值，h=1 表示可以拒绝原假设，h=0 表示不可以拒绝原假设，sig 为假设成立的概率，ci 为均值的 1−alpha 置信区间.

（2）总体方差未知时，总体均值的检验使用 t 检验，调用命令如下：

[h,sig,ci]=ttest(x,m,alpha,tail).

此命令检验数据 x 的关于均值的某一假设是否成立，其中 alpha、tail、h 用法同上.

二、实验内容

例 4 某班学生的一次考试成绩如下：

85 94 69 91 88 55 74 63 81 69 68 90 92 54 71 83 87 38 88 74 58 73 64 64 88 64 89 73 69 100 82 85 77 65 72 82 84 84 53 95 76 77 82 85 53 92 93 80 63 58 69 67 73 74 46 52 54 64 75 96 72 77 87 78 62 73 52 76 73 76 64 65 73 58 86 72 56 76 52 83 72 66 93 76 83 78 60 83 75 60 79

（1）计算数据的均值、标准差、偏度、峰度，并画出直方图；

（2）检验分布的正态性；

（3）若检验符合正态分布，估计正态分布的参数；

（4）检验班级成绩平均分是否为 74.

三、实验过程及结果分析

（1）在 Matlab 的命令窗口中输入以下命令：

```
≪ x=[85 94 69 91 88 55 74 63 81 69 68 90 92 54 71 83 87 38 88 74 58 73 64 64 88 64
89 73 69 100 82 85 77 65 72 82 84 84 53 95 76 77 82 85 53 92 93 80 63 58 69 67 73 74 46 52
54 64 75 96 72 77 87 78 62 73 52 76 73 76 64 65 73 58 86 72 56 76 52 83 72 66 93 76 83 78
60 83 75 60 79];
≪ junzhi=mean(x)                %计算考试成绩均值
≪ biaozhuncha=std(x)            %计算考试成绩标准差
≪ piandu=skewness(x)            %计算考试成绩偏度
≪ fengdu=kurtosis(x)            %计算考试成绩峰度
≪ hist(x,8)                     %画频数直方图
```

在 Matlab 的命令窗口中输入计算的变量名称，得到的结果如下：

```
junzhi=73.6264
biaozhuncha=12.8475
piandu=-0.2760
fengdu=2.5832
```

可以知道，该班学生的考试成绩的均值为 73.6264，标准差为 12.8475，偏度为 −0.2760，峰度为 2.5832，并且从直方图 10.4 来看近似的服从正态分布.

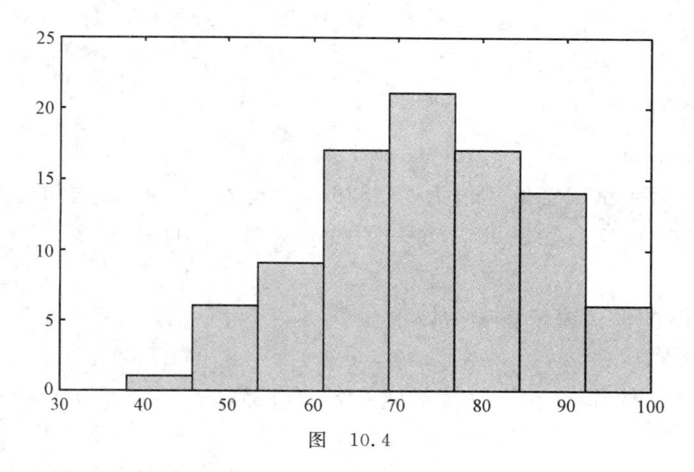

图 10.4

(2) 在 Matlab 的命令窗口中输入检验分布正态性的命令：

normplot(x).

按“Enter”键，得到的正态概率图如图 10.5 所示：

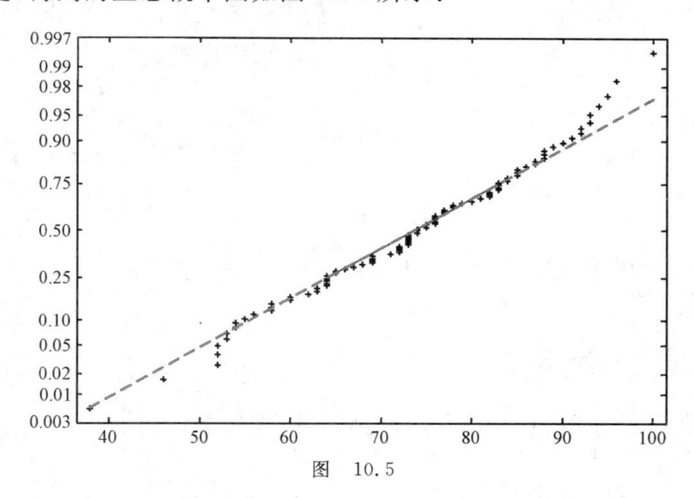

图 10.5

从图 10.5 中可以看出，数据基本上分布在一条直线上，故可以断定该次考试成绩服从正态分布.

(3) 在 Matlab 的命令窗口中输入以下命令：

[muhat,sigmahat,muci,sigmaci]=normfit(x)

在 Matlab 的命令窗口中输入计算的变量名称，得到的结果如下：

muhat=73.6264

sigmahat=12.8475

```
muci=70.9507
     76.3020
sigmaci=11.2137
        15.0430
```

估计出该班学生考试成绩的均值为73.6264，方差为12.8475.均值的置信水平为0.95的置信区间为[70.9507,76.3020]，方差的置信水平为0.95的置信区间为[11.2137,15.0430].

(4) 在Matlab的命令窗口中输入以下命令：

```
[h,sig,ci]=ttest(x,74)
```

在Matlab的命令窗口中输入计算的变量名称，得到的结果如下：

```
h=0
sig=0.7821
ci=70.9507   76.3020
```

h=0表示不可以拒绝原假设，即可以认为班级分数均值为74. sig=0.7821，说明假设成立的概率为0.7821，即可认为假设成立. ci=[70.9507,76.3020]为均值的置信水平为95%的置信区间，这个区间完全包括了平均分74，且精度比较高.

§10.4 数学实验3：方差分析

目的与要求

(1) 会用Matlab命令实现方差分析；

(2) 练习用这些方法解决实际问题.

一、单因素方差分析的Matlab命令

Matlab统计工具箱中单因素方差分析的调用格式如下：

p=anoval(x,group)，

其中p为检验统计量F对应的概率，当$p<\alpha$时，拒绝H_0. 其中x为数组，从第1组到第r组数据依次排列；group为x同长度的数组，标志x所在的组别(在x中第i组数据所对应位置输入i).

二、实验内容

例1 第9章第1节中的例1.

三、实验过程及结果分析

在 Matlab 的命令窗口中输入如下命令:

≪ x=[78.5 76.4 71.0 62.4 45.2 49.2 36.8 39.0 59.2 45.2 62.8 51.4 71.0 50.9 58.4 66.5];

≪ group=[1 1 1 1 2 2 2 2 3 3 3 3 4 4 4 4];　　%输入 x 对应元素所属的组别

≪ p=anoval(x,group)　　%单因素方差分析命令

按"Enter"键,得到的结果如下:

p=9.5290e−004.

因为 p=9.5290e−004<0.05,所以拒绝原假设,认为不同的肥料对棉花亩产量有显著影响.并且 $\hat{\mu}_1=\overline{x}_1=72.0750$, $\hat{\mu}_2=\overline{x}_2=42.5500$, $\hat{\mu}_3=\overline{x}_3=54.6500$, $\hat{\mu}_4=\overline{x}_4=61.7000$,因为 $\hat{\mu}_1$ 最大,所以我们认为肥料 A_1 的效果最好.

习　题　10

1. 利用 Matlab 数学软件解决以下问题:

(1) 用正态分布 $N(10,2)$ 产生 $n=100$ 个随机样本;

(2) 估计其均值和标准差;

(3) 在总体方差已知($\sigma^2=2$)的情况下分别检验总体均值 $\mu=10$ 和 $\mu=10.5(\alpha=0.05)$;

(4) 在总体方差未知的情况下分别检验总体均值 $\mu=10$ 和 $\mu=10.5(\alpha=0.05)$.

2. 某面粉厂生产的面粉按每袋 20 kg 出售,现从中随机选取 50 袋,其结果如下:

25.8	24.7	25.0	25.1	20.3	19.8	23.2	23.5	19.8	25.1
25.1	19.9	23.2	20.3	25.1	25.0	25.1	19.8	23.2	19.9
19.9	23.2	20.3	19.8	23.2	20.2	19.9	23.2	20.3	23.2
23.2	25.1	25.0	25.1	20.3	19.9	23.2	20.3	25.1	20.3
25.0	20.3	23.2	20.3	25.1	25.0	25.0	25.1	21.3	25.0

使用 Matlab 数学软件求面粉均值的置信区间并进行假设检验,要求会用相关命令,给出结果,并对结果进行分析.

附表 1　泊松分布表

$$P(X=m)=\frac{\lambda^m}{m!}e^{-\lambda}$$

m \ λ	0.1	0.2	0.3	0.4	0.5	0.6	0.7	0.8	0.9	1.0	1.5	2.0
0	0.9048	0.8187	0.7408	0.6703	0.6065	0.5488	0.4966	0.4493	0.4066	0.3679	0.2231	0.1353
1	0.0905	0.1637	0.2223	0.2681	0.3033	0.3293	0.3476	0.3595	0.3659	0.3679	0.3347	0.2707
2	0.0045	0.0164	0.0333	0.0536	0.0758	0.0988	0.1216	0.1438	0.1647	0.1839	0.2510	0.2707
3	0.0002	0.0011	0.0033	0.0072	0.0126	0.0198	0.0284	0.0383	0.0494	0.0613	0.1255	0.1805
4		0.0001	0.0003	0.0007	0.0016	0.0030	0.0050	0.0077	0.0111	0.0153	0.0471	0.0902
5				0.0001	0.0002	0.0003	0.0007	0.0012	0.0020	0.0031	0.0141	0.0361
6							0.0001	0.0002	0.0003	0.0005	0.0035	0.0120
7										0.0001	0.0008	0.0034
8											0.0002	0.0009
9												0.0002

m \ λ	2.5	3.0	3.5	4.0	4.5	5	6	7	8	9	10
0	0.0821	0.0498	0.0302	0.0183	0.0111	0.0067	0.0025	0.0009	0.0003	0.0001	
1	0.2052	0.1494	0.1057	0.0733	0.0500	0.0337	0.0149	0.0064	0.0027	0.0011	0.0004
2	0.2565	0.224	0.1850	0.1465	0.1125	0.0842	0.0446	0.0223	0.0107	0.0050	0.0023
3	0.2138	0.224	0.2158	0.1954	0.1687	0.1404	0.0892	0.0521	0.0286	0.0150	0.0076
4	0.1336	0.1681	0.1888	0.1954	0.1898	0.1755	0.1339	0.0912	0.0573	0.0337	0.0189
5	0.0668	0.1008	0.1322	0.1563	0.1708	0.1755	0.1606	0.1277	0.0916	0.0607	0.0378
6	0.0278	0.0504	0.0771	0.1042	0.1281	0.1462	0.1606	0.1490	0.1221	0.0911	0.0631
7	0.0099	0.0216	0.0385	0.0595	0.0824	0.1044	0.1377	0.1490	0.1396	0.1171	0.0901
8	0.0031	0.0081	0.0169	0.0298	0.0463	0.0653	0.1033	0.1304	0.1396	0.1318	0.1126
9	0.0009	0.0027	0.0065	0.0132	0.0232	0.0363	0.0688	0.1014	0.1241	0.1318	0.1251
10	0.0002	0.0008	0.0023	0.0053	0.0104	0.0181	0.0413	0.0710	0.0993	0.1186	0.1251
11	0.0001	0.0002	0.0007	0.0019	0.0043	0.0082	0.0225	0.0452	0.0722	0.0970	0.1137
12		0.0001	0.0002	0.0006	0.0015	0.0034	0.0113	0.0264	0.0481	0.0728	0.0948
13			0.0001	0.0002	0.0006	0.0013	0.0052	0.0142	0.0296	0.0504	0.0729
14				0.0001	0.0002	0.0005	0.0023	0.0071	0.0169	0.0324	0.0521
15					0.0001	0.0002	0.0009	0.0033	0.0090	0.0194	0.0347
16						0.0001	0.0003	0.0015	0.0045	0.0109	0.0217
17							0.0001	0.0006	0.0021	0.0058	0.0128
18								0.0002	0.0010	0.0029	0.0071
19								0.0001	0.0004	0.0014	0.0037
20									0.0002	0.0006	0.0019
21									0.0001	0.0003	0.0009

附表 2　标准正态分布的分布函数数值表

$$\Phi(x)=\int_{-\infty}^{x}\frac{1}{\sqrt{2\pi}}e^{-t^2/2}dt,\quad \Phi(-x)=1-\Phi(x)$$

x	0.00	0.01	0.02	0.03	0.04	0.05	0.06	0.07	0.08	0.09
0.0	0.5000	0.5040	0.5080	0.5120	0.5160	0.5199	0.5239	0.5279	0.5319	0.5359
0.1	0.5398	0.5438	0.5478	0.5517	0.5557	0.5596	0.5636	0.5675	0.5714	0.5753
0.2	0.5793	0.5832	0.5871	0.5910	0.5948	0.5987	0.6026	0.6064	0.6103	0.6141
0.3	0.6179	0.6217	0.6255	0.6293	0.6331	0.6368	0.6406	0.6443	0.6480	0.6517
0.4	0.6554	0.6591	0.6628	0.6664	0.6700	0.6736	0.6772	0.6808	0.6844	0.6879
0.5	0.6915	0.6950	0.6985	0.7019	0.7054	0.7088	0.7123	0.7157	0.7190	0.7224
0.6	0.7257	0.7291	0.7324	0.7357	0.7389	0.7422	0.7454	0.7486	0.7517	0.7549
0.7	0.7580	0.7611	0.7642	0.7673	0.7703	0.7734	0.7764	0.7794	0.7823	0.7852
0.8	0.7881	0.7910	0.7939	0.7967	0.7995	0.8023	0.8051	0.8078	0.8106	0.8133
0.9	0.8159	0.8186	0.8212	0.8238	0.8264	0.8289	0.8315	0.8340	0.8365	0.8389
1.0	0.8413	0.8438	0.8461	0.8485	0.8508	0.8531	0.8554	0.8577	0.8599	0.8621
1.1	0.8643	0.8665	0.8686	0.8708	0.8729	0.8749	0.8770	0.8790	0.8810	0.8830
1.2	0.8849	0.8869	0.8888	0.8907	0.8925	0.8944	0.8962	0.8980	0.8997	0.9015
1.3	0.9032	0.9049	0.9066	0.9082	0.9099	0.9115	0.9131	0.9147	0.9162	0.9177
1.4	0.9192	0.9207	0.9222	0.9236	0.9251	0.9265	0.9278	0.9292	0.9306	0.9319
1.5	0.9332	0.9345	0.9357	0.9370	0.9382	0.9394	0.9406	0.9418	0.9430	0.9441
1.6	0.9452	0.9463	0.9474	0.9484	0.9495	0.9505	0.9515	0.9525	0.9535	0.9545
1.7	0.9554	0.9564	0.9573	0.9582	0.9591	0.9599	0.9608	0.9616	0.9625	0.9633
1.8	0.9641	0.9648	0.9656	0.9664	0.9671	0.9678	0.9686	0.9693	0.9700	0.9706
1.9	0.9713	0.9719	0.9726	0.9732	0.9738	0.9744	0.9750	0.9756	0.9762	0.9767
2.0	0.9772	0.9778	0.9783	0.9788	0.9793	0.9798	0.9803	0.9808	0.9812	0.9817
2.1	0.9821	0.9826	0.9830	0.9834	0.9838	0.9842	0.9846	0.9850	0.9854	0.9857
2.2	0.9861	0.9864	0.9868	0.9871	0.9874	0.9878	0.9881	0.9884	0.9887	0.9890
2.3	0.9893	0.9896	0.9898	0.9901	0.9904	0.9906	0.9909	0.9911	0.9913	0.9916
2.4	0.9918	0.9920	0.9922	0.9925	0.9927	0.9929	0.9931	0.9932	0.9934	0.9936
2.5	0.9938	0.9940	0.9941	0.9943	0.9945	0.9946	0.9948	0.9949	0.9951	0.9952
2.6	0.9953	0.9955	0.9956	0.9957	0.9959	0.9960	0.9961	0.9962	0.9963	0.9964
2.7	0.9965	0.9966	0.9967	0.9968	0.9969	0.9970	0.9971	0.9972	0.9973	0.9974
2.8	0.9974	0.9975	0.9976	0.9977	0.9977	0.9978	0.9979	0.9979	0.9980	0.9981
2.9	0.9981	0.9982	0.9982	0.9983	0.9984	0.9984	0.9985	0.9985	0.9986	0.9986
3.0	0.9987	0.9990	0.9993	0.9995	0.9997	0.9998	0.9998	0.9999	0.9999	1.0000

注：表中末行自左至右依次是 $\Phi(3.0),\cdots,\Phi(3.9)$ 的值

附表 3 t 分布的上 α 分位数表

$$P(t(n) > t_\alpha(n)) = \alpha$$

n \ α	0.25	0.10	0.05	0.025	0.01	0.005
1	1.0000	3.0777	6.3138	12.7062	31.8207	63.6574
2	0.8165	1.8856	2.9200	4.3027	6.9646	9.9248
3	0.7649	1.6377	2.3534	3.1824	4.5407	5.8409
4	0.7407	1.5332	2.1318	2.7764	3.7469	4.6041
5	0.7267	1.4759	2.0150	2.5706	3.3649	4.0322
6	0.7176	1.4398	1.9432	2.4469	3.1427	3.7074
7	0.7111	1.4149	1.8946	2.3646	2.9980	3.4995
8	0.7064	1.3968	1.8595	2.3060	2.8965	3.3554
9	0.7027	1.3830	1.8331	2.2622	2.8214	3.2498
10	0.6998	1.3722	1.8125	2.2281	2.7638	3.1693
11	0.6974	1.3634	1.7959	2.2010	2.7181	3.1058
12	0.6955	1.3562	1.7823	2.1788	2.6810	3.0545
13	0.6938	1.3502	1.7709	2.1604	2.6503	3.0123
14	0.6924	1.3450	1.7613	2.1448	2.6245	2.9768
15	0.6912	1.3406	1.7531	2.1315	2.6025	2.9467
16	0.6901	1.3368	1.7459	2.1199	2.5835	2.9208
17	0.6892	1.3334	1.7396	2.1098	2.5669	2.8982
18	0.6884	1.3304	1.7341	2.1009	2.5524	2.8784
19	0.6876	1.3277	1.7291	2.0930	2.5395	2.8609
20	0.6870	1.3253	1.7247	2.0860	2.5280	2.8453
21	0.6864	1.3232	1.7207	2.0796	2.5177	2.8314
22	0.6858	1.3212	1.7171	2.0739	2.5083	2.8188
23	0.6853	1.3195	1.7139	2.0687	2.4999	2.8073
24	0.6848	1.3178	1.7109	2.0639	2.4922	2.7969
25	0.6844	1.3163	1.7081	2.0595	2.4851	2.7874
26	0.6840	1.3150	1.7056	2.0555	2.4786	2.7787
27	0.6837	1.3137	1.7033	2.0518	2.4727	2.7707
28	0.6834	1.3125	1.7011	2.0484	2.4671	2.7633
29	0.6830	1.3114	1.6991	2.0452	2.4620	2.7564
30	0.6828	1.3104	1.6973	2.0423	2.4573	2.7500

续附表 3

n \ α	0.25	0.10	0.05	0.025	0.01	0.005
31	0.6825	1.3095	1.6955	2.0395	2.4528	2.7440
32	0.6822	1.3086	1.6939	2.0369	2.4487	2.7385
33	0.6820	1.3077	1.6924	2.0345	2.4448	2.7333
34	0.6818	1.3070	1.6909	2.0322	2.4411	2.7284
35	0.6816	1.3062	1.6896	2.0301	2.4377	2.7238
36	0.6814	1.3055	1.6883	2.0281	2.4345	2.7195
37	0.6812	1.3049	1.6871	2.0262	2.4314	2.7154
38	0.6810	1.3042	1.6860	2.0244	2.4286	2.7116
39	0.6808	1.3036	1.6849	2.0227	2.4258	2.7079
40	0.6807	1.3031	1.6839	2.0211	2.4233	2.7045
41	0.6805	1.3025	1.6829	2.0195	2.4208	2.7012
42	0.6804	1.3020	1.6820	2.0181	2.4185	2.6981
43	0.6802	1.3016	1.6811	2.0167	2.4163	2.6951
44	0.6801	1.3011	1.6802	2.0154	2.4141	2.6923
45	0.6800	1.3006	1.6794	2.0141	2.4121	2.6806

附表 4　χ^2 分布的上 α 分位数表

$$P(\chi^2(n) > \chi_\alpha^2(n)) = \alpha$$

n \ α	0.995	0.99	0.975	0.95	0.9	0.75	0.5	0.25	0.1	0.05	0.025	0.01	0.005
1	—	—	—	—	0.02	0.1	0.45	1.32	2.71	3.84	5.02	6.63	7.88
2	0.01	0.02	0.05	0.1	0.21	0.58	1.39	2.77	4.61	5.99	7.38	9.21	10.60
3	0.07	0.11	0.22	0.35	0.58	1.21	2.37	4.11	6.25	7.81	9.35	11.34	12.84
4	0.21	0.3	0.48	0.71	1.06	1.92	3.36	5.39	7.78	9.49	11.14	13.28	14.86
5	0.41	0.55	0.83	1.15	1.61	2.67	4.35	6.63	9.24	11.07	12.83	15.09	16.75
6	0.68	0.87	1.24	1.64	2.2	3.45	5.35	7.84	10.64	12.59	14.45	16.81	18.55
7	0.99	1.24	1.69	2.17	2.83	4.25	6.35	9.04	12.02	14.07	16.01	18.48	20.28
8	1.34	1.65	2.18	2.73	3.4	5.07	7.34	10.22	13.36	15.51	17.53	20.09	21.96
9	1.73	2.09	2.70	3.33	4.17	5.90	8.34	11.39	14.68	16.92	19.02	21.67	23.59
10	2.16	2.56	3.25	3.94	4.87	6.74	9.34	12.55	15.99	18.31	20.48	23.21	25.19
11	2.60	3.05	3.82	4.57	5.58	7.58	10.34	13.7	17.28	19.68	21.92	24.72	26.76
12	3.07	3.57	4.40	5.23	6.30	8.44	11.34	14.85	18.55	21.03	23.34	26.22	28.30
13	3.57	4.11	5.01	5.89	7.04	9.3	12.34	15.98	19.81	22.36	24.74	27.69	29.82
14	4.07	4.66	5.63	6.57	7.79	10.17	13.34	17.12	21.06	23.68	26.12	29.14	31.32
15	4.6	5.23	6.26	7.26	8.55	11.04	14.34	18.25	22.31	25.0	27.49	30.58	32.80
16	5.14	5.81	6.91	7.96	9.31	11.91	15.34	19.37	23.54	26.30	28.85	32.0	34.27
17	5.70	6.41	7.56	8.67	10.09	12.79	16.34	20.49	24.77	27.59	30.19	33.41	35.72
18	6.26	7.01	8.23	9.39	10.86	13.68	17.34	21.60	25.99	28.87	31.53	34.81	37.16
19	6.84	7.63	8.91	10.12	11.65	14.56	18.34	22.72	27.20	30.14	32.85	36.19	38.58
20	7.43	8.26	9.59	10.85	12.44	15.45	19.34	23.83	28.41	31.41	34.17	37.57	40.0
21	8.03	8.9	10.28	11.59	13.24	16.34	20.34	24.93	29.62	32.67	35.48	38.93	41.4
22	8.64	9.54	10.98	12.34	14.04	17.24	21.34	26.04	30.81	33.92	36.78	40.29	42.8
23	9.26	10.20	11.69	13.09	14.85	18.14	22.34	27.14	32.01	35.17	38.08	41.64	44.18
24	9.89	10.86	12.40	13.85	15.66	19.04	23.34	28.24	33.20	36.42	39.36	42.98	45.56
25	10.52	11.52	13.12	14.61	16.47	19.94	24.34	29.34	34.38	37.65	40.65	44.31	46.93
26	11.16	12.2	13.84	15.38	17.29	20.84	25.34	30.43	35.56	38.89	41.92	45.64	48.29
27	11.81	12.88	14.57	16.15	18.11	21.75	26.34	31.53	36.74	40.11	43.19	46.96	49.64
28	12.46	13.56	15.31	16.93	18.94	22.66	27.34	32.62	37.92	41.34	44.46	48.28	50.99
29	13.12	14.26	16.05	17.71	19.77	23.57	28.34	33.71	39.09	42.56	45.72	49.59	52.34
30	13.79	14.95	16.79	18.49	20.6	24.48	29.34	34.8	40.26	43.77	46.98	50.89	53.67
40	20.71	22.16	24.43	26.51	29.05	33.66	39.34	45.62	51.80	55.76	59.34	63.69	66.77
50	27.99	29.71	32.36	34.76	37.69	42.94	49.33	56.33	63.17	67.50	71.42	76.15	79.49
60	35.53	37.48	40.48	43.19	46.46	52.29	59.33	66.98	74.40	79.08	83.3	88.38	91.95
70	43.28	45.44	48.76	51.74	55.33	61.70	69.33	77.58	85.53	90.53	95.02	100.42	104.22
80	51.17	53.54	57.15	60.39	64.28	71.14	79.33	88.13	96.58	101.88	106.63	112.33	116.32
90	59.2	61.75	65.65	69.13	73.29	80.62	89.33	98.64	107.56	113.14	118.14	124.12	128.30
100	67.33	70.06	74.22	77.93	82.36	90.13	99.33	109.14	118.5	124.34	129.56	135.81	140.17

附表5　F 分布的上 α 分位数表

$$P(F(n_1,n_2) > F_\alpha(n_1,n_2)) = \alpha$$

$\alpha=0.10$

n_2 \ n_1	1	2	3	4	5	6	7	8	9	10	12	15	20	24	30	40	60	120	∞
1	39.86	49.50	53.59	55.83	57.24	58.20	58.91	59.44	59.86	60.19	60.71	61.22	61.74	62.00	62.26	62.53	62.79	63.06	63.33
2	8.53	9.00	9.16	9.24	9.29	9.33	9.35	9.37	9.38	9.39	9.41	9.42	9.44	9.45	9.46	9.47	9.47	9.48	9.49
3	5.54	5.46	5.39	5.34	5.31	5.28	5.27	5.25	5.24	5.23	5.22	5.20	5.18	5.18	5.17	5.16	5.15	5.14	5.13
4	4.54	4.32	4.19	4.11	4.05	4.01	3.98	3.95	3.94	3.92	3.90	3.87	3.84	3.83	3.82	3.80	3.79	3.78	4.76
5	4.06	3.78	3.62	3.52	3.45	3.40	3.37	3.34	3.32	3.30	3.27	3.24	3.21	3.19	3.17	3.16	3.14	3.12	3.10
6	3.78	3.46	3.29	3.18	3.11	3.05	3.01	2.98	2.96	2.94	2.90	2.87	2.84	2.82	2.80	2.78	2.76	2.74	2.73
7	3.59	3.26	3.07	2.96	2.88	2.83	2.78	2.75	2.72	2.70	2.67	2.63	2.59	2.58	2.56	2.54	2.51	2.49	2.47
8	3.46	3.11	2.92	2.81	2.73	2.67	2.62	2.59	2.56	2.25	2.50	2.46	2.42	2.40	2.38	2.36	2.34	2.32	2.29
9	3.36	3.01	2.81	2.69	2.61	2.55	2.51	2.47	2.44	2.42	2.38	2.34	2.30	2.28	2.25	2.23	2.21	2.18	2.16
10	3.29	2.92	2.73	2.61	2.52	2.46	2.41	2.38	2.35	2.32	2.28	2.24	2.20	2.18	2.16	2.13	2.11	2.08	2.06
11	3.23	2.86	2.66	2.54	2.45	2.39	2.34	2.30	2.27	2.25	2.21	2.17	2.12	2.10	2.08	2.05	2.03	2.00	1.97
12	3.18	2.81	2.61	2.48	2.39	2.33	2.28	2.24	2.21	2.19	2.15	2.10	2.06	2.04	2.01	1.99	1.96	1.93	1.90
13	3.14	2.76	2.56	2.43	2.35	2.28	2.23	2.20	2.16	2.14	2.10	2.05	2.01	1.98	1.96	1.93	1.90	1.88	1.85
14	3.10	2.73	2.52	2.39	2.31	2.24	2.19	2.15	2.12	2.10	2.05	2.01	1.96	1.94	1.91	1.89	1.86	1.83	1.80
15	3.07	2.70	2.49	2.36	2.27	2.21	2.16	2.12	2.09	2.06	2.02	1.97	1.92	1.90	1.87	1.85	1.82	1.79	1.76
16	3.05	2.67	2.46	2.33	2.24	2.18	2.13	2.09	2.06	2.03	1.99	1.94	1.89	1.87	1.84	1.81	1.78	1.75	1.72
17	3.03	2.64	2.44	2.31	2.22	2.15	2.10	2.06	2.03	2.00	1.96	1.91	1.86	1.84	1.81	1.78	1.75	1.72	1.69
18	3.01	2.62	2.42	2.29	2.20	2.13	2.08	2.04	2.00	1.98	1.93	1.89	1.84	1.81	1.78	1.75	1.72	1.69	1.66
19	2.99	2.61	2.40	2.27	2.18	2.11	2.06	2.02	1.98	1.96	1.91	1.86	1.81	1.79	1.76	1.73	1.70	1.67	1.63
20	2.97	2.59	2.38	2.25	2.16	2.09	2.04	2.00	1.96	1.94	1.89	1.84	1.79	1.77	1.74	1.71	1.68	1.64	1.61
21	2.96	2.57	2.36	2.23	2.14	2.08	2.02	1.98	1.95	1.92	1.87	1.83	1.78	1.75	1.72	1.69	1.66	1.62	1.59
22	2.95	2.56	2.35	2.22	2.13	2.06	2.01	1.97	1.93	1.90	1.86	1.81	1.76	1.73	1.70	1.67	1.64	1.60	1.57
23	2.94	2.55	2.34	2.21	2.11	2.05	1.99	1.95	1.92	1.89	1.84	1.80	1.74	1.72	1.69	1.66	1.62	1.59	1.55
24	2.93	2.54	2.33	2.19	2.10	2.04	1.98	1.94	1.91	1.88	1.83	1.78	1.73	1.70	1.67	1.64	1.61	1.57	1.53
25	2.92	2.53	2.32	2.18	2.09	2.02	1.97	1.93	1.89	1.87	1.82	1.77	1.72	1.69	1.66	1.63	1.59	1.56	1.52
26	2.91	2.52	2.31	2.17	2.08	2.01	1.96	1.92	1.88	1.86	1.81	1.76	1.71	1.68	1.65	1.61	1.58	1.54	1.50
27	2.90	2.51	2.30	2.17	2.07	2.00	1.95	1.91	1.87	1.85	1.80	1.75	1.70	1.67	1.64	1.60	1.57	1.53	1.49
28	2.89	2.50	2.29	2.16	2.06	2.00	1.94	1.90	1.87	1.84	1.79	1.74	1.69	1.66	1.63	1.59	1.56	1.52	1.48
29	2.89	2.50	2.28	2.15	2.06	1.99	1.93	1.89	1.86	1.83	1.78	1.73	1.68	1.65	1.62	1.58	1.55	1.51	1.47
30	2.88	2.49	2.28	2.14	2.05	1.98	1.93	1.88	1.85	1.82	1.77	1.72	1.67	1.64	1.61	1.57	1.54	1.50	1.46
40	2.84	2.44	2.23	2.09	2.00	1.93	1.87	1.83	1.79	1.76	1.71	1.66	1.61	1.57	1.54	1.51	1.47	1.42	1.38
60	2.79	2.39	2.18	2.04	1.95	1.87	1.82	1.77	1.74	1.71	1.66	1.60	1.54	1.51	1.48	1.44	1.40	1.35	1.29
120	2.75	2.35	2.13	1.99	1.90	1.82	1.77	1.72	1.68	1.65	1.60	1.55	1.48	1.45	1.41	1.37	1.32	1.26	1.19
∞	2.71	2.30	2.08	1.94	1.85	1.77	1.72	1.67	1.63	1.60	1.55	1.49	1.42	1.38	1.34	1.30	1.24	1.17	1.00

附表 5 F 分布的上 α 分位数表

$\alpha=0.05$

续附表 5

n_2 \ n_1	1	2	3	4	5	6	7	8	9	10	12	15	20	24	30	40	60	120	∞
1	161.4	199.5	215.7	224.6	230.2	234.0	236.8	238.9	240.5	241.9	243.9	245.9	248.0	249.1	250.1	251.1	252.2	253.3	254.3
2	18.51	19.00	19.16	19.25	19.30	19.33	19.35	19.37	19.38	19.40	19.41	19.43	19.45	19.45	19.46	19.47	19.48	19.49	19.50
3	10.13	9.55	9.28	9.12	9.01	8.94	8.89	8.85	8.81	8.79	8.74	8.70	8.66	8.64	8.62	8.59	8.57	8.55	8.53
4	7.71	6.94	6.59	6.39	6.26	6.16	6.09	6.04	6.00	5.96	5.91	5.86	5.80	5.77	5.75	5.72	5.69	5.66	5.63
5	6.61	5.79	5.41	5.19	5.05	4.95	4.88	4.82	4.77	4.74	4.68	4.62	4.56	4.53	4.50	4.46	4.43	4.40	4.36
6	5.99	5.14	4.76	4.53	4.39	4.28	4.21	4.15	4.10	4.06	4.00	3.94	3.87	3.84	3.81	3.77	3.74	3.70	3.67
7	5.59	4.74	4.35	4.12	3.97	3.87	3.79	3.73	3.68	3.64	3.57	3.51	3.44	3.41	3.38	3.34	3.30	3.27	3.23
8	5.32	4.46	4.07	3.84	3.69	3.58	3.50	3.44	3.39	3.35	3.28	3.22	3.15	3.12	3.08	3.04	3.01	2.97	2.93
9	5.12	4.26	3.86	3.63	3.48	3.37	3.29	3.23	3.18	3.14	3.07	3.01	2.94	2.90	2.86	2.83	2.79	2.75	2.71
10	4.96	4.10	3.71	3.48	3.33	3.22	3.14	3.07	3.02	2.98	2.91	2.85	2.77	2.74	2.70	2.66	2.62	2.58	2.54
11	4.84	3.98	3.59	3.36	3.20	3.09	3.01	2.95	2.90	2.85	2.79	2.72	2.65	2.61	2.57	2.53	2.49	2.45	2.40
12	4.75	3.89	3.49	3.26	3.11	3.00	2.91	2.85	2.80	2.75	2.69	2.62	2.54	2.51	2.47	2.43	2.38	2.34	2.30
13	4.67	3.81	3.41	3.18	3.03	2.92	2.83	2.77	2.71	2.67	2.60	2.53	2.46	2.42	2.38	2.34	2.30	2.25	2.21
14	4.60	3.74	3.34	3.11	2.96	2.85	2.76	2.70	2.65	2.60	2.53	2.46	2.39	2.35	2.31	2.27	2.22	2.18	2.13
15	4.54	3.68	3.29	3.06	2.90	2.79	2.71	2.64	2.59	2.54	2.48	2.40	2.33	2.29	2.25	2.20	2.16	2.11	2.07
16	4.49	3.63	3.24	3.01	2.85	2.74	2.66	2.59	2.54	2.49	2.42	2.35	2.28	2.24	2.19	2.15	2.11	2.06	2.01
17	4.45	3.59	3.20	2.96	2.81	2.70	2.61	2.55	2.49	2.45	2.38	2.31	2.23	2.19	2.15	2.10	2.06	2.01	1.96
18	4.41	3.35	3.16	2.93	2.77	2.66	2.58	2.51	2.46	2.41	2.34	2.27	2.19	2.15	2.11	2.06	2.02	1.97	1.92
19	4.38	3.52	3.13	2.90	2.74	2.63	2.54	2.48	2.42	2.38	2.31	2.23	2.16	2.11	2.07	2.03	1.98	1.93	1.88
20	4.35	3.49	3.10	2.87	2.71	2.60	2.51	2.45	2.39	2.35	2.28	2.20	2.12	2.08	2.04	1.99	1.95	1.90	1.84
21	4.32	3.47	3.07	2.84	2.68	2.57	2.49	2.42	2.37	2.32	2.25	2.18	2.10	2.05	2.01	1.96	1.92	1.87	1.81
22	4.30	3.44	3.05	2.82	2.66	2.55	2.46	2.40	2.34	2.30	2.23	2.15	2.07	2.03	1.98	1.94	1.89	1.84	1.78
23	4.28	3.42	3.03	2.80	2.64	2.53	2.44	2.37	2.32	2.27	2.20	2.13	2.05	2.01	1.96	1.91	1.86	1.81	1.76
24	4.26	3.40	3.01	2.78	2.62	2.51	2.42	2.36	2.30	2.25	2.18	2.11	2.03	1.98	1.94	1.89	1.84	1.79	1.73
25	4.24	3.39	2.99	2.76	2.60	2.49	2.40	2.34	2.28	2.24	2.16	2.09	2.01	1.96	1.92	1.87	1.82	1.77	1.71
26	4.23	3.37	2.98	2.74	2.59	2.47	2.38	2.32	2.27	2.22	2.15	2.07	1.99	1.95	1.90	1.85	1.80	1.75	1.69
27	4.21	3.35	2.96	2.73	2.57	2.46	2.37	2.31	2.25	2.20	2.13	2.06	1.97	1.93	1.88	1.84	1.79	1.73	1.67
28	4.20	3.34	2.95	2.71	2.56	2.45	2.36	2.29	2.24	2.19	2.12	2.04	1.96	1.91	1.87	1.82	1.77	1.71	1.65
29	4.18	3.33	2.93	2.70	2.55	2.43	2.35	2.28	2.22	2.18	2.10	2.03	1.94	1.90	1.85	1.81	1.75	1.70	1.64
30	4.17	3.32	2.92	2.69	2.53	2.42	2.33	2.27	2.21	2.16	2.09	2.01	1.93	1.89	1.84	1.79	1.74	1.68	1.62
40	4.08	3.23	2.84	2.61	2.45	2.34	2.25	2.18	2.12	2.08	2.00	1.92	1.84	1.79	1.74	1.69	1.64	1.58	1.51
60	4.00	3.15	2.76	2.53	2.37	2.25	2.17	2.10	2.04	1.99	1.92	1.84	1.75	1.70	1.65	1.59	1.53	1.47	1.39
120	3.92	3.07	2.68	2.45	2.29	2.17	2.09	2.02	1.96	1.91	1.83	1.75	1.66	1.61	1.55	1.50	1.43	1.35	1.25
∞	3.84	3.00	2.60	2.37	2.21	2.10	2.01	1.94	1.88	1.83	1.75	1.67	1.57	1.52	1.46	1.39	1.32	1.22	1.00

附表 5 F 分布的上 α 分位数表

$\alpha=0.025$ 续附表 5

n_2 \ n_1	1	2	3	4	5	6	7	8	9	10	12	15	20	24	30	40	60	120	∞
1	647.8	799.5	864.2	899.6	921.8	937.1	948.2	956.7	963.3	968.6	976.7	984.9	993.1	997.2	1001	1006	1010	1014	1018
2	38.51	39.00	39.17	39.25	39.30	39.33	39.36	39.37	39.39	39.40	39.41	39.43	39.45	39.46	39.46	39.47	39.48	39.49	39.50
3	17.44	16.04	15.44	15.10	14.88	14.73	14.62	14.54	14.47	14.42	14.34	14.25	14.17	14.12	14.08	14.04	13.99	13.95	13.90
4	12.22	10.65	9.98	9.60	9.36	9.20	9.07	8.98	8.90	8.84	8.75	8.66	8.56	8.51	8.46	8.41	8.36	8.31	8.26
5	10.01	8.43	7.76	7.39	7.15	6.98	6.85	6.76	6.68	6.62	6.52	6.43	6.33	6.28	6.23	6.18	6.12	6.07	6.02
6	8.81	7.26	6.60	6.23	5.99	5.82	5.70	5.60	5.52	5.46	5.37	5.27	5.17	5.12	5.07	5.01	4.96	4.90	4.85
7	8.07	6.54	5.89	5.52	5.29	5.12	4.99	4.90	4.82	4.76	4.67	4.57	4.47	4.42	4.36	4.31	4.25	4.20	4.14
8	7.57	6.06	5.42	5.05	4.82	4.65	4.53	4.43	4.36	4.30	4.20	4.10	4.00	3.95	3.89	3.84	3.78	3.73	3.67
9	7.21	5.71	5.08	4.72	4.48	4.32	4.20	4.10	4.03	3.96	3.87	3.77	3.67	3.61	3.56	3.51	3.45	3.39	3.33
10	6.94	5.46	4.83	4.47	4.24	4.07	3.95	3.85	3.78	3.72	3.62	3.52	3.42	3.37	3.31	3.26	3.20	3.14	3.08
11	6.72	5.26	4.63	4.28	4.04	3.88	3.76	3.66	3.59	3.53	3.43	3.33	3.23	3.17	3.12	3.06	3.00	2.94	2.88
12	6.55	5.10	4.47	4.12	3.89	3.73	3.61	3.51	3.44	3.37	3.28	3.18	3.07	3.02	2.96	2.91	2.85	2.79	2.72
13	6.41	4.97	4.35	4.00	3.77	3.60	3.48	3.39	3.31	3.25	3.15	3.05	2.95	2.89	2.84	2.78	2.72	2.66	2.60
14	6.30	4.86	4.24	3.89	3.66	3.50	3.38	3.29	3.21	3.15	3.05	2.95	2.84	2.79	2.73	2.67	2.61	2.55	2.49
15	6.20	4.77	4.15	3.80	3.58	3.41	3.29	3.20	3.12	3.06	2.96	2.86	2.76	2.70	2.64	2.59	2.52	2.46	2.40
16	6.12	4.69	4.08	3.73	3.50	3.34	3.22	3.12	3.05	2.99	2.89	2.79	2.68	2.63	2.57	2.51	2.45	2.38	2.32
17	6.04	4.62	4.01	3.66	3.44	3.28	3.16	3.06	2.98	2.92	2.82	2.72	2.62	2.56	2.50	2.44	2.38	2.32	2.25
18	5.98	4.56	3.95	3.61	3.38	3.22	3.10	3.01	2.93	2.87	2.77	2.67	2.56	2.50	2.44	2.38	2.32	2.26	2.19
19	5.92	4.51	3.90	3.56	3.33	3.17	3.05	2.96	2.88	2.82	2.72	2.62	2.51	2.45	2.39	2.33	2.27	2.20	2.13
20	5.87	4.46	3.86	3.51	3.29	3.13	3.01	2.91	2.84	2.77	2.68	2.57	2.46	2.41	2.35	2.29	2.22	2.16	2.09
21	5.83	4.42	3.82	3.48	3.25	3.09	2.97	2.87	2.80	2.73	2.64	2.53	2.42	2.37	2.31	2.25	2.18	2.11	2.04
22	5.79	4.38	3.78	3.44	3.22	3.05	2.93	2.84	2.76	2.70	2.60	2.50	2.39	2.33	2.27	2.21	2.14	2.08	2.00
23	5.75	4.35	3.75	3.41	3.18	3.02	2.90	2.81	2.73	2.67	2.57	2.47	2.36	2.30	2.24	2.18	2.11	2.04	1.97
24	5.72	4.32	3.72	3.38	3.15	2.99	2.87	2.78	2.70	2.64	2.54	2.44	2.33	2.27	2.21	2.15	2.08	2.01	1.94
25	5.69	4.29	3.69	3.35	3.13	2.97	2.85	2.75	2.68	2.61	2.51	2.41	2.30	2.24	2.18	2.12	2.05	1.98	1.91
26	5.66	4.27	3.67	3.33	3.10	2.94	2.82	2.73	2.65	2.59	2.49	2.39	2.28	2.22	2.16	2.09	2.03	1.95	1.88
27	5.63	4.24	3.65	3.31	3.08	2.92	2.80	2.71	2.63	2.57	2.47	2.36	2.25	2.19	2.13	2.07	2.00	1.93	1.85
28	5.61	4.22	3.63	3.29	3.06	2.90	2.78	2.69	2.61	2.55	2.45	2.34	2.23	2.17	2.11	2.05	1.98	1.91	1.83
29	5.59	4.20	3.61	3.27	3.04	2.88	2.76	2.67	2.59	2.53	2.43	2.32	2.21	2.15	2.09	2.03	1.96	1.89	1.81
30	5.57	4.18	3.59	3.25	3.03	2.87	2.75	2.65	2.57	2.51	2.41	2.31	2.20	2.14	2.07	2.01	1.94	1.87	1.79
40	5.42	4.05	3.46	3.13	2.90	2.74	2.62	2.53	2.45	2.39	2.29	2.18	2.07	2.01	1.94	1.88	1.80	1.72	1.64
60	5.29	3.93	3.34	3.01	2.79	2.63	2.51	2.41	2.33	2.27	2.17	2.06	1.94	1.88	1.82	1.74	1.67	1.58	1.48
120	5.15	3.80	3.23	2.89	2.67	2.52	2.39	2.30	2.22	2.16	2.05	1.94	1.82	1.76	1.69	1.61	1.53	1.43	1.31
∞	5.02	3.69	3.12	2.79	2.57	2.41	2.29	2.19	2.11	2.05	1.94	1.83	1.71	1.64	1.57	1.48	1.39	1.27	1.00

附表 5 F 分布的上 α 分位数表

$\alpha=0.01$ 续附表 5

n_2 \ n_1	1	2	3	4	5	6	7	8	9	10	12	15	20	24	30	40	60	120	∞
1	4052	4999.5	5403	5625	5764	5859	5928	5982	6022	6056	6106	6157	6209	6235	6261	6287	6313	6339	6366
2	98.50	99.00	99.17	99.25	99.30	99.33	99.36	99.37	99.39	99.40	99.42	99.43	99.45	99.46	99.47	99.47	99.48	99.49	99.50
3	34.12	30.82	29.46	28.71	28.24	27.91	27.67	27.49	27.35	27.23	27.05	26.87	26.69	26.60	26.50	26.41	26.32	26.22	26.13
4	21.20	18.00	16.69	15.98	15.52	15.21	14.98	14.80	14.66	14.55	14.37	14.20	14.02	13.93	13.84	13.75	13.65	13.56	13.46
5	16.26	13.27	12.06	11.39	1.97	10.67	10.46	10.29	10.16	10.05	9.89	9.72	9.55	9.47	9.38	9.29	9.20	9.11	9.02
6	13.75	10.92	9.78	9.15	8.75	8.47	8.26	8.10	7.98	7.87	7.72	7.56	7.40	7.31	7.23	7.14	7.06	6.97	6.88
7	12.25	9.55	8.45	7.85	7.46	7.19	6.99	6.84	6.72	6.62	6.47	6.31	6.16	6.07	5.99	5.91	5.82	5.74	5.65
8	11.26	8.65	7.59	7.01	6.63	6.37	6.18	6.03	5.91	5.81	5.67	5.52	5.36	5.28	5.20	5.12	5.03	4.95	4.86
9	10.56	8.02	6.99	6.42	6.06	5.80	5.61	5.47	5.35	5.26	5.11	4.96	4.81	4.73	4.65	4.57	4.48	4.40	4.31
10	10.04	7.56	6.55	5.99	5.64	5.39	5.20	5.06	4.94	4.85	4.71	4.56	4.41	4.33	4.25	4.17	4.08	4.00	3.91
11	9.65	7.21	6.22	5.67	5.32	5.07	4.89	4.74	4.63	4.54	4.40	4.25	4.10	4.02	3.94	3.86	3.78	3.69	3.60
12	9.33	6.93	5.95	5.41	5.06	4.82	4.64	4.50	4.39	4.30	4.16	4.01	3.86	3.78	3.70	3.62	3.54	3.45	3.36
13	9.07	6.70	5.74	5.21	4.86	4.62	4.44	4.30	4.19	4.10	3.96	3.82	3.66	3.59	3.51	3.43	3.34	3.25	3.17
14	8.86	6.51	5.56	5.04	4.69	4.46	4.28	4.14	4.03	3.94	3.80	3.66	3.51	3.43	3.35	3.27	3.18	3.09	3.00
15	8.68	6.36	5.42	4.89	4.56	4.32	4.14	4.00	3.89	3.80	3.67	3.52	3.37	3.29	3.21	3.13	3.05	2.96	2.87
16	8.53	6.23	5.29	4.77	4.44	4.20	4.03	3.89	3.78	3.69	3.55	3.41	3.26	3.18	3.10	3.02	2.93	2.84	2.75
17	8.40	6.11	5.18	4.67	4.34	4.10	3.93	3.79	3.68	3.59	3.46	3.31	3.16	3.08	3.00	2.92	2.83	2.75	2.65
18	8.29	6.01	5.09	4.58	4.25	4.01	3.84	3.71	3.60	3.51	3.37	3.23	3.08	3.00	2.92	2.84	2.75	2.66	2.57
19	8.18	5.93	5.01	4.50	4.17	3.94	3.77	3.63	3.52	3.43	3.30	3.15	3.00	2.92	2.84	2.76	2.67	2.58	2.49
20	8.10	5.85	4.94	4.43	4.10	3.87	3.70	3.56	3.46	3.37	3.23	3.09	2.94	2.86	2.78	2.69	2.61	2.52	2.42
21	8.02	5.78	4.87	4.37	4.04	3.81	3.64	3.51	3.40	3.31	3.17	3.03	2.88	2.80	2.72	2.64	2.55	2.46	2.36
22	7.95	5.72	4.82	4.31	3.99	3.76	3.59	3.45	3.35	3.26	3.12	2.98	2.83	2.75	2.67	2.58	2.50	2.40	2.31
23	7.88	5.66	4.76	4.26	3.94	3.71	3.54	3.41	3.30	3.21	3.07	2.93	2.87	2.70	2.62	2.54	2.45	2.35	2.26
24	7.82	5.61	4.72	4.22	3.90	3.67	3.50	3.36	3.26	3.17	3.03	2.89	2.74	2.66	2.58	2.49	2.40	2.31	2.21
25	7.77	5.57	4.68	4.18	3.85	3.63	3.46	3.32	3.22	3.13	2.99	2.85	2.70	2.62	2.54	2.45	2.36	2.27	2.17
26	7.72	5.53	4.64	4.14	3.82	3.59	3.42	3.29	3.18	3.09	2.96	2.81	2.66	2.58	2.50	2.42	2.33	2.23	2.13
27	7.68	5.49	4.60	4.11	3.78	3.56	3.39	3.26	3.15	3.06	2.93	2.78	2.63	2.55	2.47	2.38	2.29	2.20	2.10
28	7.64	5.45	4.57	4.07	3.75	3.53	3.36	3.23	3.12	3.03	2.90	2.75	2.60	2.52	2.44	2.35	2.26	2.17	2.06
29	7.60	5.42	4.54	4.04	3.73	3.50	3.33	3.20	3.09	3.00	2.87	2.73	2.57	2.49	2.41	2.33	2.23	2.14	2.03
30	7.56	5.39	4.51	4.02	3.70	3.47	3.30	3.17	3.07	2.98	2.84	2.70	2.55	2.47	2.39	2.30	2.21	2.11	2.01
40	7.31	5.18	4.31	3.83	3.51	3.29	3.12	2.99	2.89	2.80	2.66	2.52	2.37	2.29	2.20	2.11	2.02	1.92	1.80
60	7.08	4.98	4.13	3.65	3.34	3.12	2.59	2.82	2.72	2.63	2.50	2.35	2.20	2.12	2.03	1.94	1.84	1.73	1.60
120	6.85	4.79	3.95	3.48	3.17	2.96	2.79	2.66	2.56	2.47	2.34	2.19	2.03	1.95	1.86	1.76	1.66	1.53	1.38
∞	6.63	4.61	3.78	3.32	3.02	2.80	2.64	2.51	2.41	2.32	2.18	2.04	1.88	1.79	1.70	1.59	1.47	1.32	1.00

$\alpha=0.005$

续附表 5

n_2 \ n_1	1	2	3	4	5	6	7	8	9	10	12	15	20	24	30	40	60	120	∞
1	16211	20000	21615	22500	23056	23437	23715	23925	24091	24224	24426	24630	24836	24940	25044	25148	25253	25359	25465
2	198.5	199.0	199.2	199.2	199.3	199.3	199.4	199.4	199.4	199.4	199.4	199.4	199.4	199.5	199.5	199.5	199.5	199.5	199.5
3	55.55	49.80	47.47	46.19	45.39	44.84	44.43	44.13	43.88	43.69	43.39	43.08	42.78	42.62	42.47	42.31	52.15	41.99	41.83
4	31.33	26.28	24.26	23.15	22.46	21.97	21.62	21.35	21.14	20.97	20.70	20.44	20.17	20.03	19.89	19.75	19.61	19.47	19.32
5	22.78	18.31	16.53	15.56	14.94	14.51	14.20	13.96	13.77	13.62	13.38	13.15	12.90	12.78	12.66	12.53	12.40	12.27	12.14
6	18.63	14.54	12.92	12.03	11.46	11.07	10.79	10.57	10.29	10.25	10.03	9.31	9.59	9.47	9.36	9.24	9.12	9.00	8.88
7	16.24	12.40	10.88	10.05	9.52	9.16	8.89	8.68	8.51	8.38	8.18	7.97	7.75	7.65	7.53	7.42	7.31	7.19	7.08
8	14.69	11.04	9.60	8.81	8.30	7.95	7.69	7.50	7.34	7.21	7.01	6.81	6.61	6.50	6.40	6.29	6.18	6.06	5.95
9	13.61	10.11	8.72	7.96	7.47	7.13	6.88	6.69	6.54	6.42	6.23	6.03	5.83	5.73	5.62	5.52	5.41	5.30	5.19
10	12.83	9.43	8.08	7.34	6.87	6.54	6.30	6.12	5.97	5.85	5.66	5.47	5.27	5.17	5.07	4.97	4.86	4.75	4.64
11	12.23	8.91	7.60	6.88	6.42	6.10	5.86	5.68	5.54	5.42	5.24	5.05	4.86	4.76	4.65	4.55	4.44	4.34	4.23
12	11.75	8.51	7.23	6.52	6.07	5.76	5.52	5.35	5.20	5.09	4.91	4.72	4.53	4.43	5.33	4.23	4.12	4.01	3.90
13	11.37	8.19	6.93	6.23	5.79	5.48	5.25	5.08	4.94	4.82	4.64	4.46	4.27	4.17	4.07	3.97	3.87	3.76	3.65
14	11.06	7.92	6.68	6.00	5.56	5.26	5.03	4.86	4.72	4.60	4.43	4.25	4.06	3.96	3.86	3.76	3.66	3.55	3.44
15	10.80	7.70	6.48	5.80	5.37	5.07	4.85	4.67	4.54	4.42	4.25	4.07	3.88	3.79	3.69	3.58	3.48	3.37	3.26
16	10.58	7.51	6.30	5.64	5.21	4.91	4.69	4.52	4.38	4.27	4.10	3.92	3.73	3.64	3.54	3.44	3.33	3.22	3.11
17	10.38	7.35	6.16	5.50	5.07	4.78	4.56	4.39	4.25	4.14	3.97	3.79	3.61	3.51	3.41	3.31	3.21	3.10	2.98
18	10.22	7.21	6.03	5.37	4.96	4.66	4.44	4.28	4.14	4.03	3.86	3.68	3.50	3.40	3.30	3.20	3.10	2.99	2.87
19	10.07	7.09	5.92	5.27	4.85	4.56	4.34	4.18	4.04	3.93	3.76	3.59	3.40	3.31	3.21	3.11	3.00	2.89	2.78
20	9.94	6.99	5.82	5.17	4.76	4.47	4.26	4.09	3.96	3.85	3.68	3.50	3.32	3.22	3.12	3.02	2.92	2.81	2.69
21	9.83	6.89	5.73	5.09	4.68	4.39	4.18	4.01	3.88	3.77	3.60	3.43	3.24	3.15	3.05	2.95	2.84	2.73	2.61
22	9.73	6.81	5.65	5.02	4.61	4.32	4.11	3.94	3.81	3.70	3.54	3.36	3.18	3.08	2.98	2.88	2.77	2.66	2.55
23	9.63	6.73	5.58	4.95	4.54	4.26	4.05	3.88	3.75	3.64	3.47	3.30	3.12	3.02	2.92	2.82	2.71	2.60	2.48
24	9.55	6.66	5.52	4.89	4.49	4.20	3.99	3.83	3.69	3.59	3.42	3.25	3.06	2.97	2.87	2.77	2.66	2.55	2.43
25	9.48	6.60	5.46	4.84	4.43	4.15	3.94	3.78	3.64	3.54	3.37	3.20	3.01	2.92	2.82	2.72	2.61	2.50	2.38
26	9.41	6.54	5.41	4.79	4.38	4.10	3.89	3.73	3.60	3.49	3.33	3.15	2.97	2.87	2.77	2.67	2.56	2.45	2.33
27	9.34	6.49	5.36	4.74	4.34	4.06	3.85	3.69	3.56	3.45	3.28	3.11	2.93	2.83	2.73	2.63	2.52	2.41	2.29
28	9.28	6.44	5.32	4.70	4.30	4.02	3.81	3.65	3.52	3.41	3.25	3.07	2.89	2.79	2.69	2.59	2.48	2.37	2.25
29	9.23	6.40	5.28	4.66	4.26	3.98	3.77	3.61	3.48	3.38	3.21	3.04	2.86	2.76	2.66	2.56	2.45	2.33	2.21
30	9.18	6.35	5.24	4.62	4.23	3.95	3.74	3.58	3.45	3.34	3.18	3.01	2.82	2.73	2.63	2.52	2.42	2.30	2.18
40	8.83	6.07	4.98	4.37	3.99	3.71	3.51	3.35	3.22	3.12	2.95	2.78	2.60	2.50	2.40	2.30	2.18	2.06	1.93
60	8.49	5.79	4.73	4.14	3.76	3.49	3.29	3.13	3.01	2.90	2.74	2.57	2.39	2.29	2.19	2.08	1.96	1.83	1.69
120	8.18	5.54	4.50	3.92	3.55	3.28	3.09	2.93	2.81	2.71	2.54	2.37	2.19	2.09	1.98	1.87	1.75	1.61	1.43
∞	7.88	5.30	4.28	3.72	3.35	3.09	2.90	2.74	2.62	2.52	2.36	2.19	2.00	1.90	1.79	1.67	1.53	1.36	1.00

附表 5　F 分布的上 α 分位数表

续附表 5

$\alpha=0.001$

n_2 \ n_1	1	2	3	4	5	6	7	8	9	10	12	15	20	24	30	40	60	120	∞
1	4053*	5000*	5404*	5625*	5764*	5859*	5929*	5981*	6023*	6056*	6107*	6158*	6209*	6235*	6261*	6287*	6313*	6340*	6366*
2	998.5	999.0	999.2	999.2	999.3	999.3	999.4	999.4	999.4	999.4	999.4	999.4	999.4	999.5	999.5	999.5	999.5	999.5	999.5
3	167.0	148.5	141.1	137.1	134.6	132.8	131.6	130.6	129.9	129.2	128.3	127.4	126.4	125.9	125.4	125.0	124.5	124.0	123.5
4	74.14	61.25	56.18	53.44	51.71	50.53	49.66	49.00	48.47	48.05	47.41	46.76	46.10	45.77	45.43	45.09	44.75	44.40	44.05
5	47.18	37.12	33.20	31.09	29.75	28.84	28.16	27.64	27.24	26.92	26.42	25.91	25.39	25.14	24.87	24.60	24.33	24.06	23.79
6	35.51	27.00	23.70	21.92	20.81	20.03	19.46	19.03	18.69	18.41	17.99	17.56	17.12	16.89	16.67	16.44	15.21	15.99	15.75
7	29.25	21.69	18.77	17.19	16.21	15.52	15.02	14.63	14.33	14.08	13.71	13.32	12.93	12.73	12.53	12.33	12.12	11.91	11.70
8	25.42	18.49	15.83	14.39	13.49	12.86	12.40	12.04	11.77	11.54	11.19	10.84	10.48	10.30	10.11	9.92	9.73	9.53	9.33
9	22.86	16.39	13.90	12.56	11.71	11.13	10.70	10.37	10.11	9.89	9.57	9.24	8.90	8.72	8.55	8.37	8.19	8.00	7.81
10	21.04	14.91	12.55	11.28	10.48	9.92	9.52	9.20	8.96	8.75	8.45	7.13	7.80	7.64	7.47	7.30	7.12	6.94	6.76
11	19.69	13.81	11.56	10.35	9.58	9.05	8.66	8.35	8.12	7.92	7.63	7.32	7.01	6.85	6.68	6.52	6.35	6.17	6.00
12	18.64	12.97	10.80	9.63	8.89	8.38	8.00	7.71	7.48	7.29	7.00	6.71	6.40	6.25	6.09	5.93	5.76	5.59	5.42
13	17.81	12.31	10.21	9.07	8.35	7.86	7.49	7.21	6.98	6.80	6.52	6.23	5.93	5.78	5.63	5.47	5.30	5.14	4.97
14	17.14	11.78	9.73	8.62	7.92	7.43	7.08	6.80	6.58	6.40	6.13	5.85	5.56	5.41	5.25	5.10	4.94	4.77	4.60
15	16.59	11.34	9.34	8.25	7.57	7.09	6.74	6.47	6.26	6.08	5.81	5.54	5.25	5.10	4.95	4.80	4.64	4.47	4.31
16	16.12	10.97	9.00	7.94	7.27	6.81	6.46	6.19	5.98	5.81	5.55	5.27	4.99	4.85	4.70	4.54	4.39	4.23	4.06
17	15.72	10.66	8.73	7.68	7.02	7.56	6.22	5.96	5.75	5.58	5.32	5.05	4.78	4.63	4.48	4.33	4.18	4.02	3.85
18	15.38	10.39	8.49	7.46	6.81	6.35	6.02	5.76	5.56	5.39	5.13	4.87	4.59	4.45	4.30	4.15	4.00	3.84	3.67
19	15.08	10.16	8.28	7.26	6.62	6.18	5.85	5.59	5.39	5.22	4.97	4.70	4.43	4.29	4.14	3.99	3.84	3.68	3.51
20	14.82	9.95	8.10	7.10	6.46	6.02	5.69	5.44	5.24	5.08	4.82	4.56	4.29	4.15	4.00	3.86	3.70	3.54	3.38
21	14.59	9.77	7.94	6.95	6.32	5.88	5.56	5.31	5.11	4.95	4.70	4.44	4.17	4.03	3.88	3.74	3.58	3.42	3.26
22	14.38	9.61	7.80	6.81	6.19	5.76	5.44	5.19	4.99	4.83	4.58	4.33	4.06	3.92	3.78	3.63	3.48	3.32	3.15
23	14.19	9.47	7.67	6.69	6.08	5.65	5.33	5.09	4.89	4.73	4.48	4.23	3.96	3.82	3.68	3.53	3.38	3.22	3.05
24	14.03	9.34	7.55	6.59	5.98	5.55	5.23	4.99	4.80	4.64	4.39	4.14	3.87	3.74	3.59	3.45	3.29	3.14	2.97
25	13.88	9.22	7.45	6.49	5.88	5.46	5.15	4.91	4.71	4.56	4.31	4.06	3.79	3.66	3.52	3.37	3.22	3.06	2.89
26	13.74	9.12	7.36	6.41	5.80	5.38	5.07	4.83	4.64	4.48	4.24	3.99	3.72	3.59	3.44	3.30	3.15	2.99	2.82
27	13.61	9.02	7.27	6.33	5.73	5.31	5.00	4.76	4.57	4.41	4.17	3.92	3.66	3.52	3.38	3.23	3.08	2.92	2.75
28	13.50	8.93	7.19	6.25	5.66	5.24	4.93	4.69	4.50	4.35	4.11	3.86	3.60	3.46	3.32	3.18	3.02	2.86	2.69
29	13.39	8.85	7.12	6.19	5.59	5.18	4.87	4.64	4.45	4.29	4.05	3.80	3.54	3.41	3.27	3.12	2.97	2.81	2.64
30	13.29	8.77	7.05	6.12	5.53	5.12	4.82	4.58	4.39	4.24	4.00	3.75	3.49	3.36	3.22	3.07	2.92	2.76	2.59
40	12.61	8.25	6.60	5.70	5.13	4.73	4.44	4.21	4.02	3.87	3.64	3.40	3.15	3.01	2.87	2.73	2.57	2.41	2.23
60	11.97	7.76	6.17	5.31	4.76	4.37	4.09	3.87	3.69	3.54	3.31	3.08	2.83	2.69	2.55	2.41	2.25	2.80	1.89
120	11.38	7.32	5.79	4.95	4.42	4.04	3.77	3.55	3.38	3.24	3.02	2.78	2.53	2.40	2.26	2.11	1.95	1.76	1.54
∞	10.83	6.91	5.42	4.62	4.10	3.74	3.47	3.27	3.10	2.96	2.74	2.51	2.27	2.13	1.99	1.84	1.66	1.45	1.00

* 表示要将所列数乘以 100.

习题参考答案

习　题　1.1

3. (1) $A\overline{B}\overline{C}$； (2) $A\cup B\cup C$； (3) $AB\overline{C}$； (4) ABC； (5) $\overline{A}\,\overline{B}\,\overline{C}$； (6) $AB\cup BC\cup AC$； (7) $\overline{A}\cup\overline{B}\cup\overline{C}$ 或$\overline{ABC}$.

4. (1) 对； (2) 错； (3) 对； (4) 对； (5) 对； (6) 对； (7) 对； (8) 对.

5. (1) $B\subset A$； (2) $A\subset B$； (3) $A\cup C\subset B$.　　**6.** (1) 对立事件； (2) 互斥事件.

8. $P(A)+P(B)-2P(AB)$.

9. B.　　**10.** (1) $A\subset B, P(AB)=P(A)=0.5$； (2) $A\cup B=S, P(AB)=P(A)+P(B)-1=0.1$.

11. $\frac{5}{8}$.　　**12.** 0.6.　　**13.** (1) $S=\{3,4,5,\cdots,18\}$； (2) $S=\{5,6,7,\cdots\}$.

14. $\frac{5}{36}$.

习　题　1.2

1. (1) $\frac{3}{8}$； (2) $\frac{7}{8}$.　　**2.** $\frac{C_a^m C_b^n}{C_{a+b}^{m+n}}$.　　**3.** $\frac{8}{15}$.　　**4.** $\frac{8}{21}$.

5. (1) $\frac{8!3!}{10!}=\frac{1}{15}$； (2) $\frac{7!4!}{10!}=\frac{1}{30}$； (3) $\frac{5!4!3!}{10!}=\frac{1}{210}$.　　**6.** $\frac{25}{91},\frac{6}{91}$.　　**7.** $\frac{127}{924}$.

8. $\frac{1}{1960}$.　　**9.** $\frac{1}{6}$.　　**10.** (1) 0.68； (2) $\frac{1}{4}+\frac{1}{2}\ln 2$.　　**11.** $\frac{1013}{1152}$.　　**12.** $\frac{1}{2}+\frac{1}{\pi}$.

14. $\frac{C_9^1 C_6^3\cdot 1^3\cdot 9^3}{9\times 10^6}=\frac{729}{50000}=0.01458$.

15. $\frac{3}{6^3}=\frac{1}{72}$.　　**16.** (1) $\frac{5}{28}$； (2) $\frac{2}{7}$.　　**17.** $\frac{3}{5}$.

习　题　1.3

1. 0.5.　　**2.** 0.43.　　**3.** 约为 0.0083.　　**4.** $\frac{1}{3}$.

5. $0.4, 0.1, \frac{2}{3}$.　　**6.** 56%.　　**7.** (1) $\frac{3}{2}p-\frac{1}{2}p^2$； (2) $\frac{2p}{p+1}$.

8. $\frac{9}{10}$.　　**9.** 0.65.　　**10.** $\frac{1}{6}$.　　**11.** $\frac{23}{45},\frac{15}{23}$.

12. C.　　**13.** D.　　**14.** $\frac{3}{200}$.　　**15.** $\frac{3}{4}$.

16. $\frac{4}{7}\times\frac{5}{9}+\frac{3}{7}\times\frac{6}{9}=\frac{38}{63}$.　　**17.** $0.3\times 0.02+0.45\times 0.03+0.25\times 0.02=0.0245$.

习　题　1.4

1. C.　　**2.** B.　　**3.** (1) 0.3； (2) 0.5.　　**4.** 0.25.

5. (1) 0.06； (2) 0.56； (3) 0.14.　　**6.** 0.25,不独立.

7. 独立.　　**8.** 0.6.

9. (1) 0.0729； (2) 0.40951； (3) 0.99954； (4) 0.00856.　　**10.** (1) 0.0928； (2) 0.414.

习　题　2.1

1. (1) $\{X=6\}$； (2) $\{X\leqslant 6\}$； (3) $\{X>6\}$.

2. X 的可能取值为 0,1,2,3.

3. (1) 0.2； (2) 0.4； (3) 0.6.

4.

X	3	4	5
p_k	0.1	0.3	0.6

.

5. (1) $(0.9)^k\times 0.1, k=0,1,2,\cdots$； (2) $(0.9)^5$； (3) 5.　　**6.** 19/27.　　**7.** (1) 0.009； (2) 0.998.

8. 0.2061.　　**9.** $4/3e^2$(约 0.1804).　　**10.** (1) 0.1429； (2) 4.　　**11.** (1) 0.321； (2) 0.243.

12.

X	0	1	2
p_k	10/28	15/28	3/28

.

13. 27/128.　　**14.** 0.1042.

习　题　2.2

1. (1) 是； (2) 不是； (3) 是.

2. $F(x)=\begin{cases}0, & x<1,\\ 0.3, & 1\leqslant x<3,\\ 0.8, & 3\leqslant x<5,\\ 1, & x\geqslant 5.\end{cases}$

3. $\frac{1}{2}-\frac{1}{e}$.

4. $q=1-\frac{\sqrt{2}}{2}, F(x)=\begin{cases}0, & x<-1,\\ \frac{1}{2}, & -1\leqslant x<0,\\ \sqrt{2}-\frac{1}{2}, & 0\leqslant x<1\\ 1, & x\geqslant 1.\end{cases}$

5. $A=\frac{1}{2}, B=\frac{1}{\pi}, \frac{1}{4}$.

6. (1) $\frac{1}{3}$； (2) $\frac{2}{3}$； (3)

X	0	1
p_k	1/3	2/3

.

习　题　2.3

1. (1) $c=\lambda$； (2) $F(x)=\begin{cases}0, & x\leqslant 0,\\ 1-\mathrm{e}^{-\lambda x}, & x>0;\end{cases}$ (3) $\mathrm{e}^{-\lambda}$.

2. (1) $\frac{1}{8}$； (2) 0.66； (3) 0.245.

3. 0.8.　　**4.** (1) 0.5328, 0.9996, 0.6977, 0.5； (2) 3.

5. 0.8.　　**6.** $1-\mathrm{e}^{-1}$.　　**7.** (1) 0.4931； (2) 0.8698　　**8.** $1, 0, \mathrm{e}^{-2}, \mathrm{e}^{-2}$.

习　题　2.4

1. (1)

Y	−3	−1	1	3	7
p_k	1/5	1/6	1/5	1/15	11/30

； (2)

Y	0	1	4	9
p_k	1/5	7/30	1/5	11/30

.

2. $f_Y(y)=\begin{cases}\frac{2}{y}\ln y, & 1<y<\mathrm{e},\\ 0, & \text{其他}.\end{cases}$　　**3.** $f_Y(y)=\begin{cases}\frac{1}{2}\mathrm{e}^{y}, & y<\ln 2,\\ 0, & \text{其他}.\end{cases}$

4. $f_Y(y)=\begin{cases}\frac{1}{2y}, & \mathrm{e}^2<y<\mathrm{e}^4,\\ 0, & \text{其他}.\end{cases}$　　**5.** $f_Y(y)=\begin{cases}\frac{2}{\sqrt{2\pi}}\mathrm{e}^{-\frac{y^2}{2}}, & y>0,\\ 0, & \text{其他}.\end{cases}$

6.

Y	0	1	4	9
p_k	$p(2)$	$p(1)+p(3)$	$p(0)+p(4)$	$p(5)$

.

习　题　3.1

1.

X \ Y	1	3
0	0	1/8
1	3/8	0
2	3/8	0
3	0	1/8

.

2.

Y \ X	0	1	2
0	0.16	0.08	0.01
1	0.32	0.16	0.02
2	0.16	0.08	0.01

.

3. (1) $F(b,c)-F(a,c)$； (2) $F(+\infty,b)-F(+\infty,0)$； (3) $1+F(a,b)-F(a,+\infty)-F(+\infty,b)$.

4. (1) 1/4； (2) 5/16.

5. (1) $a=1,b=0$； (2) $\dfrac{e-1}{e^3}$； (3) $f(x,y)=\begin{cases}2e^{-2x-y}, & x>0,y>0,\\ 0, & \text{其他}.\end{cases}$

6. (1) $A=6$； (2) 1/8； (3) 1/4. 7. (1) $a=0.2$； (2) 0.6； (3) 0.45.

8. (1)

X \ Y	0	1	2	3
0	0	3/70	9/70	3/70
1	2/70	18/70	18/70	2/70
2	3/70	9/70	3/70	0

；

(2) 1/2.

9. (1) $k=1/8$； (2) 3/8.

习　题　3.2

1.

X	0	1	2
$p_{i\cdot}$	0.25	0.5	0.25

，

Y	0	1	2
$p_{\cdot j}$	0.64	0.32	0.04

.

2. (1) $f_X(x)=\begin{cases}2x, & 0\leqslant x\leqslant 1,\\ 0, & \text{其他};\end{cases}$ $f_Y(y)=\begin{cases}2y, & 0\leqslant y\leqslant 1,\\ 0, & \text{其他}.\end{cases}$

(2) $f_X(x)=\begin{cases}e^{-x}, & x>0,\\ 0, & \text{其他};\end{cases}$ $f_Y(y)=\begin{cases}ye^{-y}, & y>0,\\ 0, & \text{其他}.\end{cases}$

(3) $f_X(x)=\dfrac{2}{\pi(4+x^2)}$；$f_Y(y)=\dfrac{3}{\pi(9+y^2)}$.

3. $f_X(x)=\begin{cases}x+\dfrac{1}{2}, & 0\leqslant x\leqslant 1,\\ 0, & \text{其他};\end{cases}$ $f_Y(y)=\begin{cases}y+\dfrac{1}{2}, & 0\leqslant y\leqslant 1,\\ 0, & \text{其他}.\end{cases}$

4. (1) $A=24$； (2) $f_X(x)=\begin{cases}12x^2(1-x), & 0\leqslant x\leqslant 1,\\ 0, & \text{其他};\end{cases}$ $f_Y(y)=\begin{cases}12y(1-y)^2, & 0\leqslant y\leqslant 1,\\ 0, & \text{其他}.\end{cases}$

习 题 3.3

1. (1)

$X=k$	0	1	2
$P(X=k\|Y=1)$	$\frac{3}{11}$	$\frac{8}{11}$	0

;

(2)

$Y=k$	0	1	2
$P(Y=k\|X=2)$	$\frac{4}{7}$	0	$\frac{3}{7}$

.

2. (1) 当 $0\leqslant y\leqslant 1$, $f_{X|Y}(x|y)=\begin{cases}2x, & 0\leqslant x\leqslant 1,\\ 0, & \text{其他};\end{cases}$

当 $0\leqslant x\leqslant 1$, $f_{Y|X}(y|x)=\begin{cases}2y, & 0\leqslant y\leqslant 1,\\ 0, & \text{其他};\end{cases}$

(2) 当 $y>0$, $f_{X|Y}(x|y)=\begin{cases}\dfrac{1}{y}, & 0<x<y,\\ 0, & \text{其他};\end{cases}$

当 $x>0$, $f_{Y|X}(y|x)=\begin{cases}e^{x-y}, & y>x,\\ 0, & \text{其他};\end{cases}$

3. $P\left(Y<\frac{1}{8}\,\middle|\,X=\frac{1}{4}\right)=\frac{1}{2}$

4. 设 $Y=n$ 表示在第 n 次射击击中目标，且在前 $n-1$ 次射击中有一次击中目标；$X=m$ 表示首次击中目标射击了 m 次.

$$P(X=m,Y=n)=p^2(1-p)^{n-2},\quad n=2,3,\cdots,m=1,2,\cdots,n-1.$$

当 $n=2,3,\cdots$, $P(X=m|Y=n)=\dfrac{1}{n-1}$, $m=1,2,\cdots,n-1$;

当 $m=1,2,\cdots,n-1$, $P(Y=n|X=m)=p(1-p)^{n-m-1}$, $n=m+1,m+2,\cdots$.

5. (1) $f(x,y)=\begin{cases}15x^2y, & 0<y<1,0<x<y,\\ 0, & \text{其他};\end{cases}$ (2) $P\left(X>\frac{1}{2}\right)=\frac{47}{64}$.

6. (1) 当 $0\leqslant y\leqslant 2$, $f_{X|Y}(x|y)=\begin{cases}\dfrac{6x^2+2xy}{y+2}, & 0\leqslant x\leqslant 1,\\ 0, & \text{else};\end{cases}$

当 $0\leqslant x\leqslant 1$, $f_{X|Y}(x|y)=\begin{cases}\dfrac{3x+y}{6x+2}, & 0\leqslant y\leqslant 2,\\ 0, & \text{else};\end{cases}$

(2) $P\left(Y<\frac{1}{2}\,\middle|\,X<\frac{1}{2}\right)=\frac{5}{32}$.

习　题　3.4

1. (1) 不独立； (2) 独立.

2. (1)

X \ Y	0	1
−1	1/4	0
0	0	1/2
1	1/4	0

；

(2) 不独立.

3. $P(X=i,Y=j)=C_i^j 0.8^j 0.2^{i-j}\dfrac{50^i}{i!}e^{-50}, i=0,1,\cdots, j=0,1,\cdots,i.$

4. (1) 独立； (2) 不独立； (3) 独立.　　**5.** 不独立.

6. (1) $f(x,y)=\begin{cases}12e^{-3x-4y}, & x>0,y>0,\\ 0, & \text{其他};\end{cases}$ (2) $(1-e^{-3})(1-e^{-4})$； (3) $1-4e^{-3}$.

7. (1) $f(x,y)=\begin{cases}\dfrac{1}{2}e^{-\frac{y}{2}}, & 0<x<1,y>0,\\ 0, & \text{其他};\end{cases}$ (2) 0.1448.　　**8.** $a=\dfrac{1}{6},b=\dfrac{1}{3}$.

习　题　3.5

1.

$X+Y$	2	3	4	5	6
p_k	0.06	0.17	0.26	0.33	

，

XY	1	2	3	4	6	9
p_k	0.06	0.17	0.21	0.05	0.18	0.18

.

2. $P(\max\{X,Y\}\geqslant 0)=\dfrac{5}{7}, P(\min\{X,Y\}<0)=\dfrac{4}{7}$.　　**3.** $\Phi(1)-\Phi(0)=0.3413$.

4. $f_Z(z)=\begin{cases}12(e^{-3z}-e^{-4z}), & z>0,\\ 0, & \text{其他}.\end{cases}$　　**5.** $f_Z(z)=\begin{cases}z^2, & 0<z\leqslant 1,\\ 2z-z^2, & 1<z\leqslant 2,\\ 0, & \text{其他}.\end{cases}$

6. $p=\dfrac{1}{2}$.　　**9.** $f_Z(z)=\begin{cases}1/2, & 0<z\leqslant 1,\\ 1/2z^2, & 1<z,\\ 0, & \text{其他}.\end{cases}$

10.

$W \backslash Z$	1	2	3
1	1/9	2/9	2/9
2	0	1/9	2/9
3	0	0	1/9

.

11. (1) 不独立; (2) $f_z(z)=\begin{cases}\frac{1}{2}z^2\mathrm{e}^{-z}, & z>0,\\ 0, & \text{其他}.\end{cases}$

12. $f_z(z)=\begin{cases}\frac{1}{2}\mathrm{e}^{-\frac{z}{2}}, & z>0,\\ 0, & \text{else}.\end{cases}$ **13.** $f_U(u)=\begin{cases}\frac{1}{(1+u)^2}, & u>0,\\ 0, & \text{else}.\end{cases}$

习 题 4.1

1. $\frac{3}{4}$. **2.** np. **3.** $-0.2, 2.8, 13.4$. **5.** $0, 2$. **6.** 1500.

7. 1.0556. **8.** (1) 2,0; (2) $-\frac{1}{15}$; (3) 5. **9.** $E(X)=\frac{1}{3}, E(Y)=\frac{2}{3}, E(XY)=\frac{1}{6}$.

10. $E(X)=\frac{4}{5}, E(Y)=\frac{3}{5}, E(XY)=\frac{1}{2}, E(X^2+Y^2)=\frac{16}{15}$. **11.** $n\left[1-\left(1-\frac{1}{n}\right)^r\right]$. **12.** 200.

13. 8.

习 题 4.2

1. 2,2. **2.** 1,1/2. **3.** 0.2. **4.** 4/3. **5.** 12,8.4.

6. $f_Z(z)=\frac{1}{3\sqrt{2\pi}}\mathrm{e}^{-\frac{(z-5)^2}{18}}, -\infty<z<+\infty$. **7.** 0.501, 0.432.

8. $E(X)=\frac{81}{64}, D(X)=\frac{129}{64}-\left(\frac{81}{64}\right)^2=\frac{1695}{64^2}$.

9. (1) $E(X)=0, D(X)=2$; (2) $E(X)=0, D(X)=\frac{1}{6}$;

(3) $E(X)=1, D(X)=\frac{1}{7}$; (4) $E(X)=1, D(X)=\frac{1}{6}$.

10. (1) $\frac{1}{4}, 1, -\frac{1}{4}$; (2) $E(X)=\frac{1}{4}(\mathrm{e}^2-1)^2, D(X)=\frac{1}{4}\mathrm{e}^2(\mathrm{e}^2-1)^2$.

11. $c=E(X)$. **12.** 5. **13.** $D(|X-Y|)=1-\frac{2}{\pi}$ **14.** $E(X)=\frac{1}{p}, D(X)=\frac{1}{p^2}-\frac{1}{p}$.

16. $P(10<X<18)\geqslant 0.271$. **17.** 269. **18.** $\frac{3}{4}$. **19.** $n\geqslant 18750$. ***20.** 2.

21. $E(X)=E(Y)=2, D(X)=0.6, D(Y)=1.6$. **22.** $D(X)=\frac{5}{3}$. **23.** 1.16. **24.** 10,144.

习 题 4.3

1. (1) $N(0,25)$; (2) $N(0,13)$. **2.** $E(Y)=4, D(Y)=18, \mathrm{Cov}(X,Y)=6, \rho_{XY}=1$.

3. $D(X+Y)=61, D(X-Y)=21$. **5.** $E(X)=\frac{2}{3}, E(Y)=0, \mathrm{Cov}(X,Y)=0$.

6. $E(X)=E(Y)=\frac{7}{6}, \mathrm{Cov}(X,Y)=-\frac{1}{36}, \rho_{XY}=-\frac{1}{11}, D(X+Y)=\frac{5}{9}$.

7. 1,3. **8.** $E(X^k)=k\theta E(X^{k-1})=\cdots=\theta^k k!$. **10.** (1) 11; (2) 51.

习 题 5.1

1. $\eta_n\in(0,\beta), P(|\eta_n-\beta|<\varepsilon)=P(\beta-\varepsilon<\eta_n)=1-\left(\frac{\beta-\varepsilon}{\beta}\right)^n\to 1$. **2.** $\overline{X}_n \xrightarrow{P} \frac{7}{2}$.

习 题 5.2

1. 0.0002. **2.** 0.00135. **3.** 0.9999. **4.** $p\approx 1-\Phi\left(\frac{50}{\sqrt{3000}}\right)=0.1814$.

5. 141.5 千瓦. **6.** 0.2119. **7.** (1) 0.1357; (2) 0.9938.

8. (1) $p\approx 1-\Phi(7.7694)\approx 0$; (2) $p\approx\Phi(2.5886)=0.9960$.

9. (1) 24000; (2) 0.9. **11.** $\frac{1}{2}$. **12.** 0.3174.

习 题 6.1

1. $P(X_1=x_1,\cdots,X_n=x_n)=\prod_{i=1}^{n} p^{x_i}(1-p)^{1-x_i}, x_i=0,1(i=1,2,\cdots n)$.

2. $P(X_1=x_1,\cdots,X_n=x_n)=\frac{\lambda^{\sum_{i=1}^{n}x_i}}{x_1!x_2!\cdots x_n!}\mathrm{e}^{-n\lambda}$. **3.** $f(x_1,\cdots,x_n)=\begin{cases}\lambda^n \mathrm{e}^{-\lambda\sum_{i=1}^{n}x_i}, & x>0,\\ 0, & x\leqslant 0.\end{cases}$

4. $\overline{X}=166, S^2=33.44$. **5.** $\mu, \frac{\sigma^2}{n}$. **6.** (4).

7. $F_n(x)=\begin{cases}0, & x<138,\\ 0.1, & 138\leqslant x<149,\\ 0.3, & 149\leqslant x<153,\\ 0.5, & 153\leqslant x<156,\\ 0.8, & 156\leqslant x<160,\\ 0.9, & 160\leqslant x<169,\\ 1, & 169\leqslant x.\end{cases}$

习　题　6.2

1. 0.1.　　**2.** $c=\sqrt{3/2}$.

3. (1) 服从均值为 0,方差为 56 的正态分布;

(2) 服从自由度为 3 的 χ^2 分布;

(3) 服从自由度为 1 的 t 分布;

(4) 服从自由度为 3,1 的 F 分布.

5. $z_{0.025}=1.96$, $\chi^2_{0.025}(10)=20.5$, $t_{0.025}(12)=2.1788$, $t_{0.975}(12)=-2.1788$, $F_{0.01}(8,5)=10.3$, $F_{0.99}(7,6)=0.14$.

7. 0.1336.　　**8.** (1) 0.99; (2) $\frac{2}{15}\sigma^4$.　　**9.** 0.6744.　　**10.** 35.

习　题　7.1

1. $\hat{a}=3\overline{X}$.　　**2.** $\hat{\theta}=\frac{\overline{X}}{2-\overline{X}}$.　　**3.** (1) $\hat{\alpha}=\frac{2\overline{X}-1}{1-\overline{X}}$; (2) $\hat{\alpha}=-1-\frac{n}{\sum_{i=1}^{n}\ln X_i}$.

4. $\hat{\theta}=\min\limits_{1\leqslant i\leqslant n}\{X_i\}$, $\hat{\lambda}=\frac{1}{n}\sum_{i=1}^{n}(X_i-\hat{\theta})=\overline{X}-\hat{\theta}$.　　**5.** $\hat{\theta}=2\overline{X}-1$, $\hat{\theta}=\max\{X_1,X_2,\cdots,X_n\}$.

6. (1) $\hat{\lambda}=\overline{X}$; (2) $\hat{P}(X=0)=\mathrm{e}^{-\overline{X}}$.

习　题　7.2

2. $\frac{1}{2(n-1)}$.　　**3.** C.

4. $a=\frac{n_1}{n_1+n_2}$, $b=\frac{n_2}{n_1+n_2}$.

5. $a=\frac{n_1-1}{n_1+n_2-2}$, $b=\frac{n_2-1}{n_1+n_2-2}$.

习　题　7.3

1. (4.412,5.558).　　**2.** (1) $\mathrm{e}^{\mu+\frac{1}{2}}$; (2) (−0.98,0.98); (3) $(\mathrm{e}^{-0.48},\mathrm{e}^{1.48})$.

3. [157.6,182.4].　　**4.** (1) [5.1069,5.3131]; (2) [0.1717,0.33].

5. [−19.7434,59.7434].　　**6.** (0.295,2.806).　　**7.** [46.698,53.302].

习　题　8.1

4. 0.0328,0.6331.　　**5.** $c=0.98$,0.8299.

习　题　8.2

1. 拒绝 H_0,即认为设备更新前后产品的平均重量有变化.

2. 接受 H_0,即认为该日生产的铜丝合格.

3. 拒绝 H_0,即认为这批元件不合格.

4. 接受 H_0,即认为该厂生产的微波炉在炉门关闭时辐射量没有明显升高.

5. 接受 H_0,即认为这次考试全体考生的平均成绩为 70 分.

6. 接受 H_0,即认为该批罐头的 VC 含量是合格的.

7. 拒绝 H_0,即认为两种铸件硬度有显著差异.

8. 接受 H_0,即认为东西两支矿脉含锌量的平均值是一样的.

9. We do not reject the null hypothesis.

10. Reject H_0. There is evidence of a difference in means.

习　题　8.3

1. 拒绝 H_0,即这批纤维度的方差有显著变化.

2. 接受 H_0,即可认为总体方差与 0.0004 无显著差异.

3. 接受 H_0,即可认为这天保险丝熔化时间分散度与通常无显著差异.

4. 接受 H_0.

5. (1) 接受 H_0,即可认为两个正态总体的方差相等;

(2) 接受 H_0,即认为两批器材的电阻值没有显著差异.

6. 接受 H_0,即认为甲机床加工精度比乙机床高.

7. We do not reject H_0, There is not sufficient evidence of a difference in variances at $\alpha=0.05$.

习　题　8.4

1. 不成立.　2. 能.　3. 能.　4. 能.

习　题　9.1

1.

来源	平方和	自由度	均方和	值
组间(因素 A)	4.2	2	2.1	7.5
组内(误差 E)	2.5	9	0.28	
总变差 T	6.7	11		

由于 $F=7.5>F_{0.05}(2,9)=4.26$,所以因子 A 显著.

2.

来源	平方和	自由度	均方和	值
组间(因素 A)	573.33	2	286.665	19.77
组内(误差 E)	174	12	14.5	
总变差 T	747.33	14		

由于 $F=19.77>F_{0.01}(2,12)=6.93$,所以因子 A 显著,即不同工艺对产品寿命有显著影响.

习　题　9.2

1. (1) $\hat{y}=4.495-0.826x$； (2) 由于 $F\approx 23.296>F_{0.05}(1,8)=5.32$,所以显著.

习　题　10

1.
```
x=normrad(10,2,100,1);
[mu sigma muci sigmaci]=normfit(r)
[h0,sig0,ci0,z0]=ztest(x,10,2)
[h1,sig1,ci1,z1]=ztest(x,10.5,2)
[ht0,sigt0,cit0]=ttest(x,10)
[ht1,sigt1,cit1]=ttest(x,10.5)
```

参考文献

1. 茆诗松，程依明，濮晓龙. 概率论与数理统计教程. 北京：高等教育出版社，2004.
2. 叶中行. 概率论与数理统计. 北京：北京大学出版社，2009.
3. 盛骤，谢式千，潘承毅. 概率论与数理统计（第三版）. 北京：高等教育出版社，2001.
4. 吴赣昌. 概率论与数理统计（理工类第三版）. 北京：中国人民大学出版社，2009.
5. 马洪宽，张华隆. 概率论与数理统计（第二版）. 上海：上海交通大学出版社，2007.
6. 王明慈，沈恒范. 概率论与数理统计（第二版）. 北京：高等教育出版社，2007.
7. 葛余博. 概率论与数理统计. 北京：清华大学出版社，2005.
8. 谢永钦. 概率论与数理统计. 北京：北京邮电大学出版社，2009.
9. 同济大学概率统计教研组. 概率统计. 上海：同济大学出版社，2002.
10. 项立群，万上海. 概率论与数理统计同步学习指导. 上海：上海交通大学出版社，2008.
11. William Mendenhall，Robert J. Beaver，Barbara M. Beaver. Introduction to probability and statistics. 北京：机械工业出版社，2005.
12. Walpole. Myers. Myers. Ye. Probability and statistics for engineers and scientists，Seventh Edition. 北京：清华大学出版社，2004.